高等职业学校"十四五"规划机电及机器人系列教材

C51 单片机应用技术项目教程
（第二版）

主　　编　龙　芬

副 主 编　张军涛　邓　婷

参　　编　奚　洋　黎万平　董　琨
　　　　　章　飞　毛诗柱　魏国勇
　　　　　吴小玲　侯国栋　胡利军
　　　　　罗彩玉　周　威　生　良

华中科技大学出版社
中国·武汉

内 容 简 介

本书是根据高职高专人才培养目标,总结近年来的教学改革与实践,参照相关技术手册编写而成的。全书分为 9 个项目,在对单片机进行初步介绍之后,介绍了 C 语言的特点和程序设计相关知识,方便读者从零基础学习单片机,接着以电子礼盒的设计与制作、医院病床呼叫系统的设计与制作、电子广告牌的设计与制作、交通灯控制系统的设计与制作、远程控制系统的设计与制作、数字电压表的设计与制作、单片机应用系统综合设计这 7 个项目为背景,分别介绍了:单片机的开发环境、硬件系统、I/O 口的应用、数码管点阵液晶显示、键盘、定时/计数器、串行通信技术、A/D 与 D/A 转换等内容。书中的程序全部以 C 语言形式给出,并附有 Proteus 仿真,理论与实践紧密结合,以便院校开展高效教学。

本书可作为高职高专院校机电、汽车、机械制造、自动化、电子信息及其他相关专业的单片机课程教材,也可作为广大单片机爱好者的培训教材,还可供从事单片机应用开发的工程技术人员参考。

图书在版编目(CIP)数据

C51 单片机应用技术项目教程/龙芬主编.—2 版.—武汉:华中科技大学出版社,2023.8
ISBN 978-7-5680-9813-7

Ⅰ.①C… Ⅱ.①龙… Ⅲ.①单片微型计算机-高等职业教育-教材 Ⅳ.①TP368.1

中国国家版本馆 CIP 数据核字(2023)第 137292 号

C51 单片机应用技术项目教程(第二版)　　　　　　　　　　　　　龙　芬　主编

C51 Danpianji Yingyong Jishu Xiangmu Jiaocheng(Di-er Ban)

策划编辑:余伯仲
责任编辑:戢凤平
封面设计:廖亚萍
责任监印:周治超
出版发行:华中科技大学出版社(中国·武汉)　　　电话:(027)81321913
　　　　　武汉市东湖新技术开发区华工科技园　　　邮编:430223
录　排:武汉楚海文化传播有限公司
印　刷:武汉科源印刷设计有限公司
开　本:787mm×1092mm　1/16
印　张:19.75
字　数:518 千字
版　次:2023 年 8 月第 2 版第 1 次印刷
定　价:59.80 元

前　言

　　单片机以体积小、功能强、可靠性高、应用面广等优点成为电子系统智能化的最好工具,是从事工业控制、家用电器、仪器仪表、机电控制等领域工作的技术人员必须掌握的技术。

　　本书根据高职高专学生的学习特点,共设置了9个项目作为学习情境,分别是认识单片机、C51程序设计、电子礼盒的设计与制作、医院病床呼叫系统的设计与制作、电子广告牌的设计与制作、交通灯控制系统的设计与制作、远程控制系统的设计与制作、数字电压表的设计与制作、单片机应用系统综合设计。各个项目的设置把握"适用"和"应用"两个原则,安排具有代表性、应用广泛的选题,内容全面。

　　本书与其他相关教材相比,具有以下特点。

　　1. 重点关注实用技术,项目选题贴近生活。本书注重实践,不过多地讲解理论,内容偏重于单片机的应用而非系统的理论阐述。选题贴近生活,使学生一接触单片机就能被日常生活中常见且有趣的制作项目所吸引。

　　2. 单片机选型紧跟市场需求。单片机的型号不再局限于89系列单片机,增加了内部资源更为丰富,宏晶公司最新推出的STC15系列IAP15W4K58S4单片机。紧跟市场需要,让学生毕业后能快速从事单片机开发方面的工作。

　　3. 注重知识更新。如A/D和D/A不再介绍0809和0832,重点介绍单片机内部自带的A/D和D/A转换器,以及基于I^2C总线的A/D和D/A转换芯片。

　　4. 例程丰富,设计规范。注重对学生动手能力的培养,注重实用性。大量的实际案例及硬件电路、仿真图和参考程序,让学生学习起来更轻松,拓展面更广。

　　5. 以项目目标为导向。从目标和要求出发,突出了实用性和针对性。

　　本书可作为高职高专院校机电、汽车、机械制造、自动化、电子信息及其他相关专业的单片机课程教材,也可作为广大单片机爱好者的培训教材,还可供从事单片机应用开发的工程技术人员参考。

　　本书由咸宁职业技术学院龙芬担任主编,张军涛、邓婷担任副主编,参加本书编写的还有奚洋、黎万平、董琨、章飞、毛诗柱、魏国勇、吴小玲、侯国栋。其中,龙芬对本书的编写思路与项目设计进行了总体策划,编写了项目1、项目2、项目3和项目5以及附录A和附录B,并对全书进行统稿和审稿,完成全书所有程序的验证。张军涛编写项目4,邓婷、董琨编写项目6,黎万平编写7.1节,魏国勇编写7.2节,侯国栋编写8.1节,章飞编写8.2节,毛诗柱编写9.1节,奚洋编写9.2节,吴小玲编写9.3节。

　　本次改版延续了第一版的写作风格,仍以项目目标为导向,但对各项目知识点进行了重新编号,显示在目录里,方便检索。同时对全书文字内容进行了细致的修改,使读者更容易理解。

　　针对一直以来对MCU的编程不太强调软件开发方法理论和开发范式的应用,导致学生很难真正驾驭实际的产品开发的问题,特在本次改版中将C语言程序设计内容进行了重新组织,加入指针与内存管理,全面引入C语言的开发方法。相关基础知识放在项目2中,附录A中则引入了几种实际开发中常用的开发范式,读者可根据学习需要进行取舍。

　　本书在改版过程中,得到了嵌入式系统与物联网专家丁林同志的热心帮助和指导,在此表示衷心的感谢。

　　由于编者水平有限,书中难免有错误和不足之处,恳请广大读者批评指正。

编　者

2023年6月

目　　录

项目 1　认识单片机

项目教学目标

理解单片机及单片机应用系统的概念。

了解 C51 系列单片机的种类、内部结构及引脚功能。

会下载并安装单片机开发编程及仿真软件。

会使用 C51 单片机的 C 语言编程开发环境编写程序,编译并生成可执行文件,在 Proteus 上仿真。

会连接单片机开发板 ISP 接口到计算机,然后将可执行文件下载到单片机上,观察运行结果。

相关操作演示

1.1　认识单片机

▶目标与要求

理解单片机及单片机应用系统的概念,了解 C51 系列单片机的种类。

认识你的第一块 C51 单片机:AT89C51。

1.1.1　单片机及单片机应用系统

单片微型计算机简称单片机,是指集成在一个芯片上的微型计算机,它的各种功能部件,包括 CPU(central processing unit)、存储器(memory)、基本输入/输出(input/output,I/O)接口电路、定时/计数器和中断系统等,都制作在一块集成芯片上,构成一个完整的微型计算机。由于它的结构与指令功能都是按照工业控制要求设计的,故又称为微控制器(micro-controller unit,MCU)。

单片机应用系统是以单片机为核心,配以输入、输出、显示等外围接口电路和控制程序,能实现一种或多种功能的实用系统。

单片机应用系统由硬件和控制程序两部分组成,二者相互依赖,缺一不可。硬件是应用系统的基础,控制程序是在硬件的基础上,对其资源进行合理调配和使用,控制其按照一定顺序完成各种时序、运算或动作,从而实现应用系统所要求的任务。

单片机应用系统设计人员必须从硬件结构和控制程序设计两个角度来深入了解单片机,将二者有机地结合起来,才能开发出具有特定功能的单片机应用系统。单片机应用系统的组成如图 1-1 所示。

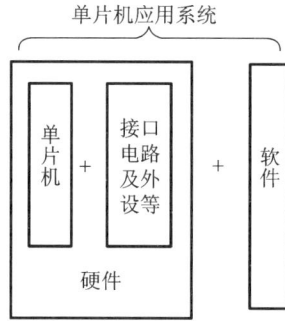

图 1-1　单片机应用系统的组成

1.1.2　学习单片机的意义

与台式计算机、便携式计算机相比,单片机的功能并不强,那学它做什么呢? 实际生活中并不是任何需要计算机的场合都要求计算机有很强的性能,比如空调温度的控制、冰箱温度的控制等都不需要很复杂、很高级的计算机。关键要看是否够用,是否有很好的性能价格比。

单片机凭借体积小、质量小、价格便宜等优势,已经渗透到我们生活的各个领域:导弹的导航装置、飞机上各种仪表的控制、工业自动化过程的实时控制和数据处理、广泛使用的各种智能 IC 卡、民用豪华轿车的安全保障系统、录像机、摄像机、全自动洗衣机、程控玩具、电子宠物等,更不用说自动控制领域的机器人、智能仪表、医疗器械了。

因此,单片机的学习、开发与应用将造就一批计算机应用、嵌入式系统设计与智能化控制的工程师,同时,学习使用单片机也是了解通用计算机原理与结构的最佳选择。

1.1.3　C51 系列单片机

一提到单片机,就会经常听到这样一些名词:MCS-51、8051、C51 等,它们之间究竟是什么关系呢?

MCS-51 是指由美国 Intel 公司生产的一系列单片机的总称。这一系列单片机包括三个基本型:8031、8051、8751,以及对应的低功耗型号 80C31、80C51、87C51,因而 MCS-51 特指 Intel 的这几种型号。在计算机领域,系列机是指同一厂家生产的具有相同系统结构的机器。20 世纪 80 年代中期以后,Intel 以专利转让的形式把 8051 内核给了许多半导体厂家,如 Amtel、PHILIPS 等。这些厂家生产的芯片是 MCS-51 系列的兼容产品,准确地说是与 MCS-51 指令系统兼容的单片机。这些单片机与 8051 的系统结构相同,采用 CMOS 工艺,因而常用 51 系列来称呼所有具有 8051 指令系统的单片机。这些厂家对 8051 一般都做了一些扩充,使其更具特点、功能更强、市场竞争力更强。Atmel 公司以 8051 的内核为基础推出了 AT89 系列单片机。其中 AT89C51、AT89C52、AT89S51、AT89S52、AT89S8252 等单片机完全兼容 8051 系列单片机,所有的指令功能也是一样的,只是在功能上做了一系列的扩展。比如说 AT89S 系列都支持 ISP 功能,AT89S52、AT89S8252 增加了内部 WDT(watchdog timer,看门狗)功能和一个定时器等功能。为了学习更加简单,Atmel 也推出了与 8051 指令完全一样的 AT89C2051、AT89C4051 等单片机,这些单片机可以看成是精简型的 8051 单片机。

AVR 单片机也是 Atmel 公司的产品,最早是 AT90 系列单片机,现在很多 AT90 单片机都转型给了 Atmega 系列和 Attiny 系列。AVR 单片机是精简指令型单片机,这也是它的最大特点。在相同的振荡频率下,AVR 单片机的执行速度较快。但建议初学者还是从 51 系列学起。

PIC 单片机是 Microchip 公司的产品,它也是一种精简指令型的单片机,指令数量比较少。中档的 PIC 系列仅仅有 35 条指令而已,低档的仅有 33 条指令。但是,如果使用汇编语言编写 PIC 单片机的程序会有一个致命的弱点,就是 PIC 中低档单片机里有一个翻页的概念,编写程序比较麻烦。

美国德州仪器(TI)公司提供了 TMS370 和 MSP430 两大系列通用单片机。TMS370 系列单片机是 8 位 CMOS 单片机,具有多种存储模式、多种外围接口模式,适用于复杂的实时控制场合。MSP430 系列单片机是一种超低功耗、功能集成度较高的 16 位单片机,特别适用于要求功耗低的场合。

STC 单片机是由外企设计,国内贴牌生产。此类芯片设计的时候就吸取了 51 系列单片机很容易被破解的教训,改进了加密机制。STC 单片机支持 ISP/IAP 在线串口下载功能,并且有较强的抗干扰能力,也是目前使用较多的单片机芯片之一。

Intel 公司的 8051 系列,Atmel 公司的 AT89 系列,STC 公司的 51 系列等等都可以算是 51 系列单片机。这些单片机的指令系统是一样的,它们的芯片全部支持 ISP(在线烧录),只要一根下载线就可以了。而且 51 系列属于 CISC(复杂指令集)结构型单片机,指令系统比较完整,利用汇编语言写程序比较简单易懂。此外,它也有 Keil C51 的 C 编译器,可以利用 C 语言来写程序。

1.1.4　AT89C51 单片机的内部资源

各公司生产的单片机如果冠以 51 或 5X 系列型号,就有类似的内部结构和相同的外部引脚。以 51 内核生产的精简类型单片机虽然有其他型号,但大多是内部资源和引脚数量有所差别。下面以 AT89C51 系列单片机为例说明单片机的硬件结构。

1. 结构

AT89C51 单片机的基本组成如图 1-2 所示。其主要特性及功能如下:

① 8 位 CPU,能够进行布尔处理;

② 内含 4 KB 程序存储器(ROM/EPROM/FLASH);

③ 内含 128 B 的数据存储器(RAM);

④ 具有 4 个 8 位并行 I/O 口,共 32 根线;

⑤ 具有 2 个 16 位可编程定时/计数器;

⑥ 具有 5 个中断源,2 级中断优先级;

⑦ 1 个全双工串行 I/O 口;

⑧ 21 个特殊功能寄存器;

⑨ 擦写周期可达 1000 次;

⑩ 内部时钟电路;

⑪ 总线控制逻辑;

⑫ 电源电压范围为 DC 4.0～5.5 V。

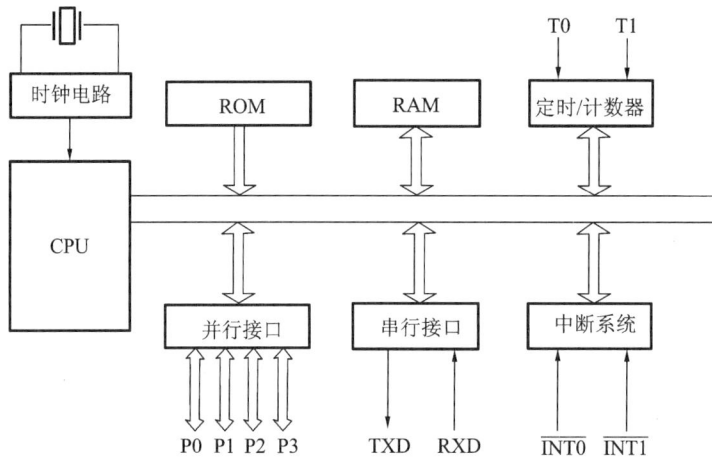

图 1-2　AT89C51 单片机的基本组成

1）CPU

中央处理器(CPU)是单片机的核心,可完成运算和控制功能,它由运算器和控制器组成。51 系列单片机内部有 1 个字长为 8 位的中央处理单元。

2）存储器

AT89C51 单片机有两类存储器:程序存储器(ROM)和数据存储器(RAM),为程序存储器与数据存储器各自独立编址的结构形式。在物理结构上共有 4 个存储空间:片内程序存储器、片外程序存储器以及片内数据存储器和片外数据存储器。从逻辑结构上则有 3 个存储器地址空间:片内、外统一编址的(0000H～FFFFH)共 64 KB 程序存储器地址空间,地址为 0000H～FFFFH 的片外数据存储器空间,地址为 00H～FFFH 的 256 B 片内数据存储空间,其中只前 128 B 能供用户作为存储器使用。AT89C51 单片机存储器的空间结构如图 1-3 所示。

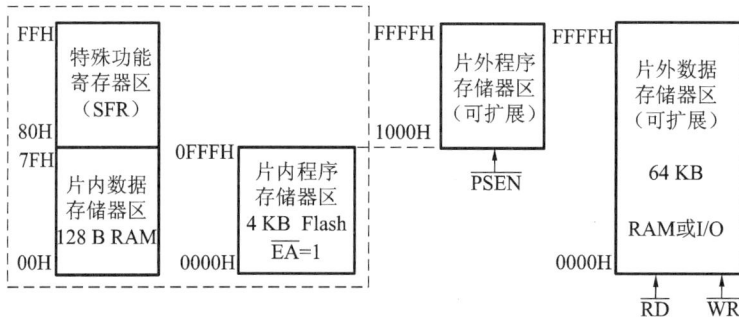

图 1-3　单片机存储空间结构

(1) 程序存储器(ROM)。

程序存储器是只读存储器,专用于存放程序指令字节代码及表格常数。AT89C51 单片机片内有 4 KB 的可擦写闪速 FLASH 存储器,存储地址编码为 0000H～0FFFH。FLASH 存储器擦写既快又方便,可随机在线进行编程,有永久记忆、停电不丢失存储数据的功能。AT89C51 单片机对外功能扩展时有 16 位地址总线(采用 P0 口作低 8 位地址总线,P2 口作高 8 位地址总线),寻址空间达 64 KB,地址范围为 0000H～FFFFH。由于程序存储器地址空间片内、外统一编址,片内 FLASH 存储器已占用了 4 KB 单元,对外扩展程序存储器还有 60 KB 的寻址空间,地址范围为 1000H～FFFFH。PSEN 为外部程序存储器的读选通信号,可根据实际所用的需要情况扩展程序存储器的容量。单片机的$\overline{EA}$端脚必须接入＋5 V DC电源,使CPU从片内0000H单元开始取指令,当PC值超过0FFFH单元时,自动转到片外程序存储器地址空间执行程序。

AT89C51单片机的程序存储器中有6个特殊地址单元。

0000H:单片机系统复位后,PC＝0000H,即程序从0000H单元开始执行。

0003H:外部中断0入口地址。

000BH:定时器T0溢出中断入口地址。

0013H:外部中断1入口地址。

001BH:定时器T1溢出中断入口地址。

0023H:串行口中断入口地址。

使用时通常在这些中断入口地址处安放一条绝对跳转指令,使CPU响应中断时自动跳转到用户安排的中断服务子程序起始地址。对于用户的初始主程序入口处地址通常确定在0023H以后的地址单元,运行时从0000H单元启动,无条件跳转到该入口处执行程序。

（2）数据存储器（RAM）。

AT89C51单片机的片内数据存储器共有256字节,在功能上分为低128字节的内部数据存储区（可用于存放中间结果、数据暂存及数据缓冲等）和高128字节的特殊功能寄存器区。

AT89C51单片机片内RAM区地址空间为00H～FFH,可划分为两部分:00H～7FH为低128字节地址,按用途可划分为工作寄存器区、位寻址区和数据缓冲堆栈区三个区域;80H～FFH为高128字节地址,为特殊功能寄存器（SFR）区域。

单片机内部寄存器可分为通用寄存器和特殊功能寄存器两大类。

① 通用寄存器。C51的内部共有4组通用的工作寄存器组,地址编号为00H～1FH,每组有8个工作寄存器（R0～R7）,共占32个单元,如表1-1所示。

表1-1 工作寄存器分配表

地址	寄存器组
18H～1FH	寄存器组3（R0～R7）
10H～17H	寄存器组2（R0～R7）
08H～0FH	寄存器组1（R0～R7）
00H～07H	寄存器组0（R0～R7）

通过对程序状态字PSW中RS1、RS0的设置,每组寄存器均可作为当前工作寄存器组,如表1-2所示。如果程序中并不需要4组,那么其余可用作一般RAM单元。

表1-2 RS1、RS0的组合关系表

RS1	RS0	当前工作寄存器组
0	0	寄存器组0
0	1	寄存器组1
1	0	寄存器组2
1	1	寄存器组3

当 C51 刚加上电源或者复位之后,会自动选中寄存器组 0 作为当前的工作寄存器。

② 特殊功能寄存器。C51 的 CPU 对各种周边设备的控制采用的是特殊功能寄存器(special function register,SFR)的集中控制方式。SFR 位于片内高 128 字节 RAM 中,有 21 个,它们离散地分布在 80H~FFH 的 RAM 空间中。各 SFR 的名称及分布如表 1-3 所示。其中有 11 个具有位寻址能力,它们的字节地址刚好能被 8 整除。

表 1-3 SFR 的名称及分布

特殊功能寄存器	名称	字节地址	位地址
B	B 寄存器	F0H	F7H~F0H
ACC	累加器	E0H	E7H~E0H
PSW	程序状态字	D0H	D7H~D0H
IP	中断优先级控制	B8H	BFH~B8H
P3	P3 口锁存器	B0H	B7H~B0H
IE	中断允许控制	A8H	AFH~A8H
P2	P2 口锁存器	A0H	A7H~A0H
SBUF	串行数据缓冲器	99H	
SCON	串行控制	98H	9FH~98H
P1	P1 口锁存器	90H	97H~90H
TH1	定时器/计数器 1(高字节)	8DH	
TH0	定时器/计数器 0(高字节)	8CH	
TL1	定时器/计数器 1(低字节)	8BH	
TL0	定时器/计数器 0(低字节)	8AH	
TMOD	定时器/计数器方式控制	89H	
TCON	定时器/计数器控制	88H	8FH~88H
PCON	电源控制	87H	
DPH	数据指针高字节	83H	
DPL	数据指针低字节	82H	
SP	堆栈指针	81H	
P0	P0 口锁存器	80H	87H~80H

3) I/O 口及时中断、定时系统

(1) 4 个并行 I/O 口,分别为 P0、P1、P2、P3。AT89C51 内部有 1 个全双工异步串行口,可实现单片机与其他设备之间的串行数据通信。

(2) 5 个中断源的中断控制系统,可编程为 2 个优先级。

(3) 2 个 16 位定时、计数器,可实现定时或计数功能。

2. 引脚分布

常见的 51 系列单片机封装形式有 DIP40(双列直插封装)、PQFP44(扁平封装)和 PLCC(贴片封装)。图 1-4 给出了 C51 单片机的引脚排列结构图,下面以 DIP40 为例说明各引脚功能和作用。

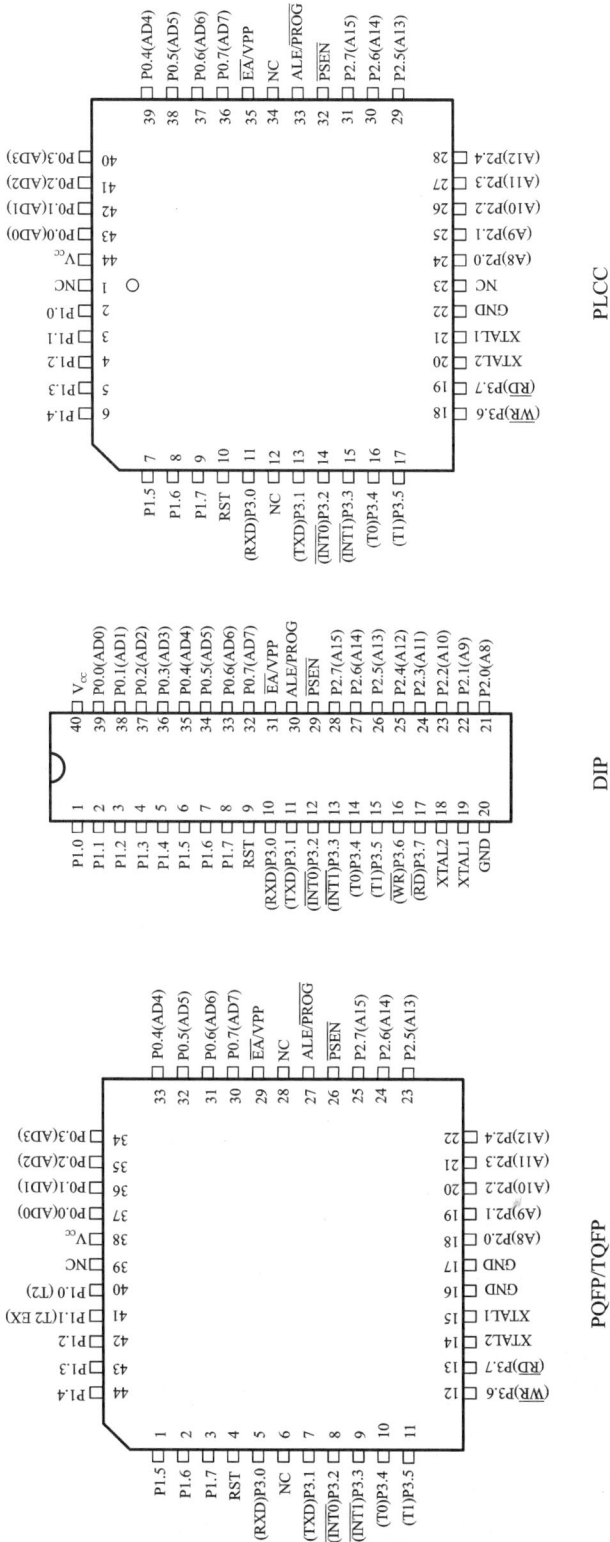

图 1-4 C51 单片机的引脚排列结构图

1) 电源引脚

V_{CC}(40 脚):电源端,接 +5 V 电源。

GND(20 脚):接地端。

2) 时钟引脚

时钟引脚 XTAL1 和 XTAL2 分别作为输入端和输出端,外接晶体与片内的反相放大器构成了方波脉冲振荡器,它为单片机提供了时钟信号,时钟频率就是晶体的固有频率。若采用外部时钟电路,则 XTAL2(18 脚)引脚悬空,XTAL1(19 脚)作为时钟输入端。

3) 控制引脚

(1) RST(9 脚):RST(RESET)是复位信号输入端,高电平有效。当单片机运行时,在此引脚加上持续时间大于 2 个机器周期的高电平时,就可以完成复位操作。

(2) ALE/$\overline{PROG}$(address latch enable/programming,30 脚):地址锁存允许信号端。当单片机上电正常工作后,ALE 引脚不断向外输出正脉冲信号,此频率为振荡器频率 f_{osc} 的1/6。CPU 访问片外存储器时,ALE 输出信号作为锁存低 8 位地址的控制信号。另外,如果想初步判断单片机芯片的好坏,可以用示波器查看 ALE 端是否有正脉冲信号输出。如果有脉冲信号输出,说明芯片基本上是好的。$\overline{PROG}$ 为该引脚的第二功能。在对片内带有 4 KB Flash ROM 的 C51 编程写入(烧写固化程序)时,此引脚作为编程脉冲的输入端。

(3) $\overline{PSEN}$(program store enable,29 脚):程序存储器允许输出控制端。当 C51 由片外程序存储器取指令时,此引脚输出脉冲负跳沿作为读外部程序存储器的选通信号。

(4) $\overline{EA}$/VPP(enable address/voltage pulse of programming,31 脚):外部程序存储器地址允许输入端/固化编程电压输入端。当 $\overline{EA}$ 引脚接高电平时,CPU 只访问片内 Flash ROM 并执行内部程序存储器中的指令;但当 PC(程序计数器)的值超过 0FFFH 时,将自动转向执行外部程序存储器内的程序。当 $\overline{EA}$ 引脚接低电平时,CPU 只访问片外 ROM 并执行片外程序存储器中的指令,而不管是否有片内程序存储器。

VPP 为本引脚的第二功能。在 Flash ROM 编程期间,用于施加 +12 V 或 +5 V 的编程允许电源。

4) I/O(输入/输出)口

(1) P0 口(P0.0~P0.7):P0 口是一个 8 位准双向 I/O 口。当 P0 口作为输入口使用时,应让端口置 1(让端口设置为高电平),此时 P0 口的全部引脚悬空,可作为高阻抗输入。作为输出口使用时,应外接上拉电阻才能输出高低电平。在外部存储器扩展时,P0 可以分时提供低 8 位地址和作为 8 位数据的复用总线。

(2) P1 口(P1.0~P1.7):P1 口是一个带有内部上拉电阻的 8 位双向 I/O 口。对端口置 1 时,通过内部的上拉电阻把端口拉到高电位,可用作输入/输出口。

(3) P2 口(P2.0~P2.7):P2 口是一个带有内部上拉电阻的 8 位双向 I/O 口。对端口置 1 时,通过内部的上拉电阻把端口拉到高电位,这时可用作输入口。在访问外部程序存储器和 16 位地址的外部数据存储器时,P2 口输出高 8 位地址。在访问 8 位地址的外部数据存储器时,P2 口引脚上的内容在整个访问期间不会改变。

(4) P3 口(P3.0~P3.7):P3 口是一个带有内部上拉电阻的 8 位双向 I/O 口。当端口置 1 时,通过内部的上拉电阻把端口拉到高电位,这时可用作输入口。

P3 口还用于一些复用功能。其复用功能如表 1-4 所示。在对 Flash ROM 编程和程序校验时,P3 口还接收一些控制信号。

表 1-4　P3 口引脚的复用功能表

端口引脚	复用功能
P3.0	RXD(串行输入口)
P3.1	TXD(串行输出口)
P3.2	$\overline{INT0}$(外部中断 0)
P3.3	$\overline{INT1}$(外部中断 1)
P3.4	T0(定时器 0 外部计数输入)
P3.5	T1(定时器 1 外部计数输入)
P3.6	$\overline{WR}$(外部数据存储器写选通)
P3.7	$\overline{RD}$(外部数据存储器读选通)

1.1.5　认识你的第一块单片机

通过上网查找资料,结合附录 B,将图 1-5 和图 1-6 所示单片机的型号及引脚功能描述出来。

图 1-5　AT89C51 单片机实物图

图 1-6　STC51 单片机实物图

1.1.6　单片机应用系统的开发流程

单片机应用系统的开发流程及所需工具如图 1-7 所示。

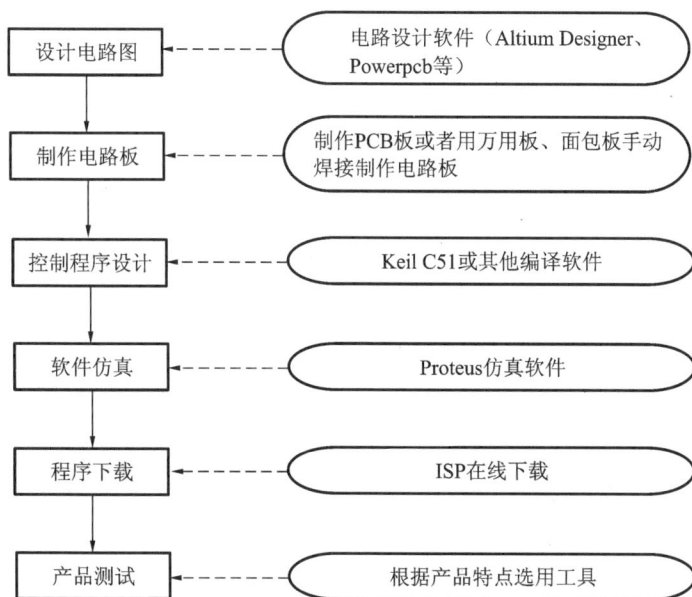

图 1-7　单片机应用系统开发流程

▣小结

本节初步介绍了单片机的概念和作用,内部结构和引脚功能,可使学生对单片机有一定的了解,激发学生学习单片机的兴趣。

1.2 开发软件的使用

▶目标与要求

学会 Keil C51、Proteus 软件的安装。会使用 Keil C51 建立工程,编写简单程序,生成 HEX 文件。会使用 STC-ISP 进行程序的下载。

将 Keil C51 μVision5、Proteus、STC-ISP、USB 转串口程序安装在自己的计算机上,建立工程,编写自己的第一个 C 程序,尝试将其在 Proteus 仿真软件上进行仿真,最后用 STC-ISP 软件下载到开发板上运行。

单片机开发可能会涉及诸多的软件开发工具集,相对传统的 PC 端软件开发而言比较多,但可以分为以下几大类:集成开发 IDE 类、版本控制类、文件代码对比工具类、代码阅读类、仿真工具以及其他类型的软件,具体如表 1-5 所示。

表 1-5 单片机开发工具集

工具类别	常用工具	作用及说明
集成开发 IDE 类	• Keil C51:适用 51 单片机等 • MDK:适用 STM32 等 ARM 系列的单片机	IDE 软件集成了编辑、编译、下载、调试等功能,随不同的单片机机型而不同,因而 IDE 软件也种类繁多,根据不同需要选择即可
版本控制类	• Git:目前世界上最先进的分布式版本控制系统 • SVN:一个免费的集中式版本控制系统 • 其他:如 VSS,CVS 等	支持完备的版本管理,主要用于储存、追踪文件夹或文件的修改历史,是软件开发者的必备工具,是企业重要的基础设施之一
文件代码对比工具类	Beyond Compare	日常开发中经常会碰到需要对文件进行比较,比如文本、代码、网页、文件夹、甚至是二进制文件,非常需要一款工具可以清晰地找出它们之间的全部差异,以方便修改
代码阅读类	Source Insight	对于日常的代码阅读与分析,虽然 IDE 工具也支持,但是代码的组成结构分析并非其强项,因此一款强大的代码结构分析工具就显得非常重要
仿真工具	Proteus	主要用于在产品硬件还未完成时作为低成本的原型验证方案
与芯片原厂相关	代码下载工具:如 STC-ISP	

工具类别	常用工具	作用及说明
其他	文本编辑器：UltraEdit（十六进制编辑器）、Notepad＋＋ 搜索工具：everything（对本地计算机中的文件进行检索） 源格式美化工具：Astyle	

1.2.1　Keil C51 μVision5 的使用

Keil C51 是美国 KEIL 公司（现已被 ARM 公司收购）出品的 51 系列兼容单片机 C 语言集成开发系统，是目前最流行的开发 51 单片机的工具软件。Keil 提供了包括 C 编译器、宏汇编、链接器、库管理和一个功能强大的仿真调试器等在内的完整开发方案，通过一个集成开发环境（μVision）将这些部分组合在一起。下面我们按照操作步骤，学习 Keil C51 软件的基本操作方法。

1. 启动 Keil C51 μVision5

在桌面上双击 μVision 的图标，启动该软件。进入 Keil C51 后，就会进入如图 1-8 所示的欢迎界面，几秒钟后将出现编辑界面，如图 1-9 所示。

图 1-8　Keil C51 μVision5 **欢迎界面**

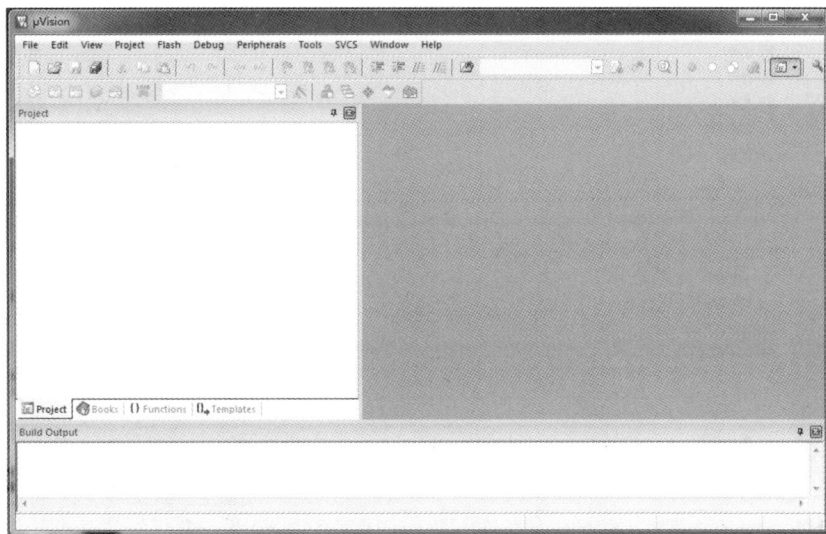

图 1-9　Keil C51 μVision5 **编辑界面**

2. 建立工程

对于单片机程序来说,每个功能都必须要有一配套的工程(project),即使是最简单的程序也不例外,因此我们首先必须要新建一个工程。

(1)点击"Project"→"New μVision Project...",出现一个新建工程的界面,如图 1-10 所示。

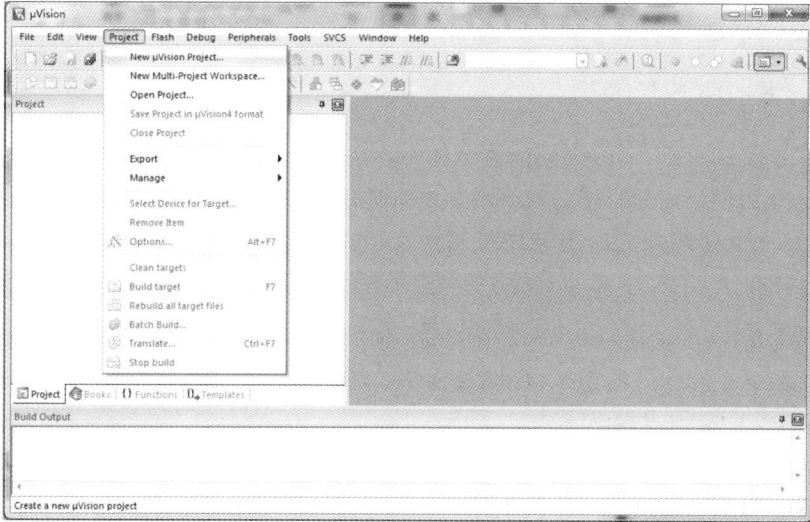

图 1-10　新建工程

(2)将工程保存在一个单独的文件夹内。(如 D:\单片机\点亮一个 LED 灯),如图 1-11 所示,并在文件名文本框中输入工程名(如 Light one LED),注意工程名最好保存为英文名。由于保存类型已经指定为 Project Files(＊.uvproj;＊.uvprojx),因此不需要加扩展名。

图 1-11　建立并保存工程文件

（3）选择单片机型号。在图 1-12 中,单击左侧列表中"Atmel"项目前的"＋",展开该层,选中"AT89C51",如图 1-13 所示,然后单击"OK"按钮。

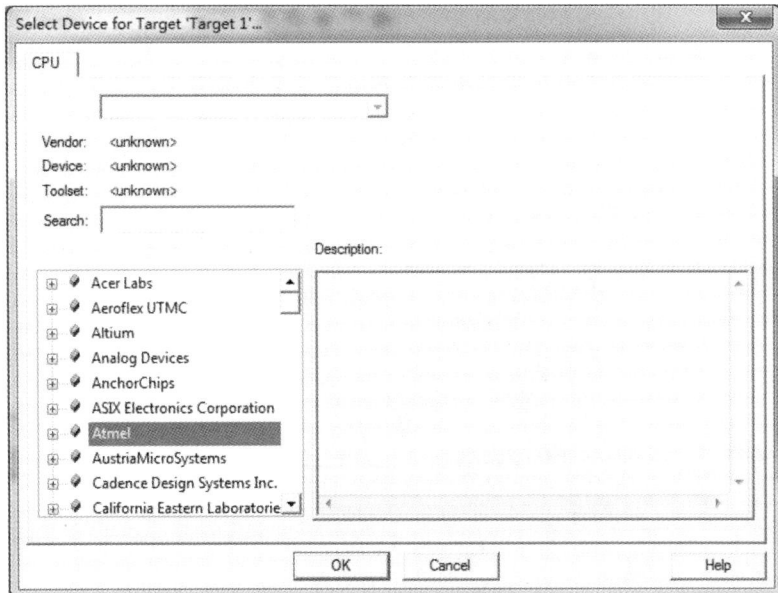

图 1-12　为目标器件选择单片机型号(1)

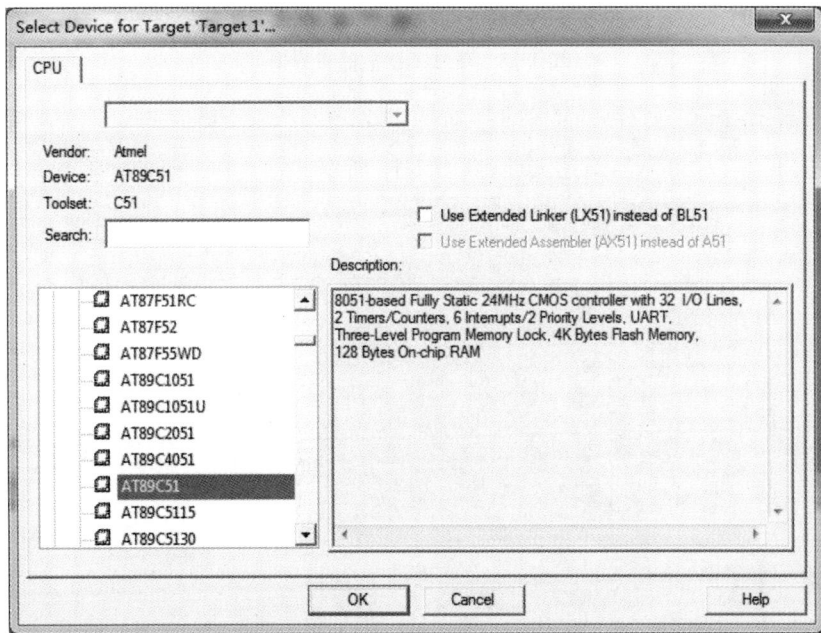

图 1-13　为目标器件选择单片机型号(2)

（4）加载启动代码。如图 1-14 所示,出现标准 8051 启动代码选择窗口,选择"是(Y)",回到主界面,如图 1-15 所示。

图 1-14　启动代码加载

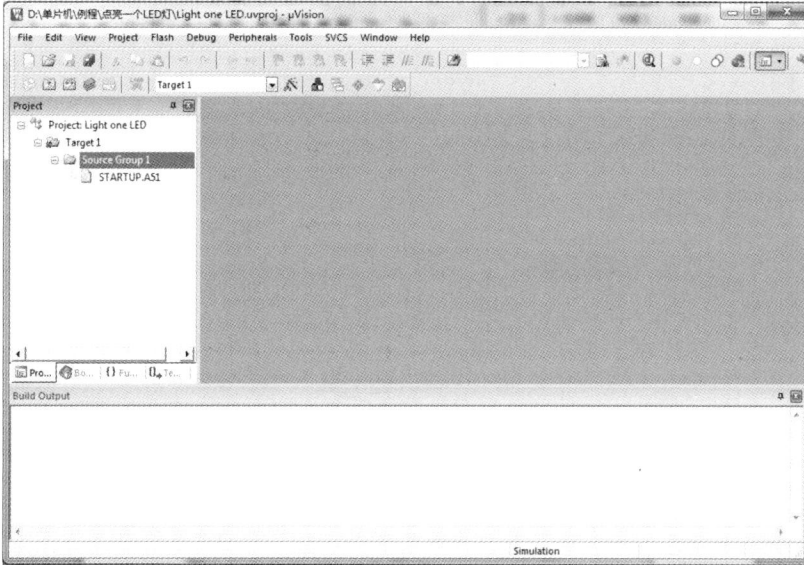

图 1-15　建立工程后的主界面

3. 建立并添加 C 文件

（1）单击"File"→"New"，新建文件，如图 1-16 所示。

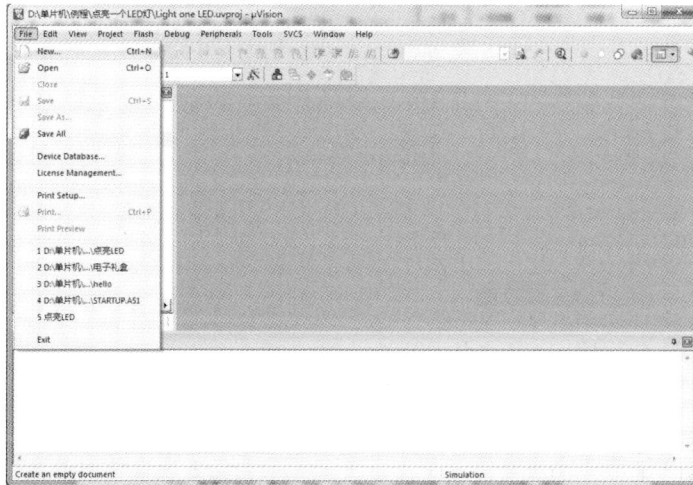

图 1-16　新建文件

（2）新建文件后，单击"File"→"Save"，出现如图 1-17 所示对话框，保存文件时，在文件名的后面必须加扩展名.c(如 Light one LED.c)，将源文件保存为 C 语言源文件。

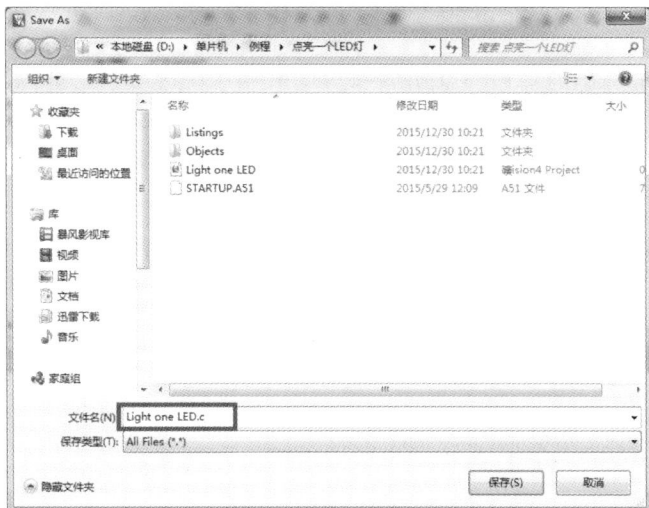

图 1-17　保存文件为 .c 的文件

（3）添加已经存在的源文件到工程目录中，如图 1-18 所示，在左边的 Project 工程管理窗口中，将"Target1"左边的"＋"展开，右键单击"Source Group 1"打开快捷菜单，再选择"Add Existing Files to Group'Source Group 1'..."，出现如图 1-19 所示窗口，找到之前新建的"Light one LED. c"文件并选择后，单击"Add"按钮加入工程中，然后单击"Close"，结束添加。此时，在工程管理窗口的"Source Group 1"中出现"Light one LED. c"的文件，说明新文件的添加已经完成。

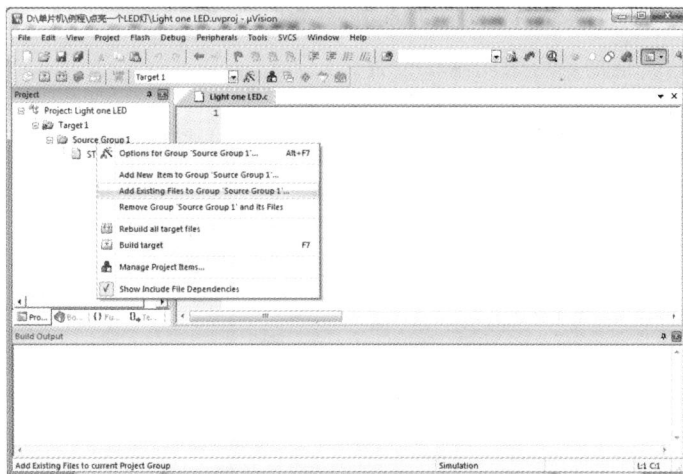

图 1-18　添加已经存在的源文件到工程目录中

图 1-19　添加源文件

4．源程序编写及字体设置

如图 1-20 所示，至此，我们可以开始编写自己的第一个源程序。在编写程序的过程中你会发现，有些单词会变颜色，不同的关键字颜色不一样，有些还会自动加粗。如果你在写程序中显示的都是一个颜色，说明你没有将这个文件正确地添加到工程目录中。你还会发现，由于默认的程序字体太小，长时间看着眼睛会比较疲倦。下面我们进行字体设置。

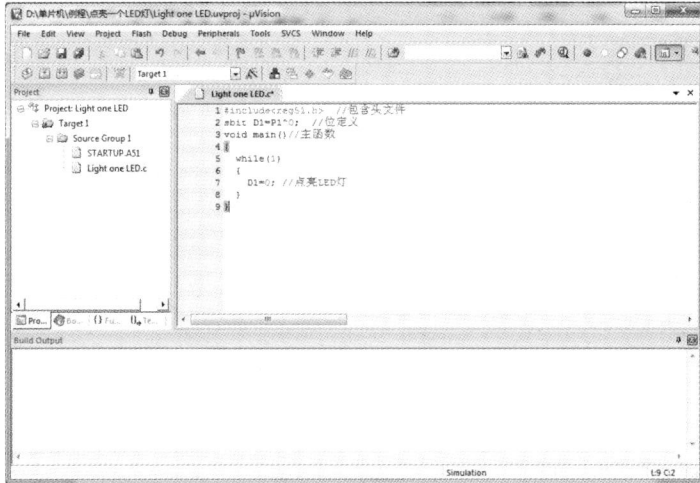

图 1-20　编写点亮 LED.c 的源程序

如图 1-21 所示，单击"Edit"→"Configuration"，出现如图 1-22 所示对话框，选中"Colors&Fonts"选项卡，选择"C/C++Editor files"和"Text"，单击"Courier New…"将"Size"改到合适的大小即可，其他的均可采用默认设置。

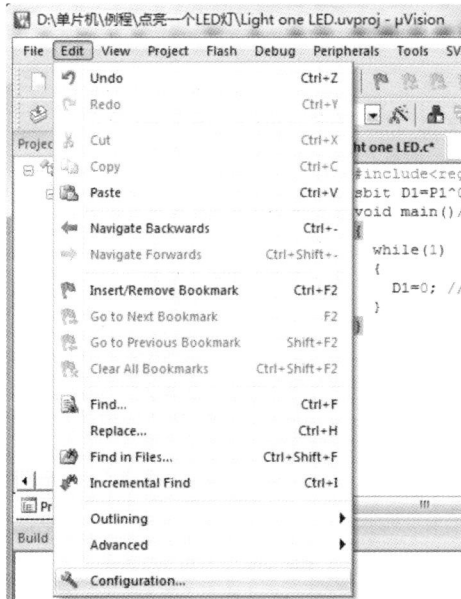

图 1-21　字体设置(1)

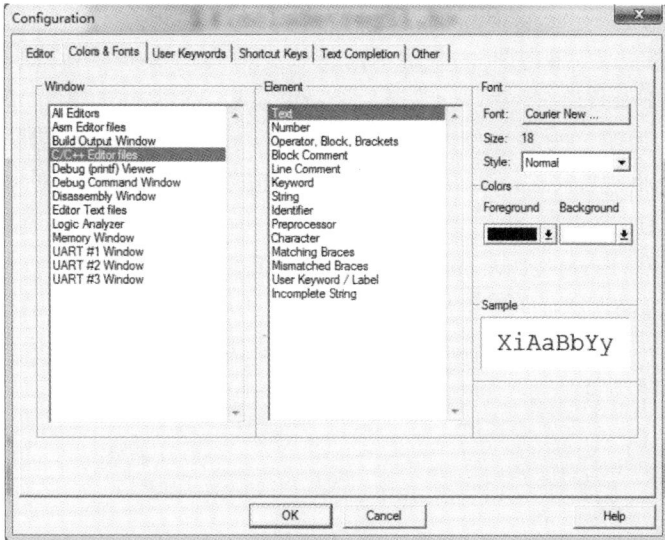

图 1-22　字体设置(2)

5. 编译工程并生成 HEX 文件

程序编好了之后,就可以编译生成单片机能执行的十六进制 HEX 文件了。但是在编译之前,我们还需要进行目标属性配置。

(1) 目标属性配置。

单击如图 1-23 所示的粗线方框内的快捷图标,出现如图 1-24 所示对话框,单击"Output"选项卡,勾选"Create HEX File"复选框,然后单击"OK"按钮。

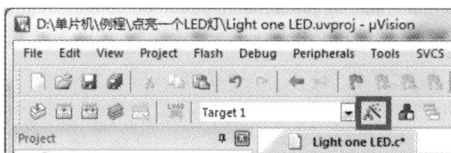

图 1-23　目标属性配置(1)

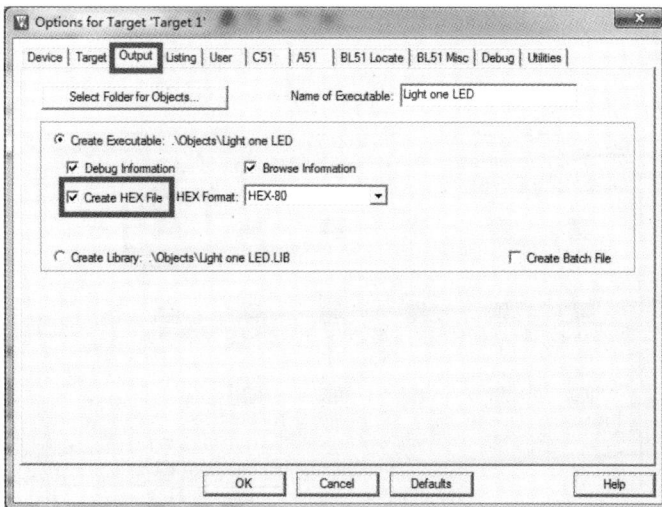

图 1-24　目标属性配置(2)

（2）编译。

设置好目标属性之后，单击图 1-25 所示的粗线方框内的快捷图标，或者单击"Project"→"Rebuild all target Files"，对程序进行编译。编译完成后，在 Keil 的下方"Build Output"窗口中会出现提示信息，如图 1-26 所示。当提示"0 Error(s),0 warning(s)"时，表示我们的程序没有错误和警告，就会出现"creating hex file from'.\Objects\Light one LED'..."，意思是从当前工程生成了一个 HEX 文件，我们要下载到单片机上的就是这个 HEX 文件。如果出现有错误和警告提示的话，即 Error 和 warning 不是 0，那么我们就要对程序进行检查，找出问题，解决好后再重新进行编译产生 HEX 文件。

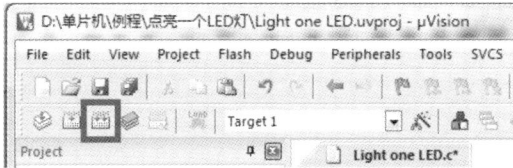

图 1-25　编译程序

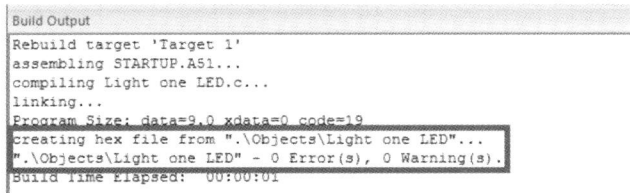

图 1-26　编译输出信息

注意：编译只是对当前工程进行编译，产生与之对应的二进制或十六进制文件，如果编译后又修改了源程序，则一定要重新进行编译。

1.2.2　Proteus 仿真软件的使用

经过以上步骤，成功生成 HEX 文件后，还需要把文件加载到单片机运行才能看到程序的执行结果。如果手边没有硬件开发板，可以采用目前比较流行的电路仿真软件 Proteus 来进行仿真。

（1）新建设计文件。打开 Proteus ISIS 工作界面，单击菜单"文件"→"新建设计"命令，弹出选择模板窗口如图 1-27 所示，选择"Landscape A4"模板，单击"确定"按钮。然后将其保存在"点亮一个 LED 灯"文件夹下，保存名为"点亮 LED. DSN"。

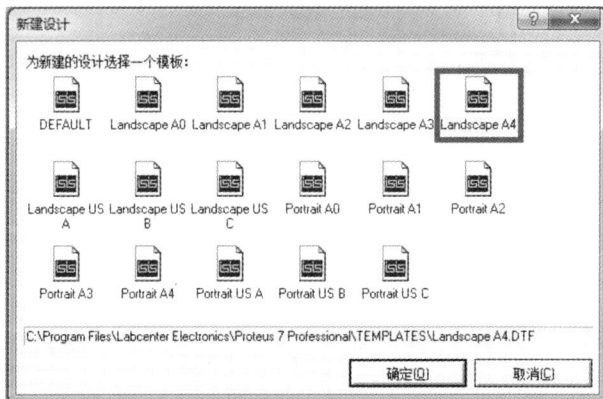

图 1-27　新建设计

（2）在元件库的选择器上单击"P"按钮，弹出"Pick Devices"对话框，如图 1-28 所示。

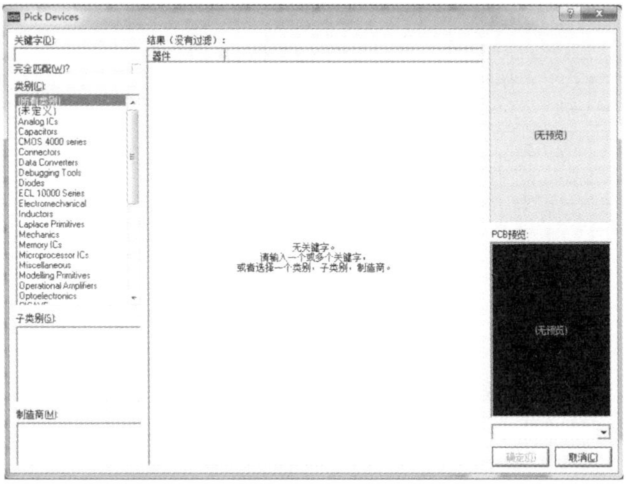

图 1-28 "Pick Devices"对话框

（3）将电路图中所需元件在元件库中一一选取出来，在主界面的左侧将得到如图 1-29 所示的元件列表。添加单片机如图 1-30 所示。

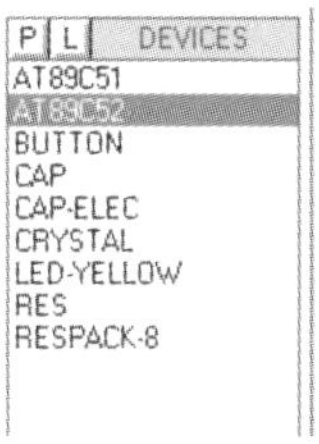

图 1-29 原理图所需元器件

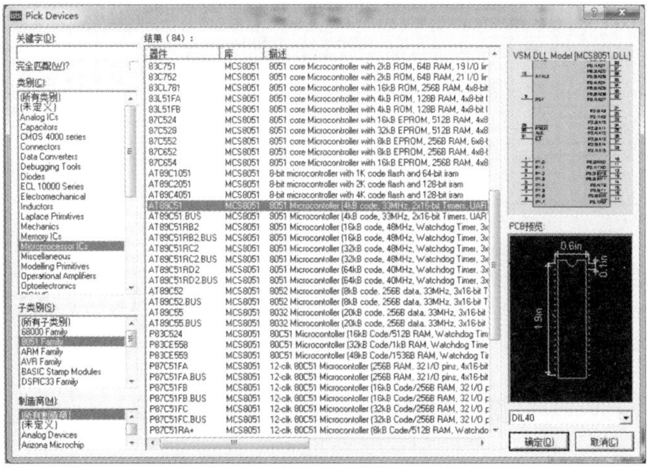

图 1-30 添加单片机

单击所需元件，将其放置在图纸上，摆放好位置后连线。系统默认自动捕捉功能有效，只要将光标放置在要连线的元器件引脚附近，就会自动捕捉到引脚，单击鼠标左键就会自动生成连线。连线完成后得到如图 1-31 所示的电路仿真图。

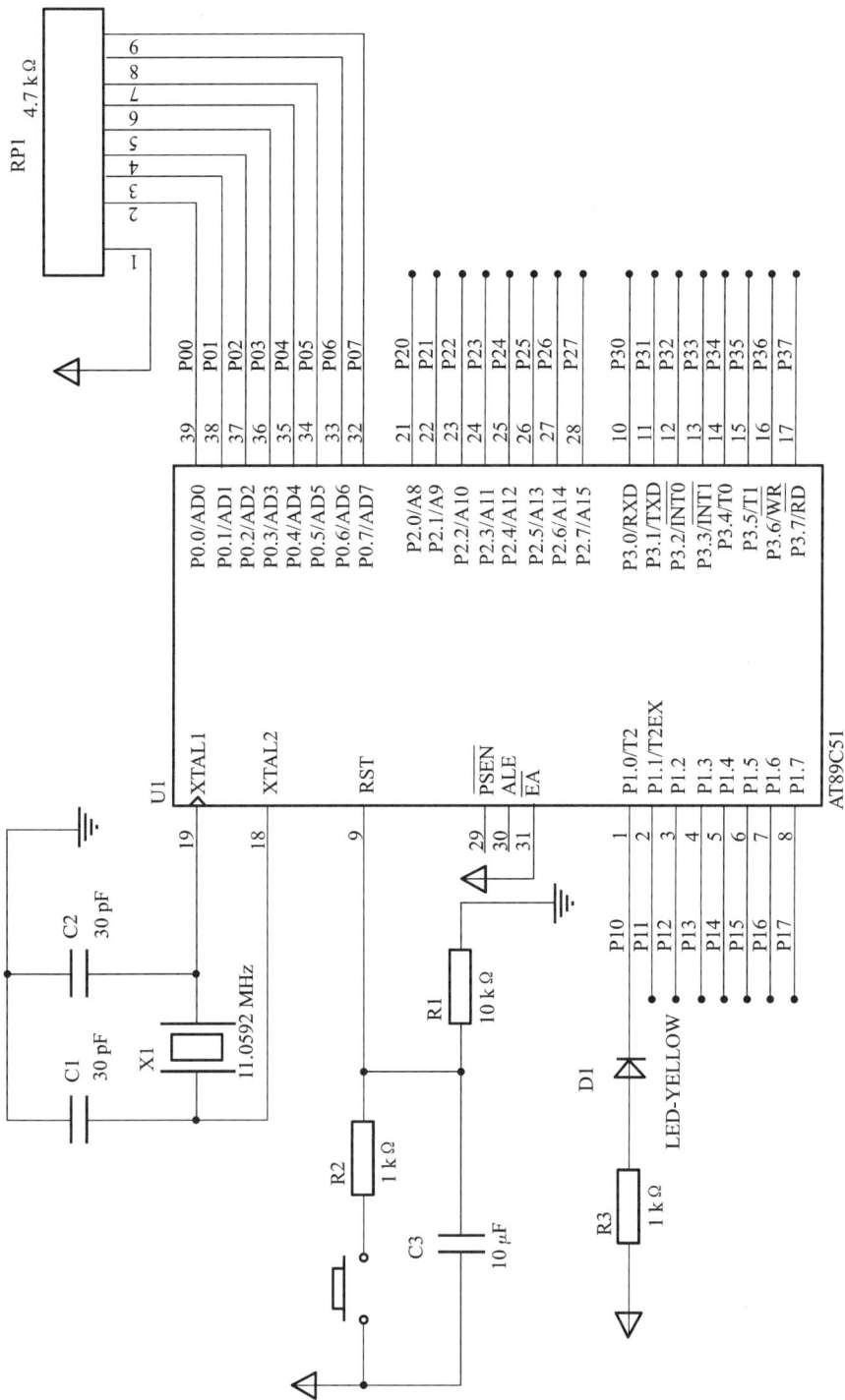

图 1-31　点亮一个 LED 灯电路仿真图

双击元件 AT89C51,将出现如图 1-32 所示对话框,单击图中粗线方框内的文件夹图标,将刚刚编译生成的 HEX 文件找到并加载进去,点击"确定"按钮。

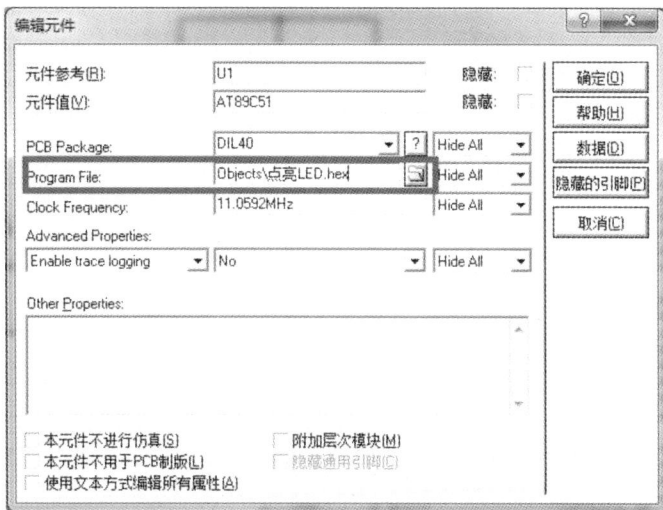

图 1-32　在仿真图上加载 HEX 文件

HEX 文件加载进去之后,单击图 1-33 左下方粗线方框内的播放按钮,运行仿真。从仿真图上可以看出,连接到 P1.0 上的 LED 灯被点亮了。

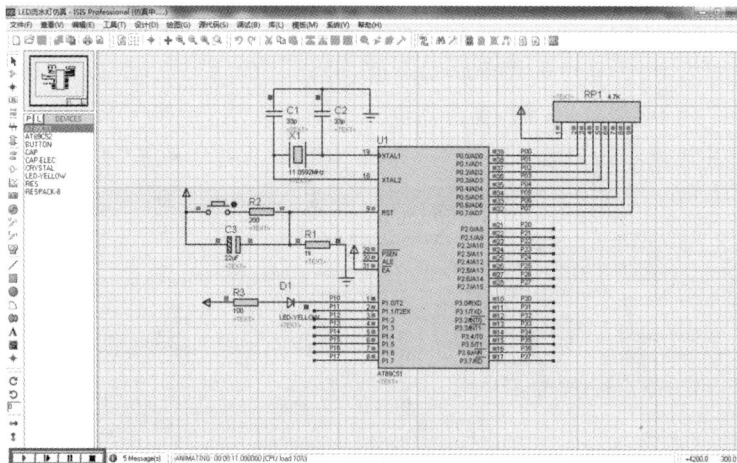

图 1-33　仿真运行

1.2.3　STC-ISP 下载软件的使用

由于现在的便携式计算机已经没有串行接口了,而广泛使用 USB 接口,在下载程序之前我们需要先在计算机上装一个 USB 转串口的驱动软件(如 PL2303_Prolific_DriverInstaller 或者 CH340SER,根据硬件而定)。驱动软件正确安装后,把硬件连接好,将板子插到便携式计算机的 USB 接口上,打开设备管理器查看所使用的是哪个 COM 端口。如图 1-34 所示,找到"Prolific USB-to-Serial Comm Port(COM6)"这一项,这里最后的数字就是开发板目前所使用的 COM 端口号。

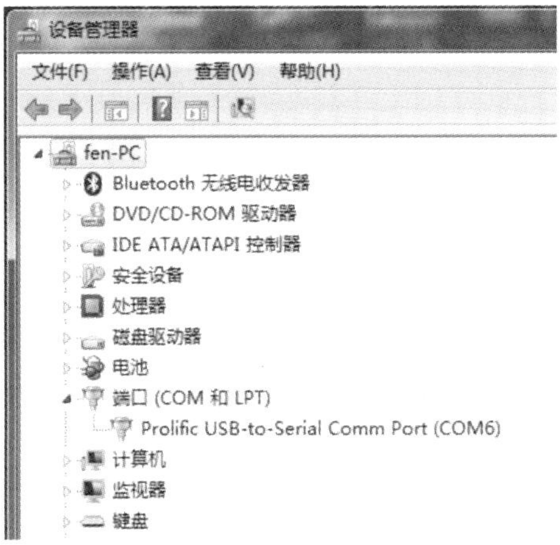

图 1-34　在设备管理器中查看 COM 端口

单击 ISP 下载软件图标,打开 ISP 下载软件窗口,如图 1-35 所示。下载程序的 4 个步骤如下。

(1) 根据开发板选择单片机型号,下面以 STC89C52RC 为例。

(2) 点击"打开程序文件",找到我们前面建立工程的"点亮一个 LED 灯"文件夹,找到"Light one LED. hex"文件,点击打开。

(3) 选择刚才查到的 COM 端口,波特率使用默认值;其他所有选项都使用默认设置,不要随便更改。

(4) 下载。因为 STC 单片机要冷启动下载,即先下载后上电,所以需先关闭板子上的电源开关,然后点击"下载/编程"按钮,等待软件提示请上电后,再按下板子的电源开关,就可以将程序下载到单片机里了。当软件显示"已加密"就表示程序下载成功了,如图 1-36 所示。

图 1-35　STC-ISP 下载软件窗口

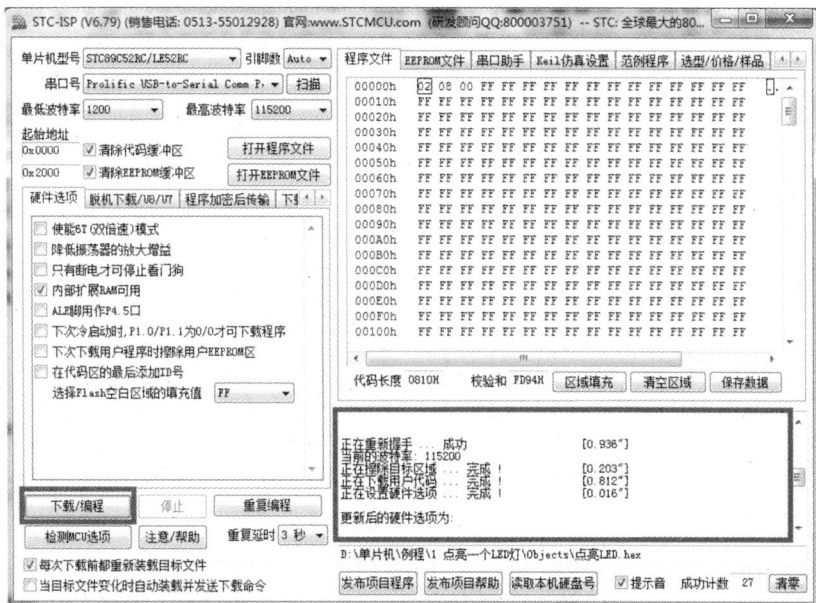

图 1-36 程序下载成功界面

程序下载完毕,上电运行,可以看到 LED 小灯已经发光了,至此,"点亮一个 LED"已经完成。

以上介绍了宏晶科技 STC 系列单片机的 ISP 下载方法,若使用其他公司支持 ISP 编程的单片机,请查阅相关资料。

1.2.4 新建第一个工程文件

根据前面的讲解,尝试自己完成以下步骤。

(1) 在计算机上安装开发软件。

(2) 在硬盘上新建文件夹用来存放程序,如 D:\单片机\程序\点亮一个 LED 灯。

(3) 新建工程:Light one LED. uvproj。

(4) 新建源文件:Light one LED. c。

(5) 添加源文件。

(6) 字体设置,输入源文件:

```
01  #include<reg51.h>           //包含特殊功能寄存器定义的头文件
02  sbit D1=P1^0;               //位定义,注意 P 必须大写
03  void main()                 //主函数,每个 C 程序有且仅有一个主函数
04  {
05      while(1)                //无限循环
06      {
07          D1=0;               //点亮 LED 灯
08      }
09  }
```

（7）目标属性设置，勾选 Create HEX File。

（8）工程编译，生成 HEX 文件。

（9）Proteus 仿真。

（10）STC-ISP 下载。

1.2.5　常见的 C51 编译错误和警告

语法和语义错误一般出现在源程序中，它们确定实际的编译错误。当遇到这些错误时，编译器尝试绕过错误继续处理源文件，当遇到更多的错误时，编译器输出另外的错误信息，不产生 OBJ 文件。语法和语义错误在列表文件中生成信息，格式如下：

＊＊＊.c(Line)：error C number：error message

Line——对应源文件或包含文件的行号；

Number——错误号；

error message——对错误的叙述说明，错误信息列出了主要说明、可能的原因和改正的方法。

如：Light one LED.c(5)：error C202：'l'：undefined identifier

意思是在 Light one LED.c 源文件的第 5 行产生一个错误，错误代码是 202，即'l'是未定义的标识符。

当工程编译出现很多错误时，一定要按照行号顺序，从较小行号开始检查修改。双击错误信息，编译器会自动跳转到错误代码行，每修改完一条错误后一定要及时对工程进行重新编译，再次查看错误信息。也许后面的错误就是由前面的错误引起的，前面的改正了，后面的错误也就消失了。但有时一个错误也可以掩盖多条错误，需要逐一进行修改，直到能生成 HEX 文件为止。

警告是产生潜在问题的信息，它们可能在目标程序的运行过程中出现，不妨碍源文件的编译。警告在列表文件中生成信息，格式如下：

＊＊＊ WARNING Number：warning message

Number——警告号；

warning message——警告的内容，包括一个主要的内容、可能的原因、纠正措施。

如：＊＊＊ WARNING L16：UNCALLED SEGMENT，IGNORED FOR OVERLAY PROCESS SEGMENT：?PR?_DELAY10MS?LIGHT_ONE_LED

意思是在 LIGHT_ONE_LED 源文件中有一个未被调用的函数 DELAY10MS。

有些警告需要引起重视，有些警告可以忽略。警告一般不影响程序的编译，一样可以生成 HEX 文件，但最好能把 warning 修改成 0 个。

◻小结

本节通过介绍建立工程，编写源文件，生成 HEX 文件，使用仿真软件进行仿真，并下载到开发板上，使读者慢慢熟悉单片机开发软件的使用，对单片机的开发流程有了大致的了解。单片机应用系统的开发过程为：设计电路图→制作电路板→程序设计→仿真联调→程序下载→产品测试。

1.3 硬件电路的连接

▶目标与要求

通过"发光二极管的亮灭"控制系统的制作,熟悉单片机 I/O 口的线路连接,学习单片机的 I/O 口的控制方法。掌握单片机最小系统的设计方法,进一步熟悉使用开发环境。

AT89C51 内部具有 RAM 和 EEPROM,所以只需在芯片外部接上时钟电路、复位电路和电源电路就可以构成一个基本应用系统,称为单片机最小系统,如图 1-37 所示。

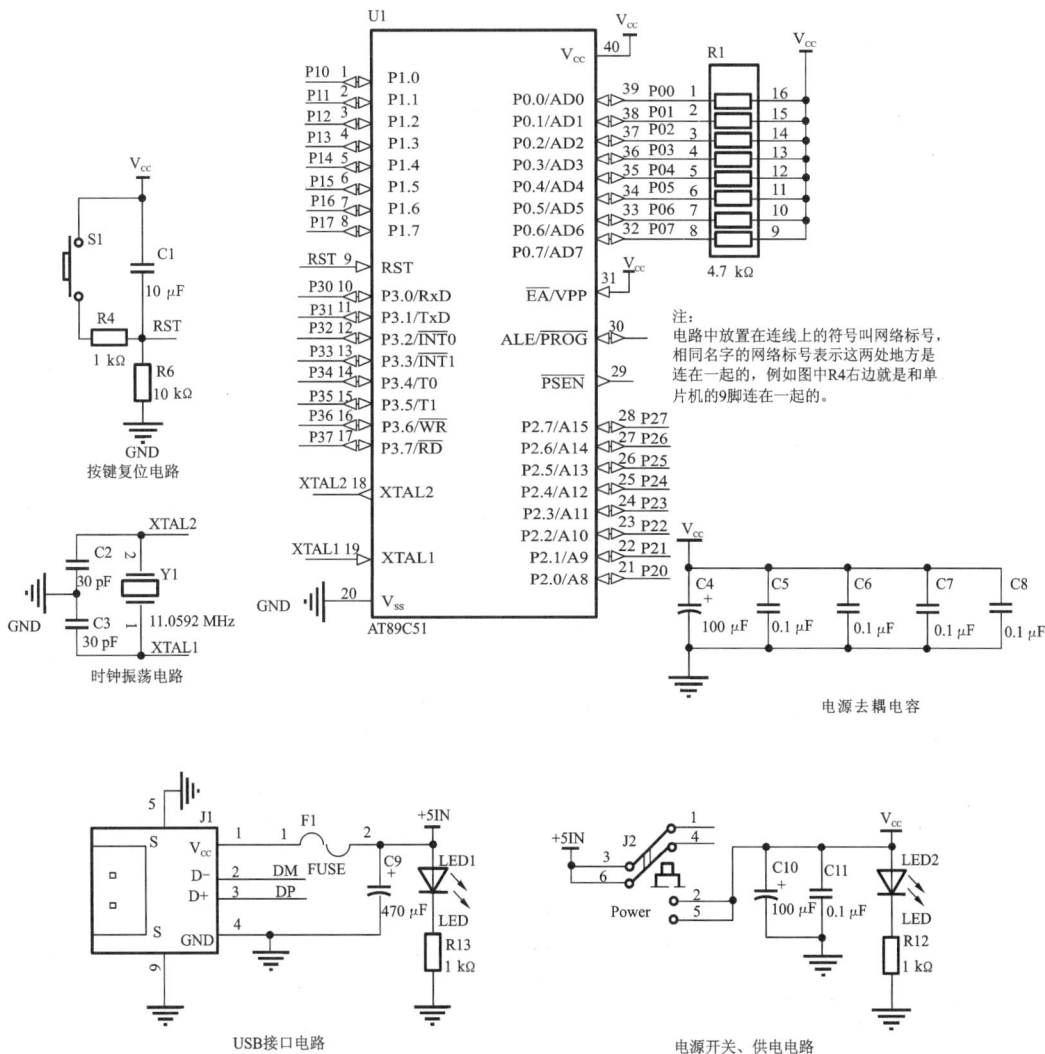

图 1-37 单片机最小系统电路

1.3.1 单片机最小系统——时钟电路

AT89C51 中有一个用于构成内部振荡器的高增益反相放大器,引脚 XTAL1 和 XTAL2

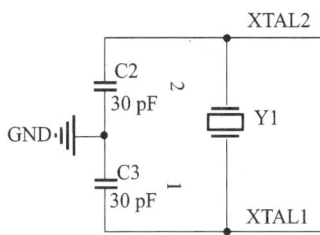

图1-38 时钟振荡电路

分别是该放大器的输入端和输出端。这个放大器与作为反馈元件的片外石英晶体一起构成自激振荡器,振荡电路如图1-38所示。

石英晶体及电容C2、C3接在放大器的反馈回路中构成并联谐振电路。晶体振荡器频率可在6~40 MHz之间选择(不能超过单片机所允许的范围,AT89C51可选12 MHz或者11.0592 MHz)。对外接电容C2、C3虽然没有十分严格的要求,但电容容量的大小会轻微影响振荡频率的高低、振荡器工作的稳定性、起振的难易程度及温度的稳定性。推荐电容使用(30±10) pF。

时钟电路就像单片机工作的"心脏"。没有晶振,就没有时钟周期;没有时钟周期,就无法执行程序代码,单片机就无法工作。

单片机工作时,是从ROM中一条一条地取指令,然后一步一步地执行。单片机访问一次存储器的时间,称为一个机器周期,即一个时间基准。一个机器周期包含12个时钟周期。时钟周期又称为振荡周期,振荡周期=晶振频率的倒数。如一块单片机外接晶振频率为12 MHz,则时钟周期=(1/12) μs,机器周期=12×(1/12) μs=1 μs。

在51系列单片机的指令中,有些运行速度比较快,只要一个机器周期就可以了;有些完成比较慢,要2个机器周期;还有些需要4个机器周期。为了衡量指令执行时间的长短,又引入了一个新的概念——指令周期,我们把执行一条指令的时间称为指令周期。

如在头文件intrins.h中包含一个_nop_()函数,当计算完成NOP指令所需要的时间时,首先必须要知道晶振的频率。设所用晶振频率为12 MHz,则一个机器周期为1 μs,而NOP指令为单周期指令,所以执行一次需要1 μs。如果该指令需要执行1 000次,正好需1 000 μs也就是1 ms。在单片机开发中,常用它来做软件延时。

1.3.2 单片机最小系统——复位电路

在给单片机通电时,其内部电路处于不确定的工作状态。为了使单片机工作时的内部电路有一个确定的工作状态,单片机在工作之前需要有一个复位的过程。在振荡器工作时,将RST引脚保持至少两个机器周期高电平可实现复位。为了保证上电复位的可靠性,RST必须保持足够长时间的高电平,该时间至少为振荡器的稳定时间加上两个机器周期。对于AT89C51而言,通常在其RST引脚上保持2 μs以上的高电平就能使单片机完全复位。为了达到这个要求,通常有两种基本电路形式:上电复位电路和按键复位电路。

1. 上电复位电路

上电复位要求接通电源后,单片机自动实现复位操作。常用上电复位电路如图1-39(a)所示,上电瞬间电容C1相当于短路,RST引脚获得高电平,随着电容C1的充电,RST引脚的高电平将逐渐下降,降到一定电压值以下,单片机开始正常工作。该电路的电容和电阻的典型值一般为10 μF和10 kΩ。

2. 按键复位电路

按键复位电路除了具有上电复位功能外,还可按图1-39(b)中的S1键实现复位,此时电源V_{cc}经两个电阻分压,在RST端产生一个复位高电平。

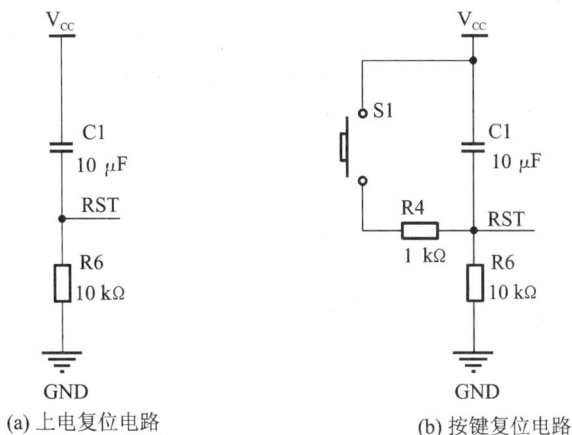

(a) 上电复位电路　　　　　　　(b) 按键复位电路

图 1-39　单片机复位电路

3. 看门狗定时器复位

在实际应用中,为了保证单片机系统正常工作,一般都加入看门狗复位电路,如 MAX708、X25045 等,这样可以保证在程序"跑飞"的情况下系统能够自动复位。许多增强型单片机内部带有硬件看门狗定时器(WDT),无须外加看门狗电路,可以通过软件的设置启动看门狗定时器。

复位操作的主要功能是把 PC 初始化为 0000H,使单片机程序从程序存储器 0000H 单元处开始执行。单片机冷启动后,片内 RAM 为随机值,运行中的复位操作不改变片内 RAM 的内容。特殊功能寄存器复位后的状态是确定的,如表 1-6 所示。

表 1-6　复位后的特殊功能寄存器状态

特殊功能寄存器	复位状态	特殊功能寄存器	复位状态
PC	0000H	TMOD	00H
ACC	00H	TCON	00H
B	00H	TH0	00H
PSW	00H	TL0	00H
SP	07H	TH1	00H
DPTR	0000H	TL1	00H
P0～P3	FFH	SCON	00H
IP	×××00000B	SBUF	不确定
IE	0×××00000B	PCON	0×××0000B

注:×表示无关位,H 为十六进制数后缀,B 为二进制数后缀。

1.3.3　单片机最小系统——电源电路

所有的电子设备都需要电源才能工作。目前主流单片机的电源分为 5 V 和 3.3 V 两个标准。本书所使用的 AT89C51(STC89C51)都是 5 V 电源,一般使用 USB 输出的 5 V 直流电直接供电。通过 USB 线,计算机给单片机供电和下载程序以及实现计算机和单片机之间的通信。如图 1-40 所示,USB 共有 6 个脚,其中 2 脚和 3 脚是数据通信引脚,1 脚是 V_{CC} 正电源,4 脚是 GND 即地线。5 脚和 6 脚是外壳,可将其直接接 GND。USB 的 1 脚输出通过 F1(自恢复熔丝)接到电源开关 J2 上,开关 J2 按下就可直接给单片机供电。自恢复熔丝的作用是:当后级电路发生短路的时候,熔丝会自动切断电路,保护单片机开发板及计算机的 USB 口;当电路正常后,熔丝恢复正常。

从图 1-40 中我们可以看到,在电源和地线之间接了几个电容 C9(470 μF)、C10(100 μF)、C11(0.1 μF)。其中 C9、C10 两个大电容起到缓冲和稳定电压的作用,有了这个电容,电压和电流就会很稳定,不会产生大的波动。C11 的电容值较小,主要是用来滤除高频信号干扰的。同理,如图 1-41 所示的电容作用是一样的,一般在需要较大电流供给的器件附近和 IC 器件的 V_{CC} 和 GND 之间都会加上这样的电容,起到稳定电压和去耦的作用。

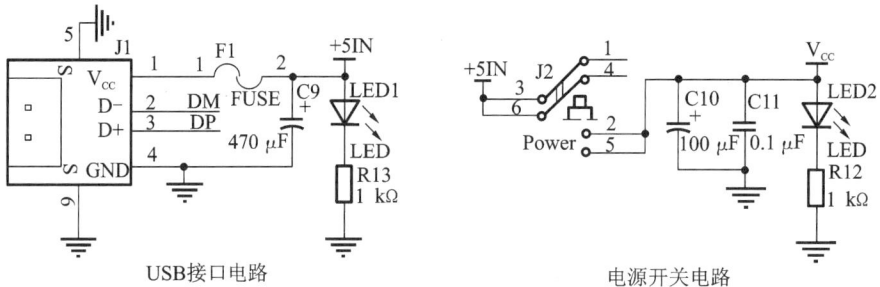

图 1-40 USB 供电电路

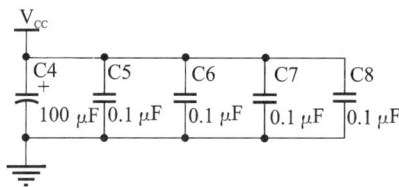

图 1-41 电源去耦电容

1.3.4 发光二极管与 51 单片机的硬件电路连接

发光二极管(LED)的应用非常广泛,常用来指示一些信息,如电源接通、系统故障、功能指示等;有时 LED 还用于装饰,如各种灯饰;LED 组成点阵还可以作为显示器,如公共场所的大屏幕显示器。

发光二极管具有单向导电性,电流只能从阳极流向阴极。当发光二极管发光时,它两端的电压一般为 1.8～2.2 V(不同类型或颜色的发光二极管,该值有所不同),称为导通压降。工作电流一般为 1～20 mA。其中,当电流在 1～5 mA 之间变化时,随着通过 LED 的电流越来越大,我们的肉眼会明显感觉到这个小灯越来越亮,而当电流在 5～20 mA 之间变化时,我们看到的发光二极管的亮度变化就不明显了。当电流超过 20 mA 时,LED 就会有烧坏的危险了,电流越大,烧坏的可能性就越大。为了限制通过 LED 的电流,需要串联一个电阻,这个电阻称为限流电阻。

如图 1-42 所示,我们以 USB 供电电路中的电源指示电路为例来说明限流电阻阻值的确定。要想让 LED2 电源指示灯亮起来,LED2 自身压降大概为 2 V。当电路中的电流为 1 mA

时,$R_{max}=(5\ V-2\ V)/1\ mA=3\ k\Omega$;当电路中的电流为 20 mA 时,$R_{min}=(5\ V-2\ V)/20\ mA=$ 150 Ω,也就是 $R12$ 的取值范围是 150 $\Omega\sim3\ k\Omega$。图 1-42 中的取值为 1 kΩ,显然是符合要求的。若想让发光二极管再亮些,可以适当减小限流电阻的阻值。

下面我们把图 1-42 右侧的 GND 去掉,接到单片机的 P1.0 引脚上,如图 1-43 所示。如果 P1.0 输出一个低电平,即跟 GND 一样的 0 V 电压,就可以让 D1 灯和图 1-42 中的 LED2 灯一样发光了。如果 P1.0 这个引脚输出一个高电平,即跟 V_{cc} 一样的 5 V 电压,那么左侧 V_{cc} 电压和右侧 P1.0 的电压是一致的,显然没有电流流过,此时 D1 处于熄灭状态。在本项目 1.2 节中,可以通过修改程序 Light one LED. c 中的 D1＝0 或 1 来控制小灯的亮或灭。

图 1-42　电源指示电路　　　　　　　　　图 1-43　LED 电路

1.3.5　二极管亮灭系统的设计与制作

经过以上知识的学习,可动手制作一个二极管亮灭系统,将程序下载进去观察运行结果。

1. 硬件电路设计

在图 1-37 所示单片机最小系统电路基础上,增加 8 个发光二极管电路,如图 1-44 所示。

2. 软件设计

编写程序,让 D1～D4 灯亮,D5～D8 灯灭。根据图 1-44 中二极管的连接方式,当 P1 口输出低电平时,二极管被点亮;当 P1 口输出高电平时,二极管就会熄灭。

图 1-44　8 路发光二极管电路

参考程序如下:

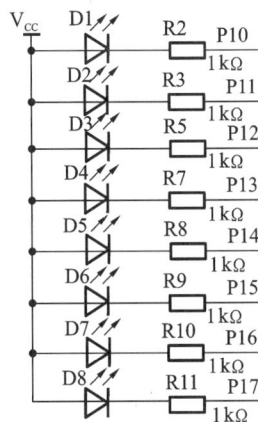

```
01  //程序:Light four LED.c
02  //功能:点亮四个 LED 灯
03  #include⟨reg51.h⟩      //包含特殊功能寄存器定义的头文件
04  void main()            //主函数,每个 C 程序有且仅有一个主函数
05  {
06      while(1)           //无限循环
07      {
08        P1＝0xf0;        //0 表示灯亮,1 表示灯灭,将 11110000 赋值给 P1 口,即点亮低四位的 LED 灯
09      }
10  }
```

3. 软硬件调试

(1) 按照本项目任务二建立起单片机开发环境。

(2) 在 Keil 界面下输入源程序 Light four LED. c。

(3) 保存程序到指定路径下。

（4）编译上述程序。

（5）将生成的 HEX 文件加载到仿真图上进行仿真。

4. 脱机运行

将 Light four LED. HEX 文件下载到 89C51 单片机开发板中，通电后，运行程序，观察演示效果。

1.3.6 二进制数、十进制数和十六进制数

数制是数的进制形式，是人们利用符号计数的一种科学方法。人们日常常用十进制表示数，但单片机芯片是基于成千上万个开关管组合而成，它们每一个都只能有开和关两种状态，所以它们只能对应于二进制数的 0 和 1 两个值，也就是说单片机只认识二进制数。

在十进制数中，数符为 0~9。采用"逢十进一"的计数原则。通常在十进制数后面放一个字母 D，表示这个数是十进制数。

在二进制数中，数符为 0、1 两个。采用"逢二进一"的计数原则。通常在二进制数后面放一个字母 B，表示这个数是二进制数。

在十六进制数中，数符有 0~9 和 a~f 共 16 个。采用"逢十六进一"的计数原则。程序编写中书写十六进制数时需加前缀 0x 或者加后缀 H，表示这个数是十六进制数。

二进制数与控制状态之间的对应关系直观清晰，这为定义控制状态、分配控制功能带来了很大的便利，但二进制数也容易书写出错并难以查错。例如，用 0 和 1 表示小灯的亮灭，0 表示亮，1 表示灭，要控制 16 个小灯，每隔一位一亮，最低位是灭的，就可以用 0101010101010101 来表示。显然，这样书写很麻烦，很容易多写或写错位，这时我们用十六进制数表示就比较方便。将这一组数据转换成十六进制数是 0x5555，书写和阅读要方便多了。

对于二进制数，8 位二进制数称之为一个字节，表达范围为 00000000~11111111，而在程序中用十六进制数表示的时候就是 0x00~0xff。二进制数 4 位一组，遵循 8/4/2/1 的规律，比如 1011，那么从最高位开始算，数字大小是 8×1+4×0+2×1+1×1=11，十六进制数就是 0x0b。也就是说它们之间的转换是 4 位二进制数转 1 位十六进制数。同理，1 位十六进制数可转 4 位二进制数。表 1-7 为部分十进制数与二进制数、十六进制数之间的对应关系。

表 1-7 部分十进制数与二进制数、十六进制数之间的对应关系

十进制数	二进制数	十六进制数	十进制数	二进制数	十六进制数
0	0000	0x00	8	1000	0x08
1	0001	0x01	9	1001	0x09
2	0010	0x02	10	1010	0x0a
3	0011	0x03	11	1011	0x0b
4	0100	0x04	12	1100	0x0c
5	0101	0x05	13	1101	0x0d
6	0110	0x06	14	1110	0x0e
7	0111	0x07	15	1111	0x0f

对于进制,只是数据的表现形式,数据的大小不会因为进制的表现形式不同而不同,比如二进制数的 0001,十进制数的 1,十六进制数的 0x01,它们本质上是数值大小相等的同一个数据。在进行 C 语言编程的时候,我们一般只写十进制数和十六进制数,那么不带 0x 的就是十进制数,带了 0x 符号的就是十六进制数。

▢ 小结

本节通过对 LED 亮灭系统的设计过程实施,让读者对单片机最小系统、单片机 I/O 口的线路连接与软件控制方法有了初步的了解和直观认识。

项 目 总 结

本项目从认识第一块单片机到开发软件的使用、硬件电路的连接及简单程序的编写,介绍了单片机和单片机应用系统的基本概念、单片机硬件基本结构,建立了单片机从外部到内部、从直观到抽象的认识过程。了解单片机应用系统的开发流程,学习使用单片机开发环境中需要的各种软硬件工具,了解单片机程序调试的步骤与方法,有助于提高编程效率,为后面内容的学习打下基础。本项目要重点掌握的内容如下:

单片微型计算机简称单片机,是指集成在一个芯片上的微型计算机;单片机应用系统由硬件和控制程序两部分组成。

单片机的内部结构主要包括:CPU、存储器、基本输入输出接口电路、定时/计数器和中断系统;CPU 是单片机的核心,由运算器和控制器组成,可完成运算和控制功能。

AT89C51 单片机有两类存储器:程序存储器 ROM(只读)和数据存储器 RAM(读写)。

在进行单片机应用系统设计时,除了电源和接地引脚外,XTAL1、XTAL2、RST、EA 引脚信号必须连接相应电路。

除了单片机和电源外,单片机最小系统包括时钟电路和复位电路。

单片机访问一次存储器的时间,称为一个机器周期,即一个时间基准。一个机器周期包括 12 个时钟周期。时钟周期又称为振荡周期,振荡周期＝晶振频率的倒数。

单片机的复位电路主要有两种基本形式,即上电复位电路和按键复位电路。在振荡器工作时,将 RST 引脚保持至少两个机器周期高电平可实现复位。

思 考 与 练 习

一、单项选择题

1. Intel 8051 是(　　)位单片机。

A. 16　　　　　　　B. 4　　　　　　　C. 8　　　　　　　D. 准 16 位

2. 51 系列单片机的 CPU 主要由(　　)组成。

A. 运算器　控制器　　　　　　　B. 加法器　寄存器

C. 运算器　加法器　　　　　　　D. 运算器　译码器

3. 程序是以(　　)形式存放在程序存储器中。

A. C 语言源程序   B. 汇编程序

C. 二进制编码   D. BCD 码

4. 外部扩展存储器时, 作为低 8 位地址和数据线的分时复用口的是(   )。

A. P0 口   B. P1 口   C. P2 口   D. P3 口

5. 单片机的 4 个并行 I/O 口在输出数据时, 必须外接上拉电阻的是(   )。

A. P0 口   B. P1 口   C. P2 口   D. P3 口

6. 当单片机应用系统需要扩展外部存储器或其他接口芯片时, (   )可作低 8 位地址总线使用。

A. P0 口   B. P1 口   C. P2 口   D. P0 口和 P2 口

7. 当单片机应用系统需要扩展外部存储器或其他接口芯片时, (   )可作高 8 位地址总线使用。

A. P0 口   B. P1 口   C. P2 口   D. P0 口和 P2 口

二、填空题

1. 单片机应用系统是由_____和_____组成。

2. 除了单片机和电源外, 单片机最小系统包括_____电路和_____电路。

3. 在进行单片机应用系统设计时, 除了电源和地引脚外, _____、_____、_____、_____引脚信号必须连接相应电路。

4. 51 单片机的 XTAL1 和 XTAL2 引脚是_____引脚。

5. 将下列十进制数转换为二进制数。

(1) 51 _____ ; (2) 67 _____ ; (3) 135 _____ ;

(4) 0.375 _____ ; (5) 41.75 _____ ; (6) 132.0625 _____ 。

6. 将下列二进制数转换为十进制数。

(1) 11111010B _____ ; (2) 10101011B _____ ;

(3) 10000110B _____ ; (4) 11101110B _____ 。

7. 将下列十进制数转换为十六进制数。

(1) 129D _____ ; (2) 255D _____ ; (3) 2047D _____ ;

(4) 16383D _____ ; (5) 8191D _____ ; (6) 32767D _____ 。

8. 单片机的存储器主要有四个物理存储空间, 即_____、_____、_____、_____。

9. 单片机的应用程序一般存放在_____中。

10. 当振荡脉冲频率为 12 MHz 时, 一个机械周期为_____; 当振荡脉冲频率为 6 MHz 时, 一个机械周期为_____。

11. 单片机的复位电路有两种, 即_____和_____。

12. 输入单片机的复位信号需延续_____个机械周期以上的_____电平时即为有效, 用于完成单片机的复位初始化操作。

三、技能训练题

按照本项目 1.2 节中的步骤, 新建一个工程, 修改 Light one LED. c 源文件, 点亮两个 LED 灯, 仿真并下载到开发板上。

项目 2　C51 程序设计

项目教学目标

了解 C 语言的特点。

掌握 C 语言的数据类型、常量与变量、运算符与表达式。

会画 C 语言的流程图。

掌握 C 语言的表达式语句、选择语句、循环语句。

掌握函数的分类和定义、调用和声明。

掌握一维数组、二维数组的初始化与遍历。

了解指针的概念与用法。

会使用预处理命令。

了解模块化程序设计方法、代码分层、函数调用。

2.1　C 语言的特点

C 语言是得到普遍欢迎和广泛应用的一种计算机编程语言,它起源于 20 世纪 70 年代推出的 CPL 语言以及在 CPL 语言的基础上发展出来的 B 语言。最早的 C 语言在 1972 年被开发出来并应用在 UNIX 系统的编写上,随着 UNIX 系统的广泛应用,C 语言也得到了推广,并最终得到广泛的使用。1983 年,ANSI 对 C 语言进行了标准化,给出了 C 语言的标准,并于 1987 年对该标准进行了更新,该标准常被称为 ANSI C。

在单片机的程序编写中,我们可以选择使用严谨的汇编语言,也可以选择使用 C 语言。汇编语言结构严谨,与硬件相关度高,程序对中断的处理方便直接,生成代码可控,执行效率高,但是存在学习难度高,要求使用者对硬件资源的情况非常了解,不方便移植等问题。相对于汇编语言的一些缺点,C 语言的优点就非常明显。首先 C 语言中的关键字和语法与英语相近,属于一种“高级”语言,易记易用,容易掌握;其次 C 语言属于结构化的语言,程序结构清晰,可读性和维护性都很好;再者,C 语言支持灵活的编译预处理功能,可以方便地把程序适配到不同的硬件平台上,易于进行程序的移植和维护。

就单片机的学习和使用来讲,如果用 C 语言进行单片机程序的编写,那么单片机的具体型号、内部资源、程序工作方法等很多硬件方面的细节对于用户来说是被屏蔽了的,所以对使用者的单片机硬件知识水平要求没有那么高,这在很大程度上降低了学习和使用单片机的难度。

用 C 语言进行单片机程序编写中的主要问题是生成的执行代码的可控性没有汇编语言那么好,执行效率相对会低一些。但是随着编译工具的发展和进步,单片机 C 语言程序的执行效率已经非常接近于汇编语言。现在,使用 C 语言作为单片机程序的编程语言是更为普遍的选择。

C 语言的关键字有 32 个,这些字符串在 C 语言编译系统中有专门的含义,只能按照规定对其进行使用,不能将这些字符串作其他使用,如用来作为变量名或函数名等。

在 ANSI 标准中,C 语言的 32 个关键字如下:

auto	break	case	char	const	continue	default	do
double	else	enum	extern	float	for	goto	if
int	long	register	return	short	signed	sizeof	static
struct	switch	typedef	union	unsigned	void	volatile	while

2.2　C 语言的基本结构

C 语言是一门基础的结构化(也可以理解为是面向结构体的)编程语言,其基本构成单位是函数。函数由函数名、参数以及两对括号构成,如下所示:

```
1  int function(char a,char b)      //函数名为 function,参数为 a,b,返回值为 int 类型的值
2  {
3      int c;                        //(参考与数学函数的等价关系)
4      c = a+b;                      //函数体
5      return c;                     //返回变量的值
6  }
```

图 2-1　加法运算黑匣子

上面所示的函数可以理解为是在描述如图 2-1 所示的一个做加法运算的黑匣子,输入特定值,得到特定结果。

不论任何计算机语言均有一个执行的起点(也叫入口),C 语言也不例外。既然 C 语言由函数构成,则必定以一个固定的根函数为起点,C 语言中将该函数名固定为 main,其他参数与普通函数并无差别,如下所示为一段基础的 C 语言程序:

```
1  #include <stdio.h>        //文件包含预处理命令
2  void main()              //函数名,表示该函数为主函数 main( ),前面的 void 是函数类型
3  {                        //函数的内容放在一对大括号"{}"中
4      printf("hello!world.\n"); //在屏幕上输出"hello!World."
5  }
```

"//"符号后面的内容属于注释。注释是为了增加程序的可读性,在程序中添加的一些说明,程序编译时会自动将其忽略,不会对其进行编译。

对于 C 语言程序,函数是其基本组成部分,一个 C 语言程序可以由多个函数组成,但必须有一个且只能有一个主函数"main()",其他的函数为用户自定义函数,根据需要进行添加。程序中的自定义函数的数量没有限制,也可以没有。无论有多少函数,C 程序总是从主函数 main()处开始执行。

函数前的命令 #include<stdio.h> 为文件包含预处理命令,属于预处理命令的一种,表示下面的程序中要调用头文件 stdio.h。绝大多数 C 语言程序都会用到这个预处理命令。stdio.h 是由

C语言系统提供的一个函数库,其中包含了很多常用的函数和定义,如下面用到的输出函数
printf()就包含在 stdio.h 中。

对于不同的 C 语言程序,往往需要调用不同的头文件,在 Keil C 的环境下进行 51 系列单
片机的 C 语言程序编写时,会在程序最前面使用预处理命令:

```
#include〈reg51.h〉      //调用头文件 reg51.h
```

头文件 reg51.h 中包含了很多针对 51 系列单片机硬件系统的定义和函数,调用了该文
件,在后面的程序编写中就可以直接使用一些与 51 系列单片机相关的变量,而不需要再重新
定义。所以,在 51 系列单片机的 C 语言程序中一般都要先对其进行声明调用。

2.3　C 语言的数据与运算

2.3.1　数据类型

不论什么程序,最后都会在计算机中运行,对于不同的数据,计算机会为其分配不同类型
的存储空间,并且有不同的处理机制。从编程语言的角度来讲,能规定和处理的数据类型越丰
富,其处理数据的能力就越强。通常一门语言必定会存在 3 种数据类型,即基本数据类型、扩
展数据类型和自定义数据类型。

C 语言就是一种数据类型丰富,数据处理能力较强的编程语言。常用的 C 语言的基
本数据类型有 4 种:整型、实型、字符型和空类型。在 ANSI C 中也规定了 C 语言的一些
扩展数据类型,如数组类型、指针类型;同时还有自定义数据类型,如结构体类型、共用体
类型等。

1. 整型数据

对于整型数据,可以把它理解为整数,该型数据没有小数部分。在具体的使用中,按照所
占存储空间的长度,整型数据可以分为基本型、短整型、长整型,关键字分别为 int、short、long;
按照有无符号位,各种整型数据还有无符号的形式,即在对应关键字前加 unsigned。

需要注意的是,C 语言标准中并没有具体规定各类数据需要占用的字节长度,所以对于不
同的程序编写环境,各种数据的长度都有不同。Keil C51 环境中的整型数据长度,所占位数
(字节数)及取值范围如表 2-1 所示。

表 2-1　Keil C51 环境中整型数据长度

数据类型	关键字	所占位数	取值范围
整型(基本型)	int	16(2 字节)	−32768～32767
短整型	short	16(2 字节)	−32768～32767
长整型	long	32(4 字节)	−2147483648～2147483647
无符号整型	unsigned int	16(2 字节)	0～65535
无符号短整型	unsigned short	16(2 字节)	0～65535
无符号长整型	unsigned long	32(4 字节)	0～4294967295

在 C 语言程序的编写中,对于整型数据可以使用十进制、八进制或十六进制来表示。

使用十进制表示整型数据可直接按十进制表示方式输入,使用八进制和十六进制时则需要在数据前加标注。在数据前加"0"(数字零),即表示输入的是八进制整型数据,如 0123,即表示八进制数 123,相当于十进制的 83。在数据前加"0x"(x 字母大小写均可,前面的符号为数字零),即表示输入的是十六进制整型数据,如 0xc2,即表示十六进制数 c2。

2. 实型数据

实型数据可以理解为可以带小数的数据,也常被称为浮点型数据。实型数据可以分为单精度型和双精度型,其关键字分别为 float 和 double,它们占用的字节数和精度不同。常见的编程环境中,float 型数据会占用 4 个字节,double 型数据会占用 8 个字节。

实型数据的表示方式有两种:十进制形式和指数形式。

使用十进制形式表示实型数据时,数据分为整数部分和小数点后的小数部分。如:1.35,0.57 等。如果使用的实型数据没有小数部分,小数点可以省略。

使用指数形式表示实型数据时,指数部分用字母 E 或 e 加其后的数字来表示,其中,幂的基数默认为 10,e 后面的数字即为幂指数,只能为正或者负的整数,不能为小数。当幂指数为正整数时,"+"号可以不写。例如:实型数据 54300 可以表示为 5.43e4;实型数据 -0.034 可以表示为 $-3.4e-2$。

3. 字符型数据

1) 字符和字符串

表示字符类型的关键字为 char,字符型的数据包括字符和字符串两种,转义字符则是字符的特殊使用形式。

字符的表示形式为单引号下的一个字符,如'a'。单个字符型的数据在存储时是以 ASCII 码的形式存放的。每个字符占一个字节,比如字符'A'在其存储的字节中存放的内容就是其 ASCII 码 65。

要特别注意单个数字的字符型数据和整型数据之间的区别,例如字符型数据'9'和整型数据 9。从存储单元来讲,在 Keil C51 环境中,会为字符型数据'9'分配 1 个字节(8 位)的存储空间,而对于整型数据 9,会为其分配 2 个字节的存储空间。从存储的内容来讲,字符型数据'9'在其存储空间中存放的内容是 01010111B,即 57,为字符'9'的 ASCII 码。而整型数据 9 在其存储空间中存放的内容是 0000000000001001B,即 9。

同样需要注意的是,在 C 语言中字符也可直接参与运算,参与运算的值即是它的 ASCII 码。

字符串可以看作是一些单个字符的集合,字符串的表示形式为双引号下的几个字符,如"hello"。C 语言在对字符串常量进行存储时,会自动在最后再加上一个用来表示字符串结束的字节。该字节的值为 0,用"\0"来表示,即为空字符(ASCII 码为 0)。加空字符的好处是在对字符串进行读取或输出时,可以通过对空字符的识别来判断读取或输出是否结束,而不用事先对字符串的长度进行说明。

2) 转义字符

反斜杠"\"符号后面加上一个字符或字符串即为转义字符。ASCII 码中有些属于命令,但没有对应的能在屏幕上显示的符号,如换行命令。还有一些字符由于 C 语言的语法规定,有特殊含义而不能直接进行输出,如双引号,单引号等。这些命令和符号在 C 语言中就用相应的转义字符进行表示。常用的转义字符如表 2-2 所示。

表 2-2　常用的转义字符及其功能

转　义　字　符	功　　　能
\b	退格
\n	换行
\t	水平制表
\r	回车
\v	垂直制表
\f	换页
\\	反斜杠字符
\'	单引号字符
\"	双引号字符
\ddd	1 到 3 位八进制数表示的字符
\xhh	1 到 2 位十六进制数表示的字符

转义字符常会在屏幕输出时使用,例如下面两段程序:

```
1  printf("hello!");          1  printf("hello!\n");
2  printf("world.");          2  printf("world.\n");
```

左右两段程序都是连续调用 printf 函数在屏幕上输出字符,左边的程序输出的字符串会先后显示在同一行,而右边的程序在每次字符串输出的最后都有一个换行命令\n,其输出的字符串会显示在不同的行,具体结果如下:

```
C:\hello!world.              C:\ hello!
                             world.
```

4. 自定义复合数据类型

C 语言除了提供了基本的数据类型以外,还提供了程序员可以自己定制数据类型的功能,即复合数据类型,比如结构体。假如我们想要描述二维坐标上的一个点,应该怎么描述? 显然,坐标有横坐标 x,也有纵坐标 y,将两个类型进行组合,便有了复合数据类型。使用 struct 结构体可以准确地描述复合数据类型,如下所示:

```
1  struct _point_t{        //结构体以关键字 struct 开头,point_t 为自定义名
2      int x;              //x 为结构体成员变量
3      int y;              //y 为结构体成员变量
4  }point_t;
```

使用时,先定义,再使用,如下所示:

```
1  struct  point_t  p;
2  p.x = 100;
3  p.y = 200;
```

为了更方便,可对其进行重定义,以便看上去和基本类型表达方式一样,如下所示:

```
1  typedef struct __point_t{
2      int x;
3      int y;
4  }point_t;
```

重定义后再使用时,则不必写 struct 关键字,如下所示:

```
1  point_t  p;
2  p.x = 100;
3  p.y = 200;
```

这样看上去就是一种新的数据类型了。结构体中的域称为结构体的成员变量。其数据类型可以是简单数据类型,也可以是其他的结构体,甚至结构体本身还可以嵌套,比如,一个标准的链表结构可以进行如下定义:

```
1  typedef struct node{
2      void *data;              //数据指针
3      int dataLength;          //数据长度
4      struct node *next;       //指向下一个节点
5  }Node;
```

类似于这样的结构可以非常有条理地组织好程序的结构,C 语言的结构化编程主要体现在这里。当然复合数据类型还有枚举类型等,用法大同小异。

5.扩展数据类型

C 语言的扩展数据类型主要是与指针符号 * 的结合,如 int*、char*、float* 等,关于指针具体的介绍请参见本书相关章节。

2.3.2 常量与变量

1. 常量

在 C 语言的程序中,有些数据在程序运行时其值不变,这些数据称为常量。在单片机的 C 语言程序中,会在存放程序代码的 ROM 中为常量分配一个地址,将数据值存储于其中,在程序运行时,只能对其值进行调用而不能对其进行修改。

常量可以分为直接常量和符号常量。

1) 直接常量

直接常量即将数据直接引用,如定义一个字符常量 a:

char'a';

2) 符号常量

符号常量是用一个字符串来表示一个常量。符号常量需要使用专门的预处理命令在程序的开头进行定义。其常用形式为

♯define 标识符 常量

例如:

```
# define PI 3.1415    // 在后面的程序中,PI 即表示常量 3.1415
```

使用符号常量的好处是:在程序中可以用一个字符串表示数字,如果数字较长,可以方便输入,同时如果要对数据进行修改,只需修改对应的预处理命令即可,不需要在程序中逐个修改。

在符号常量的使用中,标识符可以在符合 C 语言规定的前提下(不能是关键字,由字母、下划线和数字组成,但不能以下划线开头)任意选择,大小写均可,但是为了程序的易读性,一般将符号常量的标识符中的字母用大写进行表示。

2. 变量

在程序运行时其数据会发生改变的量,称为变量。单片机 C 语言程序会在 RAM 中为变量分配一个地址,用于存储其当前的数据值,这个地址中的内容可以修改,变量的值不固定,所以需要用一个变量名对其进行表示。在使用变量之前,需要先对其定义,确定变量名。这个变量名在编译时会对应一个 RAM 中的存储单元,存储单元中的数据即为这个变量的值。变量定义的基本形式为

数据类型　标识符;

例如:

int a;//定义了一个整型变量,变量名为 a

同一类型的变量可以一起定义,基本形式为

数据类型　标识符 1,标识符 2,…;

例如:

unsigned char a,b,c; //定义了三个无符号字符变量,变量名分别为 a,b,c

通过前面介绍的变量的概念,总结出变量的三要素如表 2-3 所示,即变量的类型、变量名、变量的值。

表 2-3　变量的三要素

变量定义	三要素	
	int	变量的类型
int iIndex＝0x15;	iIndex	变量名
	0x15	变量的值

"变量的值"保存在内存的某个地方,和日常生活中通过门牌号来确定地址的道理是一样的,在内存中也会给变量分配门牌号——变量的地址(为方便理解,就给个"变量名"作标识),至于一个门牌号代表一间房,还是代表两间房,则由"变量的类型"来说明。

2.3.3　运算符与表达式

C 语言有非常丰富的运算符,运算符和其运算对象组合在一起即为表达式。这些运算符和其构成的表达式赋予了 C 语言强大的运算和描述功能。

C 语言中的运算符和表达式按功能可以分为以下几类。

1. 算术运算符和算术表达式

算术运算符用来进行数值方面的运算,算术运算符及其功能如表 2-4 所示。

表 2-4　算术运算符及其功能

算术运算符	功　能
＋	加
－	减
*	乘
/	除
%	求余(取两数相除后所得的余数)
＋＋	自增
－－	自减

　　算术运算符和运算对象组合在一起,即为算术运算表达式,除自增、自减表达式之外,算术运算表达式的运算规则与普通算术运算一致,表达式的值即为其运算结果。

　　需要说明的是,自增、自减运算符的运算对象只有一个,而自增、自减运算符在运算对象前或者后,其运算规则不同,在使用中要注意区分。例如:

　　＋＋i:i 自加 1 后,再参与其表达式的运算;

　　i＋＋:i＋＋所在的表达式运算完后,i 再自加 1。

2. 关系运算符和关系表达式

关系运算符用来进行数据的比较运算,关系运算符及其含义如表 2-5 所示。

表 2-5　关系运算符及其含义

关系运算符	含　义
＜	小于
＜＝	小于或等于
＞	大于
＞＝	大于或等于
＝＝	等于(两个"＝"号之间没有空格)
!＝	不等于

　　关系运算符和运算对象组合在一起,即为关系表达式,如:a＞b,b＝＝0。

　　对关系表达式运算后,表达式会得出一个值,如果表达式成立,表达式的值为 1,如不成立,表达式的值为 0。

3. 逻辑运算符

逻辑运算符用来进行逻辑方面的运算,逻辑运算符及其作用如表 2-6 所示。

表 2-6　逻辑运算符及其作用

逻辑运算符	作　用
&&	逻辑"与"运算
‖	逻辑"或"运算
!	逻辑"非"运算

逻辑表达式的值和关系表达式一样,其运算结果也只有 0,1(假,真)之分。

4. 条件运算符

条件运算符有三个参与运算的量,由"?"和":"组成,用来进行条件求值。条件运算符和其运算对象组合在一起,即为条件运算表达式,基本形式为

表达式 1? 表达式 2:表达式 3

条件表达式的运算规则为:先对表达式 1 进行判断,如果其值为真(不为 0),则以表达式 2 为整个条件表达式的值;否则,以表达式 3 的值为整个条件表达式的值。

例如:

(a>b)? 1:0

如果 a>b 成立,则表达式的值为 1;如果 a>b 不成立,则表达式的值为 0。

5. 逗号运算符和逗号表达式

逗号运算符为",",属于一种连接符,几个表达式用逗号连在一起,即为逗号表达式,其一般形式为

表达式 1,表示式 2,…,表示式 n

逗号表达式中,各个表达式会按照先后顺序进行运算,但是整个逗号表达式的值为最后一个表达式的值。

例如:

c=(b=a+3,b/2);

此赋值表达式中"="号右边就是一个逗号表达式,由一个赋值表达式和一个算术表达式组成,b 首先赋值为 a+3,然后进行 b/2 的运算,同时其结果为逗号表达式的值,被赋给 c。

6. 位运算符

在计算机程序中,数据的"位"是可以操作的最小数据单位,理论上可以用"位运算"来完成所有的运算和操作。一般的位运算是用来控制硬件的,或者做数据变换使用,灵活的位运算可以有效地提高程序运行的效率。C 语言提供了位运算的功能,这使得 C 语言不光具有高级语言的灵活性,又具备汇编语言一样的功能,可以进行贴近硬件的操作。这也是 C 语言得以在众多领域广泛应用的一个重要原因。

C 语言中位运算符有 6 个,如表 2-7 所示。

表 2-7　位运算符及其作用

运　算　符	作　　用
&	按位与
|	按位或
^	按位异或
~	取反
<<	左移
>>	右移

1)"按位与"运算符(&)

参加运算的 2 个数据,按二进制的表达方式按位进行逻辑"与"的运算。其运算规则为 $0\&0=0;0\&1=0;1\&0=0;1\&1=1;$

对于某一位来讲,与 0 相"与"该位清零,与 1 相"与"该位值不变。

例如:

a=5&3;   //a=00000101B&00000011B=00000001B=1

如果参加运算的两个数为负数,会以其补码形式表示的二进制数来进行"按位与"运算。

在实际的应用中"按位与"的操作经常用来完成如下的一些任务。

(1) 对位清零。

"按位与"可以用来将变量中的某些位进行清零。

例如:

a=0xfe;//a=11111110B

a=a&0x55;

使变量 a 和 0x55(01010101B)按位相"与",第 1、3、5、7 位(从 0 位开始计数)清零,结果 a=0x54(01010100B)。

(2) 检测位。

要知道一个变量中某一位是 1 还是 0,可以使用"按位与"操作来实现。例如要知道变量 a 的第 0 位是不是 1,可以使用如下语句:

b=a&0x01;

即让变量 a 和 0x01(00000001)按位相"与",如果变量 a 的第 0 位是 1,b=0x01=1,否则 b=0x00=0。

2)"按位或"运算符(|)

参加运算的 2 个数据,按二进制的表达方式按位进行逻辑"或"的运算。其运算规则为 $0|0=0;0|1=1;1|0=1;1|1=1;$

对于某一位来讲,与 0 相"或"该位值不变,与 1 相"或"该位置 1。

例如:

a=0x50|0x0f;

将 a(01010000B)和 0x0f(00001111B)按位相"或",结果 a=0x5f(01011111B)。

同"按位与"的对一些位清零的功能类似,"按位或"可以将一个变量的某些位"置 1"。

例如:

a=0x00;

a=a|0x0f;

将 a(00000000B)和 0x0f(00001111B)按位相"或",a 的低 4 位将被置 1,结果 a=0x0f(00001111B)。

3)"异或"运算符(^)

参加运算的两个数据,按二进制的表达方式按位进行逻辑"异或"运算。其运算规则为 $0\hat{}0=0;0\hat{}1=1;1\hat{}0=1;1\hat{}1=0;$(相同为 0,不同为 1)

对于某一位来说,与 0 相"异或"该位值不变,与 1 相"异或"该位取反。

例如:

a=0x55^0x3f;   //a=(01010101B)^(001111111B)=(01101010B)=0x6a

4）"取反"运算符（～）

参加运算的 1 个数据，按二进制的表达方式按位进行逻辑"非"的运算。其运算规则为

～1＝0；～0＝1；

例如：

a＝0x0f；

a＝～a；

对 a(00001111B)按位取反，结果为 a＝0xf0(11110000B)。

5）左移运算符（<<）

左移运算符用来将参与运算的一个数的各位全部向左移（高位方向）若干位，每移动 1 位，最高位丢弃，最低位补 0。其表达式的一般形式为

变量<<移动的位数

例如：

a＝0x53；

a＝a<<1；

将 a 的各位向左移 1 位，最低的 1 位补 0，最高的 1 位丢弃，结果重新赋给 a，过程如下：

原 a＝0x53(01010011B)，左移 1 位后，a＝0xa6(10100110B)。

需要了解的是，左移 1 位后，a 的值为原值×2（前提是 a 为无符号数），所以左移常用来进行"×2^n"的操作，左移 n 次即相当于乘以 2^n。相对于乘法运算，使用左移运算符程序执行效率要高一些。

6）右移运算符（>>）

右移运算符用来将参与运算的一个数的各位全部向右移（低位方向）若干位，每移动 1 位，最高位补 0，最低位丢弃。其表达式的一般形式为

变量>>移动的位数

例如：

a＝a>>2　　//将 a 向右移动 2 位

右移和左移类似，只是方向不同，而且同样的，右移 1 位相当于除以 2。

7. 赋值运算符和赋值表达式

1）一般赋值运算符及其表达式

一般赋值运算符的符号为"＝"，赋值运算将"＝"右边的表达式（一个常量或者一个变量也是表达式）的值赋给左边的变量。用"＝"将变量和表达式连接起来即为赋值表达式。

例如：

y＝a＋b；

该表达式会先运算出表达式 a＋b 的值，然后将值存到变量 y 中。

2）复合赋值运算符及其表达式

将二目（参与运算的量为 2 个）运算符和一般赋值运算符写在一起，即为复合赋值运算符。复合赋值运算符用在变量本身也参与的一些运算中。

常用的复合赋值运算符有：

＋＝，－＝，＊＝，/＝，%＝，<<＝，>>＝，&＝，|＝，^＝。

例如：

表达式 a＋＝3，相当于 a＝a＋3。

表达式 a * =(b+5),相当于 a=a * (b+5)。

在程序编译时,使用复合赋值运算符的表达式生成的代码,比使用一般赋值运算符的表达式生成的代码效率要高,所以如果有可能,应多用复合赋值运算符。

8.运算优先级

C语言当中有众多的运算符,实际开发编码过程中,也不会仅仅是 a+b 这样的简单的表达式,常常是多个变量、多个运算符组合而成的复合表达式,因此我们需要明白哪个运算符的优先级高。C语言中各运算符的优先级及结合性如表 2-8 所示。

表 2-8　C语言运算符优先级及结合性

优先级	运算符	名称或含义	使用形式	结合方向	说明
1(最高)	[]	数组下标	数组名[常量表达式]	左到右	
	( )	圆括号	(表达式)/函数名(形参表)		
	.	成员选择(对象)	对象.成员名		
	−>	成员选择(指针)	对象指针−>成员名		
2	−	负号运算符	−表达式	右到左	单目运算符
	(类型)	强制类型转换	(数据类型)表达式		
	++	自增运算符	++变量名/变量名++		单目运算符
	−−	自减运算符	−−变量名/变量名−−		单目运算符
	*	取值运算符	* 指针变量		单目运算符
	&	取地址运算符	&变量名		单目运算符
	!	逻辑非运算符	!表达式		单目运算符
	~	按位取反运算符	~表达式		单目运算符
	sizeof	长度运算符	sizeof(表达式)		
3	/	除	表达式/表达式	左到右	双目运算符
	*	乘	表达式 * 表达式		双目运算符
	%	余数(取模)	整型表达式/整型表达式		双目运算符
4	+	加	表达式+表达式	左到右	双目运算符
	−	减	表达式−表达式		双目运算符
5	<<	左移	变量<<表达式	左到右	双目运算符
	>>	右移	变量>>表达式		双目运算符
6	>	大于	表达式>表达式	左到右	双目运算符
	>=	大于等于	表达式>=表达式		双目运算符
	<	小于	表达式<表达式		双目运算符
	<=	小于等于	表达式<=表达式		双目运算符
7	==	等于	表达式==表达式	左到右	双目运算符
	!=	不等于	表达式!=表达式		双目运算符
8	&	按位与	表达式 & 表达式	左到右	双目运算符
9	^	按位异或	表达式^表达式	左到右	双目运算符

续表

优先级	运算符	名称或含义	使用形式	结合方向	说明
10	|	按位或	表达式|表达式	左到右	双目运算符
11	&&	逻辑与	表达式 && 表达式	左到右	双目运算符
12	||	逻辑或	表达式||表达式	左到右	双目运算符
13	?:	条件运算符	表达式 1? 表达式 2:表达式 3	右到左	三目运算符
14	=	赋值运算符	变量=表达式	右到左	
	/=	除后赋值	变量/=表达式		
	* =	乘后赋值	变量* =表达式		
	%=	取模后赋值	变量%=表达式		
	+=	加后赋值	变量+=表达式		
	-=	减后赋值	变量-=表达式		
	<<=	左移后赋值	变量<<=表达式		
	>>=	右移后赋值	变量>>=表达式		
	&=	按位与后赋值	变量 &=表达式		
	^=	按位异或后赋值	变量^=表达式		
	|=	按位或后赋值	变量|=表达式		
15(最低)	,	逗号运算符	表达式,表达式,…	左到右	顺序运算

注:

同一优先级的运算符,运算次序由结合方向决定;

简单记忆就是:!> 算术运算符 > 关系运算符 > && > || > 赋值运算符

2.4 C 语言的结构及流程图表示

对于程序设计工作的初学者,当接到一个新的任务时,不少人在第一时间就到键盘上去敲代码,敲着敲着,就发现进行不下去了。实际上,在程序设计中,最重要的不是写程序,而是设计。就像建筑、机械等行业要先画设计图、施工图一样,程序设计的思路也有必要用图的形式画出来,我们称之为程序流程图。画图的过程就是思考的过程,而且图具有直观性,画图的过程本身又促进了思考。流程图一般要求符号简单规范,结构清晰,逻辑性强,容易理解。常用流程图符号的意义如表 2-9 所示。画流程图时,任意两个程序框之间都要用带有方向箭头的流程线连接,框图内是相关说明的文字、算式等,这也是每个框图不可缺少的内容。

表 2-9 常用流程图符号

符号	形状	名称	功　能
⬭	圆角矩形	起止框	表示算法的起始和结束,是任何流程图中不可少的元素
▭	矩形	处理框	赋值、计算,算法中处理数据需要的算式、公式等分别写在不同的用以处理数据的处理框内

符号	形状	名称	功　能
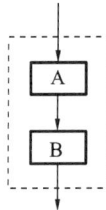	菱形	判断框	判断某一条件是否成立,成立时在出口处标明"是"或"Y";不成立时标明"否"或"N"
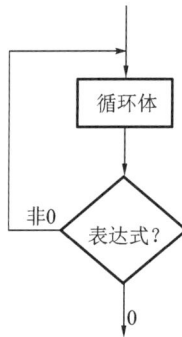	带箭头的(折)线段	流程线	表示流程进行的方向

从程序流程的角度来看,C 程序可分为三种基本结构,即顺序结构、循环结构和选择结构,这三种基本结构可以组成各种复杂程序。

1. 顺序结构

顺序结构是从头到尾逐句执行语句,执行完上一个语句后自动执行下一个语句,是无条件的,不必做任何判断,直到执行完最后一个程序语句,如图 2-2 所示。

2. 循环结构

循环结构可将一组操作重复执行多次,循环结构有一个循环体,循环体里是一段代码。对于循环结构,关键在于根据判断的结果来决定循环体执行多少次,如图 2-3 所示。

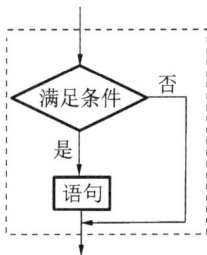

图 2-2　顺序结构流程图

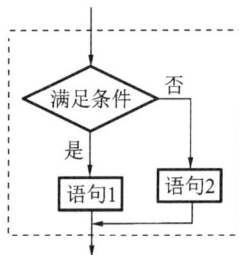

图 2-3　循环结构流程图

3. 选择结构

选择结构是根据给定条件的判断结果来选择执行不同的程序语句,选择结构的形式有三种,如图 2-4 所示。

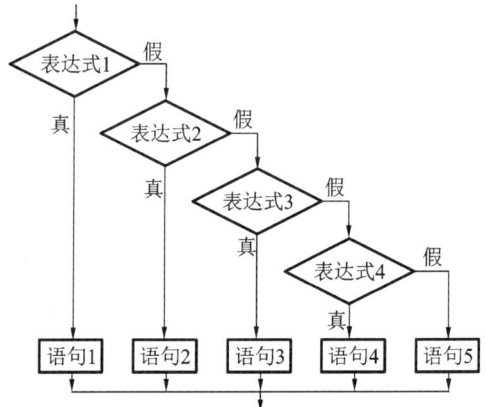

(a) 单分支结构流程图　　(b)双分支结构流程图　　(c)多分支结构流程图

图 2-4　选择结构流程图

2.5　C 语言的基本语句

2.5.1　基本表达式语句与复合语句

单独的表达式加上分号,即为表达式语句,例如:

i++;

i++为算术表达式,该表达式语句的功能就是执行 i++的运算。

若干条语句用大括号"{}"括起来即为复合语句。

在 C 语言程序中,可以将复合语句当作一个独立的语句放在一个程序结构中。复合语句内部的语句后面要加分号,大括号外则不加分号。

例如:

```
{
    a=a+b;
     c=a+c;
    printf("%d\n",c);
}
```

2.5.2　选择语句

C 语言中常用的选择语句有 if 语句和 switch 语句两种。

1. if 语句

if 语句在使用中有 3 种不同的形式。

(1) 形式 1:

　　　if(表达式)

　　　语句 1;

上面形式的程序执行步骤如下:

① 先计算表达式;

② 如果表达式为真(表达式的值为非 0 值),执行语句 1;如果表达式为假(表达式的值为 0),则无操作,程序会接着执行后面的语句。

需要了解的是,这里的表达式可以是任意的形式,这里的语句也可以是任意语句、复合语句或者更为复杂的程序结构。后面涉及这些表达式和语句的概念也都是一样的,如果执行语句是复合语句或其他程序段时,要用大括号"{}"将其括起来。

(2) 形式 2:

　　if(表达式)

　　　语句 1;

　　else

　　　语句 2;

执行过程为:表达式为真,执行语句 1;表达式为假,执行语句 2。

(3) 形式 3:

```
if(表达式 1)
    语句 1；
        else if(表达式 2)
            语句 2；
            else if(表达式 3)
                语句 3；
                ……
                else
                    语句 n；
```

执行过程如下：

先判断表达式 1；如果为真，执行语句 1，如果为假，则对表达式 2 进行判断，如果为真，执行语句 2，如果为假，判断表达 3，如此类推，如果所有的表达式均为假，执行语句 n。这种形式适用于多种条件的情况。

2. switch 语句

switch 语句的常用形式如下：

```
switch(表达式)
{
case 常量表达式 1:语句序列 1；
case 常量表达式 2:语句序列 2；
……
case 常量表达式 n:语句序列 n；
}
```

其程序运行流程如下：

先计算 switch 后的表达式的值，再将该值与后面的若干个常量表达式的值进行比较，如果同哪个常量表达式的值相同，程序即跳到该常量表达式，从其后的语句序列开始向下执行。

需要注意的是，由于 switch 语句很多时候是用来代替多条件 if 语句（即上文中的 if 语句的形式 3）的，所以一般一个条件下，只执行对应的语句序列，无须执行后面的语句。通常，会在每个语句序列的最后添加一个 break 语句。

常用形式如下：

```
switch(表达式)
{
case 常量表达式 1:语句序列 1；break；
case 常量表达式 2:语句序列 2；break；
……
case 常量表达式 n:语句序列 n；break；
}
```

break 语句的功能是跳出当前的程序结构。在这里，如果程序执行到了 break 语句，就会结束整个 switch 语句,接着执行后面的程序。所以在上面的 switch 语句的形式中,每次执行都只会运行一组语句序列,功能与"if-elseif-else"相似,但其结构会更清晰。

2.5.3 循环语句

循环语句常用的有 while 语句,do-while 语句和 for 语句三种,其流程图如图 2-5 所示。

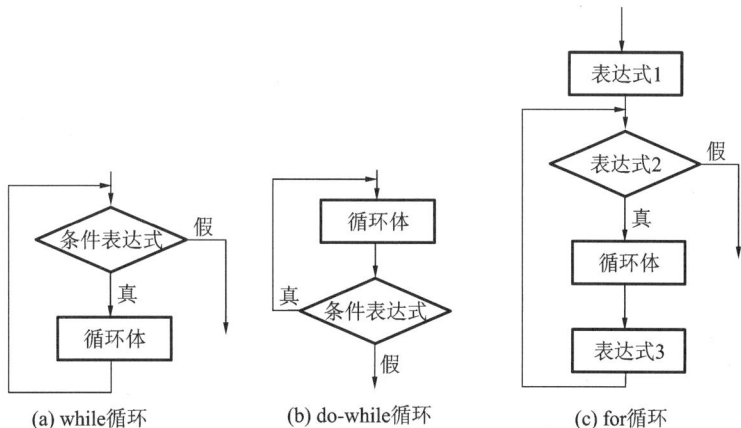

图 2-5 三种循环结构

1. while 语句

使用 while 语句用来实现"当"型循环。

while 语句的常用形式如下:

  while(表达式)

    语句;

while 语句的执行过程(见图 2-5(a))如下:

① 先对表达式进行运算;

② 如果表达式为真(值为非 0),则执行一次后面的语句,语句执行完后回到第①步,如此循环,直到表达式不成立(值为 0),则跳出 while 语句,继续执行后面的程序。

2. do-while 语句

使用 do-while 语句实现"直到"型循环。

do-while 语句的常用形式如下:

  do

    语句;

    while(表达式);

在使用上述形式时注意最后的表达式后面有分号。

do-while 语句的执行过程(见图 2-5(b))如下:

① 先执行 do 后面的语句;

② 语句执行完后,对 while 后的表达式进行判断,如果表达式为真,回到第①步,如此循环,直到表达式为假,则结束 do-while 语句,继续执行下面的程序。

do-while 语句和 while 语句的功能相似,但也有区别。如果表达式一开始不为假,则两种语句在执行语句上没有差别,但是如果表达式一开始就为假,则 while 语句中的语句一次都不会执行,而 do-while 语句中的语句则会执行一次。

在 while 和 do-while 语句中,如果不需要程序进入无限循环,则在执行语句中要加入可以对循环条件表达式的值进行修改的语句。

3. for 语句

for 语句的常用形式如下:

    for(表达式 1;表达式 2;表达式 3)

        语句;

for 语句的执行过程(见图 2-5(c))如下:

① 运算表达式 1;

② 运算表达式 2,如果值为非 0(真),执行语句,执行完成后,执行表达式 3,接着回到第①步,如此循环;如果表达式 2 的值为 0(假)则结束整个 for 语句。

严格来讲,for 语句中的各表达式为什么内容均可,但是在 C 语言编程中,for 语句有一个相对固定的常用形式:

      for(循环变量赋初值;循环条件;循环变量增值或减值)

        执行语句;

为了便于理解,上述功能如果用 while 语句实现,则对应内容为:

循环变量赋初值;

    while(循环条件)

    {

        执行语句;

        循环变量增值或减值;

    }

上面的 while 语句执行效果和对应 for 语句是一样的,不过很明显在这里 for 语句更简洁,结构上也更清晰。

在循环语句中还有两条语句经常用到,即"break;"和"continue;",这两条语句常被专门称为 break 语句和 continue 语句。

break 语句的作用是:当程序执行到 break 语句时,会直接跳出当前程序结构,进入下一段结构,对于循环语句而言,如果执行到 break 语句,则循环语句就会结束,进入下面的程序。该语句常用在不能自己结束循环的语句中。

continue 语句的作用是:当程序执行到 continue 语句时,程序会结束当前的循环,提前进入下一个循环,循环语句本身不会因 continue 语句而结束,会继续运行后面的循环。

2.6 C 语言的函数

2.6.1 函数的分类和定义

C 语言是由若干个函数组成的,其中必须有且只能有一个主函数 main(),是程序执行开始首先运行的函数。C 语言中的函数可以从以下几个不同的角度来分类。

(1) 从用户使用的角度来看,C 程序中使用到的函数可分为库函数和用户函数两种。

① 库函数。

库函数由 C 编译器提供,用户无须定义,也不必在程序中做类型说明,只需在程序前使用文件包含预处理命令进行声明即可。

　　例如：函数 getchar( )，就是一个库函数（其功能是从键盘获取一个值），在头文件 stdio.h 中。如果要在下面的程序中使用 getchar( )函数，只需要在程序前面加上文件包含预处理命令"＃include〈stdio.h〉"即可。

　　② 用户函数。

　　用户函数是由用户按自己的需要编写的函数。用户不仅要在程序中定义函数本身，而且在主调函数模块中还必须对该被调函数进行类型说明，然后才能使用。

　　（2）从函数有无返回值来看，可将函数分为有返回值函数和无返回值函数两种。

　　① 有返回值函数。

　　有返回值函数在被调用执行完后会将函数运行的结果向调用者返回，称为函数返回值。一般的数学函数就是这类函数。由用户定义的这种要返回函数值的函数，必须在函数定义和函数说明中明确返回值的类型。

　　② 无返回值函数。

　　无返回值函数执行完成后不向调用者返回函数值。这类函数常用于完成某种处理任务。用户在定义此类函数时可指定它的返回为"空类型"，空类型的类型说明符为"void"。

　　（3）从主调函数和被调函数之间数据传送的角度看，C 语言中的函数又可分为无参函数和有参函数两种。

　　① 无参函数。

　　无参函数在函数定义、函数说明及函数调用中均不带参数。主调函数和被调函数之间不进行参数传送。此类函数通常用来完成一组指定的功能，可以返回或不返回函数值。其常用形式如下：

　　　　类型说明符　函数名()
　　　　{
　　　　执行语句；
　　　　}

　　例如：

```
void sayhi()
    {
    printf("Hello! world. \n");
    }
```

　　该函数的类型为空类型，函数名为 sayhi，函数被调用后，执行函数内部的语句 printf（"Hello! world. \n"）；（在屏幕上输出字符串"Hello! world."），执行结束后没有返回值返回到调用处。

　　② 有参函数。

　　有参函数基本形式如下：

　　　　类型说明符　函数名(形式参数表列)
　　　　{
　　　　执行语句；
　　　　}

相比于无参函数，有参函数在函数定义及函数说明时都有参数，称为形式参数（简称为形参）。

在其他函数调用该函数时,也必须给出参数,称为实际参数(简称为实参)。进行函数调用时,主调函数将把实参的值传送给形参,供被调函数使用。形参和实参不止一个时,用逗号隔开,并按顺序将形参实参一一对应。

定义形参时,需要定义其数据类型。

2.6.2 函数的调用和声明

C 语言中,函数调用的一般形式如下:

函数名(实际参数表)

对无参函数调用时则无实际参数表。实际参数表中的参数可以是常数、变量或其他构造类型数据及表达式,各实参之间用逗号分隔。

在主调函数中调用某函数之前应对该被调函数进行声明(说明),这与使用变量之前要先进行变量定义是一样的道理。在主调函数中对被调函数作说明的目的是使编译系统知道被调函数返回值的类型,以便在主调函数中按此种类型对返回值做相应的处理。其一般形式如下:

类型说明符　被调函数名(类型形参,类型形参,…);

或者,

类型说明符　被调函数名(类型,类型,…);

括号内给出了形参的类型和形参名,或只给出形参类型。这便于编译系统进行检错,以防止可能出现的错误。

函数调用有以下三种方式。

(1) 作为语句调用。

将函数作为一个语句来使用,常用在无参数传递的地方。

例如:

```
printf("Hello! world. \n");
```

(2) 作为表达式调用。

函数作为表达式中的一项出现在表达式中,以函数返回值参与表达式的运算。这种方式需要函数有返回值。

例如:

```
a=max(x,y); //这是一个赋值表达式语句,将 max 函数的返回值赋给变量 a
```

(3) 作为函数参数调用。

这种方式下,被调函数作为另一个函数调用的实际参数出现。这种情况是把该函数的返回值作为实参进行传送,需要该函数有返回值。

例如:

```
printf("%d\n",max(x,y));//调用 max( )函数,x 和 y 为实参,将函数返回值输出到屏幕上
```

以下面的程序为例来对函数的调用和声明进行说明。

```
1  #include<stdio.h> //头文件声明,程序中要用到该头文件中的一个函数:输出函数 printf()
2  int max (int a, int b);          //要调用函数的声明,声明要调用函数 max()
3  main( )
4  {
5      int x=8,y=6;          //定义整型变量 x,y 并赋初值
```

```
6        printf("%d\n",max(x,y));//调用函数 max( ),x,y 为实参,将 max()的返回值进行输出
7    }                           //实参 x 的值会赋给形参 a,实参 y 的值会赋给形参 b
8    int max(int a, int b)        //定义函数 max(),定义函数类型为整型,即返回值为整型数据
9    //定义函数形参为 a 和 b,均为整型变量
10   {
11       if(a>b)
12           return a;
13       else
14           return b;              // 比较 a 和 b 的大小,将较大变量的值返回到被调用处
15   }
```

函数调用中需要注意以下两个情况。

(1) 下面几种情况中,可以省去主调函数中对被调函数的函数声明。

① 如果被调函数的返回值是整型或字符型,可以不对被调函数作说明,而直接调用。这时系统将自动对被调函数返回值按整型处理(所以上面的例子中,不先对 max( )函数进行声明,main( )函数中也可以对其进行调用,编译不会出错)。

② 当被调函数的函数定义出现在主调函数之前时,在主调函数中也可以不对被调函数再作说明而直接调用。

③ 如果在所有函数定义之前,在函数外预先说明了各个函数的类型,则在以后的各主调函数中,可不再对被调函数作说明。

(2) C 语言中不允许作嵌套的函数定义,因此各函数之间是平行的,不存在上一级函数和下一级函数的问题。但是 C 语言允许在调用的一个函数中出现对另一个函数的调用,即函数的嵌套调用。

2.7   数   组

2.7.1   一维数组

在 C 语言中,为了程序处理,可以把同类型的若干个变量按有序的方式组织起来。这些按序排列的同类变量的集合称为数组。数组属于构造数据类型。一个数组包含若干数组元素,这些数组元素可以是基本数据类型或是构造类型。因此按数组元素的类型不同,数组又可分为数值数组、字符数组、指针数组、结构数组等各种类别。

在单片机 C 语言编程中,常用的是数值数组和字符数组。

1. 一维数组的定义和引用

数组使用前必须先定义,一维数组定义的一般形式如下:

类型说明符   数组名[常量表达式];

其中:类型说明符是任一种基本数据类型或构造数据类型;数组名是用户定义的数组标识符;方括号中的常量表达式表示数据元素的个数,也称为数组的长度。对于同一个数组,其所有元素的数据类型都是相同的。在编译时,会为这些数组元素分配相邻的存储空间。例如:

    int a[10];   //定义了整型数组 a,包含了 10 个整型变量

同类型的数组可以放在一起定义,例如:

```
float b[5],c[10];   //定义了实型数组 b 和实型数组 c,分别有 5 个和 10 个元素
```
需要注意以下几点。

① 数组名不能和其他变量名重复。

② 方括号中的常量可以是数字,也可以是符号常数或常量表达式。例如:

```
int a[3+2];     //相当于 int a[5]
char b[7+B];   //B 为符号常量,代表一个数字,需要在前面进行定义
```

③ 数据类型相同的数组和变量可以放在一起定义。例如:

```
int a,b,c,d[10],e[20];   //定义了整型变量 a,b,c 和整型数组 d,e
```

通过观察数组的定义可以发现:若定义有数组 int a[2],从变量的类型、变量的地址和变量的值这三个要素来分析,a 是由 2 个 int 值组成的数组,取出标识符 a,那么剩下的 int[2] 就是 a 的类型。通常可以将 int[2] 解读为由 2 个 int 值组成的数组类型,简称数组类型(多数教材不会提及这个概念,导致学生难以理解二维数组,事实上,在物理内存层面并不存在二维数组一说,C 语言上所谓的二维数组,不过是由一维数组构造的数组的数组)。

2. 一维数组元素的引用

数组元素是组成数组的基本单元,是一种变量,也称为下标变量。其一般表示方法为

数组名[下标]

数组名表示该元素属于哪个数组,下标表示该元素在数组中的顺序号。

数组元素的使用中需要注意以下几点。

① 数组定义时,数组名后的方括号中的值表示的是数组元素的个数,如 a[3],表示数组 a 包含 3 个元素。但是使用其数组元素时,下标是从 0 开始的,因此上面数组中的 3 个元素分别为 a[0],a[1],a[2]。

② 下标只能为整型常量或整型表达式。下标值如果为小数,编译时将自动取整。

③ 数组元素使用前要先定义数组。

④ 在 C 语言中只能逐个地使用下标变量,而不能一次引用整个数组。例如,输出有 10 个元素的数组必须使用循环语句逐个输出各下标变量,语句如下:

```
for(i=0; i<10; i++)
printf("%d",a[i]);
```

3. 一维数组的初始化

数组初始化是指在数组定义时给数组元素赋初值。一维数组初始化赋值的一般形式如下:

类型说明符　数组名[常量表达式]={值,值,…,值};

在"{　}"中的各数据值即为各元素的初值,各值之间用逗号间隔。

例如:

```
int a[3]={7,8,9};
```

相当于 3 个数组元素分别赋值为

```
a[0]=7;
a[1]=8;
a[2]=9;
```

需要注意以下几点。

① 只能给元素逐个赋值,不能给数组整体赋值。

② 可以只对部分元素赋值,如果赋值的个数比下标变量的个数少时,程序会按先后顺序

对数组元素进行赋值,没有赋值的元素自动赋值为 0。

例如:

  int a[5]={1,2,3};

只给 a[0]~a[2]分别赋值 1,2,3,后面的 a[3],a[4]自动赋值 0。

③ 给数组赋值时也可不指定数组元素的个数,程序会自动根据赋值的个数分配给数组元素,这种赋值的方法称为动态赋值。

例如:

  int a[]={1,2,3,4,5};

相当于 int a[5]={1,2,3,4,5};

2.7.2　二维数组

1.二维数组的定义

前面介绍的数组为一维数组,只有一个下标,其数组元素也称为单下标变量。在实际问题中有很多量是二维或多维的,因此 C 语言允许构造多维数组。多维数组元素有多个下标,以标识它在数组中的位置,所以也称为多下标变量。

二维数组可以看作是由多个一维数组组成,而更多维的数组可以看作是由二维数组组成。在单片机的 C 语言程序编写中,多维数组中使用得最多的还是二维数组。

二维数组定义的一般形式如下:

类型说明符　数组名[常量表达式 1][常量表达式 2];

其中常量表达式 1 的值表示第一维下标的长度,常量表达式 2 的值表示第二维下标的长度。

例如:

  int a[2][3];

定义了一个 2×3 的数组 a,其数组元素(下标变量)的类型都为整型。该数组的数组元素(下标变量)共有 2×3(6)个,分别为 a[0][0],a[0][1],a[0][2],a[1][0],a[1][1],a[1][2]这里的二维数组的下标中第一个下标可以理解为行数,第二个下标则可以理解为列数。

需要注意以下几点。

① 二维数组的二维只是程序概念上的,表示了数组元素之间的关系。下标变量在数组中的位置处于一个平面之中,在两个方向上展开,而不是像一维数组只是一个方向。但是在实际的硬件存储器中是连续编址的,存储器单元是按一维线性排列的。即二维数组在存储空间中依然是按一维方式存放。

② C 语言中,是按行对二维数组进行存储的。按行排列,即按顺序先存放完一行之后(或者理解为按顺序为第一行数据分配对应类型的存储空间并赋值)再存第二行。例如上面举例的数组 a 中,先存放 a[0][0],a[0][1],a[0][2],然后存放 a[1][0],a[1][1],a[1][2]。

2.二维数组元素的引用

二维数组的元素也称为双下标变量,其表示的形式如下:

数组名[下标][下标]

其中下标应为整型常量或整型表达式。

例如:

a[1][2]

表示 a 数组 1 行 2 列的元素。

注意数组名后的下标使用时和数组定义时的差异,这个和一维数组类似。定义时,数组名后的常量表示数组的行长和列长,引用数组元素时,数组名后面的下标值表示对应元素所处的行数和列数,注意是从 0 开始计数。

3. 二维数组的初始化

二维数组初始化即在数组定义时给各数组元素赋初值。二维数组初始化赋值可以按行分段赋值,也可按行连续赋值。例如对整型数组 a[2][3] 进行初始化如下。

按行连续赋值可写为

  int a[2][3]={1,2,3,4,5,6};

相当于对 a[0][0],a[0][1],a[0][2],a[1][0],a[1][1],a[1][2] 分别赋值为 1,2,3,4,5,6。

按行分段赋值时按行添加大括号,可写为

  int a[2][3]={{1,2,3},{4,5,6}};

作用和连续赋值一样,但是按行分段的写法更直观易读,一般会使用这种赋值方法。

需要注意以下几点。

① 二维数组同样可以只对部分元素赋初值,如每行中赋值的数量少于该行下标变量的数量,则程序会按先后顺序为该行下标变量赋值,未赋初值的下标变量自动赋 0。

例如:

  int a[2][3]={{1,2},{5}};

赋值后,第一行的值为 1,2,0,第二行的值为 5,0,0。

② 如对全部元素赋初值,则第一维的长度(行数)可以省略不写(但列数不可不写)。

例如:

  int a[2][3]={1,2,3,4,5,6};

可以写为

  int a[][3]={1,2,3,4,5,6};

2.7.3 数组的初始化与遍历实例

1. 数组的初始化

数组的初始化即对数组赋予初值,如下实例所示。

1)一维数组的初始化

```
1   int arr[5] = {1, 2, 3, 4, 5};              //完全初始化
2   int arr[5] = {[0]=1, [2]=3, [4]=5}; //部分初始化,未赋值的元素会被自动赋为 0
3   int arr[] = {1, 2, 3};              //初始化时未声明数组大小,系统自动根据元素个数计算大小
```

2)二维数组的初始化

```
1   int a[3][4] = {
2       {0, 1, 2, 3},
3       {4, 5, 6, 7},
4       {8, 9, 10, 11}
5   };
```

3)字符串数组的初始化

```
1  char str1[] = "Hello world";          //自动计算数组大小
2  char str2[12] = "Hello world";          //明确指定数组大小,注意要留出空间存放'\0'
3  char str3[][20] = {"C语言", "Java", "Python"};//多行字符串数组,内部每个字符串长度最
                                          多为 19
```

2.数组的遍历

数组的遍历即对数组的每个单元进行访问和使用,如下实例所示。

1)一维数组的遍历

```
1  int arr[5] = {1, 2, 3, 4, 5};
2  for(int i = 0; i < 5; i++)
3  {
4      printf("%d ", arr[i]);
5  }
```

2)二维数组的遍历

```
1  int a[3][4] =
2  {  {0, 1, 2, 3},
3     {4, 5, 6, 7},
4     {8, 9, 10, 11}
5  };
6  for(int i = 0; i < 3; i++)
7  {
8      for(int j = 0; j < 4; j++)
9      {
10         printf("%d ", a[i][j]);
11     }
12     printf("\n");
13  }
```

3)字符串数组的遍历

```
1  char str[3][20] = {"C语言", "Java", "Python"};
2  for(int i = 0; i < 3; i++)
3  {
4      printf("%s\n", str[i]);
5  }
```

2.7.4　数组的应用

可以说数组是 C 语言中最常用的数据结构之一,它可以存储一组相同类型的数据,而且在内存中存储是连续的。数组主要使用场景如下。

1)存储并处理一系列数据

数组最基本的应用就是存储数据。我们可以利用数组存储各种数据,如数字、字符或其他复杂数据类型。使用数组可以方便地对这些数据进行处理和操作。例如,我们可以利用数组存储学生成绩,然后计算平均成绩、最高分和最低分等统计信息。

2)作为函数参数传递

数组可以作为函数的参数传递。C 语言中的数组传递采用的是地址传递方式,在函数调用时会将数组首地址传递给函数。这样可以避免在函数调用时复制整个数组,提高程序的效率。例如,我们可以编写一个函数来对数组进行排序,并将数组作为参数传递给该函数。

3)实现数据结构

数组可以用来实现一些简单的数据结构,如栈、队列、堆等,而且效率也很高。例如,我们可以使用数组实现一个栈,利用数组的下标来表示栈顶位置,并通过 push()和 pop()等函数来实现入栈和出栈操作。

4)多维数组

多维数组可以用来存储二维、三维或更高维度的数据。多维数组可以方便地表示复杂的数据结构,如图像、矩阵等。例如,我们可以使用二维数组来存储一个矩阵,并进行矩阵加减、乘法等运算。

以下程序中将数组用于存储学生成绩,并计算平均成绩、最高分和最低分等信息。

```
1   #include ⟨stdio.h⟩
2   int main()
3   {
4       int scores[50];            // 存储学生成绩的数组,最多可以存储 50 个成绩
5       int num, i;                // num 为学生人数,i 为循环计数器
6       float sum = 0, average;    // sum 为所有成绩的和,average 为平均成绩
7       int max_score = 0, min_score = 100;    // 初始化最高分和最低分
8       printf("请输入学生人数:");
9       scanf("%d", &num);
10      // 循环读入成绩并进行处理
11      for(i = 1; i <= num; i++)
12      {
13          printf("请输入第%d个学生的成绩:", i);
14          scanf("%d", &scores[i]);
15          // 更新最高分和最低分
16          if(scores[i] > max_score)
17              max_score = scores[i];
18          if(scores[i] < min_score)
19              min_score = scores[i];
20          sum += scores[i];        // 累加成绩
21      }
22      average = sum / num;         // 计算平均成绩
23      printf("平均成绩为%.2f,最高分为%d,最低分为%d\n", average, max_score, min_score);
24      return 0;
25  }
```

2.8　指针与内存管理

2.8.1　指针的概念与用法——一种特殊的变量

如图 2-6 所示,假设变量 iIndex 存储在 0x1002 的内存单元中,使用 & 符号可以获取该内存单元的地址,即以下程序段的输出为:0x1002,0x15。

```
1   #include〈stdio.h〉
2   int main( int argc, char * argv[])
3   {
4       int iIndex = 0x15;
5       printf("%x, %x\n", &iIndex, iIndex);
6       return 0;
7   }
```

但是要特别注意,&iIndex 是一个独立概念,代表的就是一个地址。将地址形象地称为"指针",是因为通过它可以找到内存中的某个单元,于是在 C 语言关键字中便多了一个"指针"。而 &iIndex 便是指向 int 变量的指针。

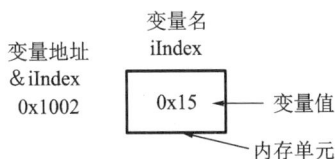

图 2-6　变量名与变量地址

细心的读者可能也发现了,既然 &iIndex 是个独立概念,代表的是一个地址(指针),那怎么去存储该变量呢? 这里有这么一类变量,其存储的数据非常特殊,不参与直接的数值计算,只存储地址,为了与普通变量进行区分,将其称为指针变量。指针变量的定义如下所示:

```
1   int a = 10;
2   int b = 20;
3   int c = 60;
4   int d;
5   int iIndex = 0x15;
6   int * ptr = & iIndex;
7   int * q = b;
```

如图 2-7 所示,ptr 是指向 int 的指针变量,"int * "为类型名,即指向 int 的指针类型,其变量值就是地址 0x0000 1002,完全满足变量三要素。但特别要注意的是,经常会把"指针变量"与"指针"混用,导致难以区分两个概念,这要根据当前所处的环境而定。

图 2-7　指针变量

变量名、指针变量以及实际的物理存储三者之间的关系如表 2-10 所示。

表 2-10   变量名、指针变量及实际的物理存储间的关系

人能理解的变量标识	单片机识别的标识(地址)	实际存储的数据
* ptr	0x0000 0002	0x0000 1002
* q	0x0000 0004	0x0000 1004
…	…	…
iIndex	0x0000 1002	0x15
b	0x0000 1004	20
c	0x0000 1006	60
a	0x0000 1008	10
d	0x0000 100a	空
function1	0x0700 0002	函数起始位置

可以这么理解,指针变量只存储地址,因而指针所占用的存储单元就一定是固定的(一般与单片机的寻址空间(又叫地址的取值范围)有关),但指针变量中存储的地址所标识的位置是有类型的。如表 2-10 所示,变量 a,b 是 int 类型,相应的指向它们的指针也应由 int 来标识,因而可以衍生出表 2-11 所示的一些指针类型(假设当前单片机可使用的地址取值范围为 $0 \sim 2^{32} - 1$)。

表 2-11   常用指针类型

数据类型	关键字	所占位数
字符型指针	char *	32(4 字节)
无符号字符型指针	unsigned char *	32(4 字节)
整型指针	int *	32(4 字节)
短整型指针	short *	32(4 字节)
长整型指针	long *	32(4 字节)
无符号整型指针	unsigned int *	32(4 字节)
无符号短整型指针	unsigned short *	32(4 字节)
无符号长整型指针	unsigned long *	32(4 字节)

指针是 C 语言的灵魂,是 C 语言比其他语言更灵活、更强大的地方,所以学习 C 语言必须很好地掌握指针。

使用指针只要牢记一个原则,即指针需要有类型标识,指针先与类型结合,理解为一个复合数据类型再去描述一个变量,即指针变量。记住该原则,则万变不离其宗,指针变量存储的一定是一个地址,多重指针也可以由此进行推导,如上述 ptr 是一个指针变量,&ptr 显然指的就是指向指针变量的指针,也就是一个双重指针。为了帮助理解,也为了方便编程,经常这样来做:

```
1   typedef int * ptr_t;
2   int iIndex = 0x15;
3   ptr_t iPtr = &iIndex;
4   ptr_t ipPtr = &iptr;
```

即利用 typedef 把 int* 重新定义为一种新的数据类型 ptr_t。

至此,相信理解如下恒等式成立应该是没有问题的:

$* * ipPtr == * ptr == * (\& iIndex) == iIndex$

此外,函数也是从某一地址开始的一段程序,因而其本身也就是一个指针变量。所以必定存在可以指向函数的指针——函数指针,即指向函数在内存映射中的首地址的指针。通过函数指针,可以将函数作为参数传递给另一个函数,并在适当的时候调用,从而实现异步通信等功能。由此可以衍生出很多关于函数的灵活用法,有兴趣的同学可以深入了解,这将会给程序设计带来极大的便利。

2.8.2　动态内存分配

数组这种结构虽然很有用,但是由于它实际是一种静态分配方式(即从程序开始运行到结束运行,内存都不能另作他用),试想要播放一个文件大小为 60 GB 的电影视频,而计算机内存只有 16 GB,如果采用静态内存占用的方式,则将对内存资源造成严重浪费。实际上,计算机会把视频文件分成一块一块(比如 10 MB)的,每播放完一段,再加载下一段放入内存播放,这种方式即动态内存分配。

动态内存分配是指在程序运行时根据需要分配或释放需要的内存空间,可以通过 C 语言中的 malloc、calloc、realloc 和 free 等函数来实现(注意,通常在没有使用实时操作系统 RTOS 的单片机中采用较少)。

1) malloc 函数

用于分配一块指定大小的内存空间,并返回其首地址。其语法为:

void * malloc(size_t size);

其中,size 表示要分配的内存空间的字节数,返回值为 void 类型的指针,需要进行强制类型转换后才能使用。

2) calloc 函数

用于分配指定数量及大小的内存空间,并初始化为 0。其语法为:

void * calloc(size_t nmemb, size_t size);

其中,nmemb 表示要分配的内存块数,size 表示每块内存的大小,返回值为 void 类型的指针,需要进行强制类型转换后才能使用。

3) realloc 函数

用于重新分配已经分配的内存空间的大小。其语法为:

void * realloc(void * ptr, size_t size);

其中,ptr 表示之前分配的内存空间的地址,size 表示要重新分配的内存空间的字节数,返回值为 void 类型的指针,需要进行强制类型转换后才能使用。

4) free 函数

用于释放已经分配的内存空间。其语法为:

void free(void * ptr);

其中,ptr 表示要释放的内存空间的地址。

动态内存分配可以灵活地利用计算机的内存资源,但需要注意避免内存泄漏和内存溢出等问题。

2.8.3 内存泄漏和溢出问题

内存泄漏和内存溢出都是与内存相关的问题,但是它们的表现形式和造成原因是不同的。

1)内存泄漏

内存泄漏指程序在运行过程中未能正确地释放已经分配的内存空间,导致这些内存空间无法被再次使用,最终导致系统的内存资源逐渐耗尽。在 C 语言中,内存泄漏通常是由于程序员在使用 malloc 或 calloc 等动态分配内存的函数时,没有及时调用 free 函数来释放已经分配的内存空间而导致的。

例如:

```
1   #include <stdio.h>
2   #include <stdlib.h>
3   int main()
4   {
5       int * ptr;
6       ptr = (int * )malloc(sizeof(int));      // 没有释放已经分配的内存空间
7       return 0;
8   }
```

在上面的代码中,我们使用了 malloc 函数来分配一个整型变量的内存空间,并将其赋值给指针变量 ptr。但是,在程序结束时,我们并没有调用 free 函数来释放这个内存空间,这就造成了内存泄漏的问题。

2)内存溢出

内存溢出指程序在申请内存空间时超出了系统所能提供的可用内存大小,导致程序崩溃或异常退出。在 C 语言中,内存溢出通常是由于申请的内存空间超出了系统所能提供的可用内存大小而导致的。

例如:

```
1   #include <stdio.h>
2   #include <stdlib.h>
3   int main()
4   {
5       int size = 1000000000;
6       int * ptr;
7       // 申请超出了系统所能提供的可用内存大小
8       ptr = (int * )malloc(size *  sizeof(int));
9       if (ptr == NULL)
10      {
11          printf("Failed to allocate memory!\n");
12          return 1;
13      }
14      return 0;
15  }
```

在上面的代码中,我们定义了一个名为 size 的变量,用来表示需要申请的内存空间的大小。然后,我们使用 malloc 函数来申请内存空间,并将其赋值给指针变量 ptr。但是,在这里,我们申请了一个非常大的内存空间(约为 4 GB),超出了系统所能提供的可用内存大小,导致 malloc 函数返回了一个空指针,程序在后续的操作中可能会发生异常。

2.8.4　指针与函数参数

在 C 语言中,指针与函数参数密不可分。通过指针可以将数据地址传递给函数,在函数内可以直接修改原始数据,从而改变原始数据的值。

例如,下面的代码演示了如何使用指针作为函数参数来交换两个整数的值:

```
1   void swap(int * a, int * b)
2   {
3       int temp = * a;
4       * a = * b;
5       * b = temp;
6   }
7   int main()
8   {
9       int x = 1, y = 2;
10      printf("Before swap: x = %d, y = %d\n", x, y);
11      swap(&x, &y);
12      printf("After swap: x = %d, y = %d\n", x, y);
13      return 0;
14  }
```

在这个例子中,swap 函数接收两个指向 int 类型变量的指针作为参数。在函数内部,使用解引用操作符(*)来访问指针所指向的内存位置,并交换它们的值。在 main 函数中,我们调用 swap 函数时将 x 和 y 的地址传递给它。

上述代码执行后的结果如下:

Before swap：x = 1, y = 2

After swap：x = 2, y = 1

掌握指针作为函数参数的用法,能够让我们更加灵活地编写程序。

2.9　预处理指令

当前计算机语言有很多种,除了机器语言(计算机能识别),就是人类语言(人能理解),而使用人类语言编写完代码之后,最终肯定需要将其转换为机器语言(就是一堆二进制的数字如 010101110101),因此中间必定存在一个翻译过程,当然如果有耐心,人也可以充当这个翻译(如计算机历史上早期的程序员),最高效的方式当然是使用翻译软件。翻译器通常有两种翻译方式,一种是翻译一行,计算机运行一行(解释性语言,如 Python),另一种则是把所有代码翻译后再运行(编译性语言,如 C 语言)。

由于我们以 C 语言学习为主,这里通过 C 语言大概介绍一下编译器的工作过程(翻译)。

以如下一段 test. c 的代码为例,C 语言编译器的编译过程大体可以分为预处理、编译、汇编、链接,如图 2-8 所示。

```
1   #include〈stdio.h〉
2   int main(void)
3   {
4       printf("This is a test program!\n");
5       return 0;
6   }
```

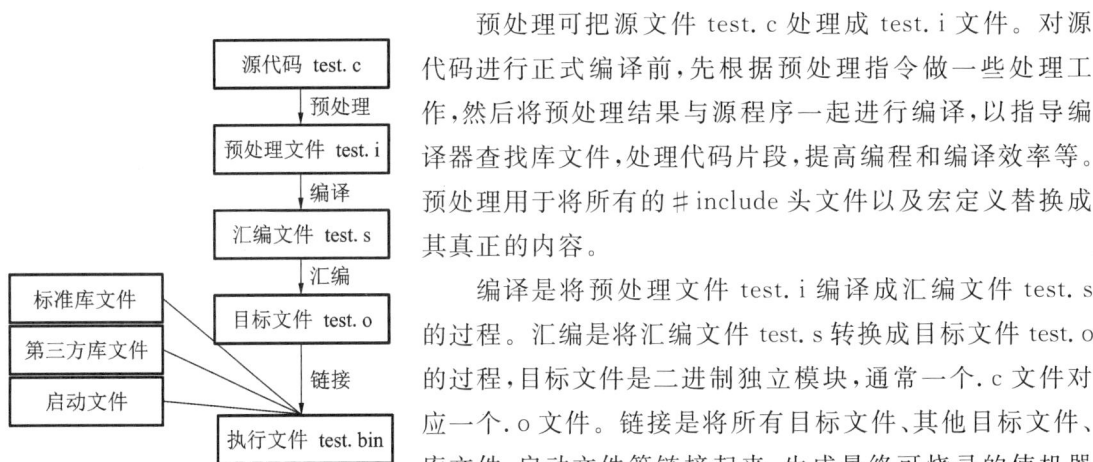

图 2-8　C 语言编译器的编译过程

预处理可把源文件 test. c 处理成 test. i 文件。对源代码进行正式编译前,先根据预处理指令做一些处理工作,然后将预处理结果与源程序一起进行编译,以指导编译器查找库文件,处理代码片段,提高编程和编译效率等。预处理用于将所有的♯include 头文件以及宏定义替换成其真正的内容。

编译是将预处理文件 test. i 编译成汇编文件 test. s 的过程。汇编是将汇编文件 test. s 转换成目标文件 test. o 的过程,目标文件是二进制独立模块,通常一个.c 文件对应一个.o 文件。链接是将所有目标文件、其他目标文件、库文件、启动文件等链接起来,生成最终可烧录的使机器运行的二进制代码。

下面重点介绍一下预处理,因为预处理主要用于在源文件中写代码的过程和给编译过程发指令,以指导对文件或者代码片断进行处理。

C 语言提供的编译预处理功能主要有三种:文件包含、宏定义、条件编译。这三种功能分别以三条编译预处理命令♯include、♯define、♯if 来实现。预处理指令不属于 C 语言的语句,每条预处理指令独占一行,结尾不带分号。

较常用的编译预处理命令是文件包含预处理命令和宏定义预处理命令。下面对这两种预处理命令进行说明。

1. 文件包含预处理

"文件包含"预处理,就是在程序前面通过"♯include"命令指示编译器将另一段源文件包含到本文件中来。"文件包含"指令有两种格式。

第一种格式:

　　♯include〈文件名〉

第二种格式:

　　♯include "文件名"

2. 宏定义预处理

C 语言宏定义的简单形式是不带参数的宏定义,即符号常量定义,而带参数的宏定义则是它的复杂形式。

1）不带参数的宏定义

不带参数的宏定义常用来定义符号常量。符号常量定义的预处理可以指定一个有物理含义的标识符来代表一个具体常量。不带参数的宏定义的一般形式如下：

＃define　宏名　宏体

或表示为：

＃define　标识符　具体常量

这种方法使得用户能以一个简单易记的常量名称代替一个较长而难记的具体常量。

例如：

　　＃define PI　3.14

PI 为宏名，3.14 为宏体，在预处理时会用宏体 3.14 代替所有的宏名 PI。

上面的预处理命令的作用就是指定自定义的标识符"PI"来对应常数"3.14"，程序中原先需要使用 3.14 的地方都可以改用 PI 来表示。预处理时，编译程序会把所有的 PI 都替换成 3.14。

使用符号常量的定义，可以使程序易读，易写，同时也容易修改，比如只要在程序开头将预处理命令改为

　　＃define PI　3.14159

那么在编译时，所有的 PI 都替换成了 3.14159，而不需逐个修改，非常方便。

2）带参数的宏定义

带参数的宏定义的一般形式如下：

＃define　宏名（参数表）　宏体

其中，参数表中的参数可以是一个，也可以是多个，视具体情况而定，当有多个参数的时候，每个参数之间用逗号分隔。

宏体是编译时用来替换宏名的字符串，宏体中的字符串一般是由参数表中的各个参数组成的表达式，宏体中的参数的值不是固定的，需要根据程序中具体使用宏名（参数表）时的具体内容来确定。

例如：

　　＃define SUM（a,b）　a＋b

如果下面的程序中出现如下语句：

　　y＝SUM(5,6)；

那么在预编译时，该语句中的 SUM(5,6) 会被替换为 5＋6，即该语句会变为

　　y＝5＋6；

如果程序中出现如下语句：

　　y＝SUM(2x,3y)；

那么预编译时会被替换为

　　y＝2x＋3y；

带参数的宏定义与函数类似，可以把宏定义时出现的参数看成形参，而把程序中引用宏定义时出现的参数看成实参。那么，宏替换就是用实参来替换宏体中的形参。

2.10 模块化程序设计

2.10.1 模块化设计

模块化是程序设计的一种方法,指在进行程序设计时将大程序划分为若干小程序,每个小程序完成特定的功能,并在这些模块之间建立必要的联系,通过模块的互相协作完成整个功能的程序设计方法。

模块化程序设计好比搭积木,用一个个积木模块组合成我们想要的程序。

1. 为什么要做模块化设计?

程序模块化的好处如下:

(1)降低代码复杂度:有利于程序的设计和调试,功能相对独立,结构清晰,易于封装实现。

(2)保证稳定性:模块程序一般已经过反复验证,稳定性高,在新项目中移植比重写更稳定。

(3)提高复用性:代码移植时只需简单修改甚至不用修改,重新组合就可完成新的功能。

(4)便于团队协作:模块间功能独立,有利于任务分解和分工,实现各自的功能,并且可单独进行测试验证。

(5)利于维护和扩展:一旦出现问题,能迅速定位出现问题的模块。

(6)代码结构清晰:可以看出使用了什么驱动、什么外设模块,了解大概功能等。

2. 如何拆分?

常见的思路是自上而下、逐步分解、分而治之,即将大的程序分割成不同的功能单一的小模块。以一个遥控器为例,其主要功能是人机交互,可能还会有参数设置等,那么自上而下的分解如图 2-9 所示。拆分过程应遵循如表 2-12 所示的原则。

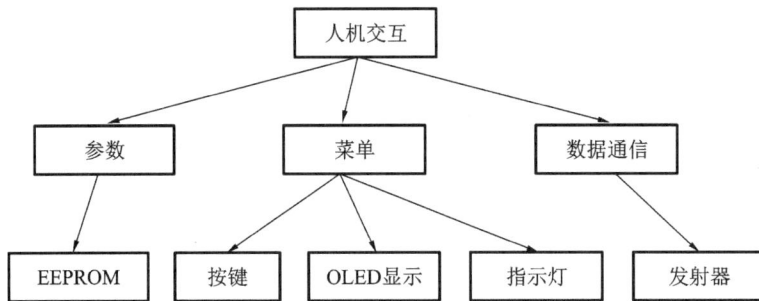

图 2-9 自上而下分解的模块化程序设计框图

表 2-12 拆分原则

拆分原则	具体解释
模块独立	模块能完成独立的功能,与其他模块的联系应该尽可能简单,各个模块具有相对的独立性

续表

拆分原则	具体解释
规模要适当	不能太大,也不能太小;如果模块的功能太强,可读性就会较差,若模块的功能太弱,就会有很多的接口。开发者需要通过较多的程序设计来进行经验的积累,此处给个经验法则,即通过数代码的判断分支数来判断,控制分支数在 10～15 或以下较好
分解模块的层次	在进行多层次任务分解时,要注意对问题进行抽象化。在分解初期,可以只考虑大的模块,在中期再逐步进行细化,分解成较小的模块进行设计
对外不暴露全局变量	模块内部使用的全局变量,当需要模块外也能修改或者获取时,可通过封装成 API 函数对外提供,同时可以在函数内进行相关限制,防止外部直接操作模块内部的全局变量而引发模块运行异常。模块内部的全局变量可定义为静态全局变量

通常一个模块就是一个.c 文件和一个.h 文件的结合,头文件(.h)是对该模块接口的声明。

(1)该模块的.c 文件实现具体功能,而.h 文件则为该功能模块的接口函数等。

(2)一个大模块中也会存在多个小模块,即模块中存在多个.c 和.h 文件,每个.c 和.h 文件的作用各不相同。

(3)一个.c 文件必须有一个对应的.h 文件,而.h 文件不一定需要对应的.c 文件。

3. 具体拆分实例

例如开发 OLED 显示模块程序,可以分成以下的文件(模块):

◇ oled.c 和 oled.h

具体功能,如画图、清屏、字符显示等;由.h 文件对外提供 API 接口函数。

◇ oled_io.c 和 oled_io.h

实现底层接口初始化和通信协议的操作(IIC 或 SPI),为 oled.c 文件提供驱动接口。

◇ oled_conf.c 和 oled_conf.h

驱动配置,如分辨率、显示长宽、字体大小等配置信息。

◇ fontxxx.h 和 bmpxxx.h

主要用来存放字体和 BMP 图形点阵数据等。

2.10.2　代码分层

在单片机软件开发过程中,程序分层设计也是重中之重,关系到整个软件开发过程中的协同开发,可降低系统软件的复杂度(复杂问题分解)和依赖程度,同时有利于标准化,便于管理各层的程序,提高各层逻辑的复用等。

1)硬件抽象层(HAL)

单片机开发的核心是芯片,它提供固定的片内资源(常用的有 I/O、ISR、TIMER 等,稍微好点的还有 ADC、SPI 等硬件资源)供开发者使用。而且它具有一个很重要的特点,就是不随项目的新增需求变动而变动。所以应将其作为最底层,为上层提供基础支持。

大部分情况下该层都由芯片厂商提供的库函数包或者配置工具生成对应 API 函数,基本只要知道如何配置和使用就行。当然,如果芯片厂商提供的库函数包或配置工具的配置/使用自由度不高,则需要查看芯片寄存器手册来增加自己需要的 API 函数。

2) 硬件驱动层(HDL)

嵌入式开发通常都会使用片外资源,用来弥补硬件抽象层实现不了的功能或者需要扩展的功能。

如 AT24C02、W25Q128 等常见的外围 EEPROM 芯片,需要 SPI 通信(硬件 SPI 或 I/O 模拟的 SPI)发送相应指令来驱动芯片,芯片才能正常工作。驱动这部分的 API 函数实现程序即为硬件驱动层。即使换了 MCU,也只需将调用过硬件抽象层的 API 函数替换即可。

硬件抽象层和硬件驱动层的概念需要规范明确一下,HAL 层一般定义为芯片的片内资源,如 Timer、ADC、DAC 等,而 HDL 层一般定义为芯片的片外资源(或芯片),芯片原厂一般不会提供相关代码,需要自己编写驱动的部分。如本书 5.2 节中的 LCD 液晶广告牌,其中 LCD1602 可以放在 HDL 层,而芯片本身所带的 ADC 和 DAC 则应放在 HAL 层。

3) 功能模块层(FML)

硬件抽象层和驱动层主要就是为功能模块层提供的,以实现项目需要的基本功能。而这一层又为上层提供最基本的功能,各功能模块之间没有太多联系。

比如 KEY、LED 和 EEPROM 等功能,其中 KEY、LED 基本只需调用硬件抽象层的 API 函数(更复杂的可能通过片外芯片获取/控制等,因此可能也需要使用硬件驱动层),EEPROM 调用硬件驱动层的 API 函数,即使 EEPROM 芯片(AT24C02 或 W25Q128 等)更换,也不影响 EEPROM 之前编写的功能代码程序(前提是 AT24C02、W25Q128 提供的 API 函数采用的是统一标准)。

基于 HAL 层和 HDL 层,我们需要根据项目把一些通用的功能单独抽象出来,比如显示文本、显示图画等。这一层的目的是,保证在更换硬件的情况下,只需要替换 HDL 层和 HAL 层的硬件驱动,即硬件的更换不影响功能的实现(前提是规划好标准规范的 API 函数定义)。这样可避免重写该功能代码所带来的各种问题,保障该功能的稳定性。

4) 应用程序层(APL)

应用程序层主要负责的是功能模块的使用和功能模块之间的逻辑关系处理等,比如用户交互界面应用程序可能需要按键(KEY)、指示灯(LED)、显示屏(LCD)等来实现一系列的人机交互功能。通常应用程序层相对功能模块层而言独立性较低。

一般情况下应用程序层也可细分出应用业务层,但是对于单片机产品来说,这一层的必要性反而不高,分层太多,反而显得臃肿。

程序分层设计实例如图 2-10 所示。

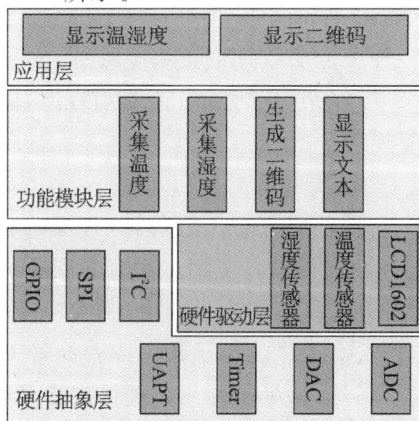

图 2-10 程序分层设计实例

2.10.3　函数调用

函数调用在前文中已做过介绍。这里通过实例对函数调用做进一步的深化。函数调用方式分为直接调用和间接调用两种。

1. 直接调用

直接调用就是我们平常使用的方式,如以下实例所示:

```
1   int SumFun(int a, int b)
2   {
3       return a + b;
4   }
5   int main()
6   {
7       int sum = SumFun(5, 6);        // 直接调用定义好的函数
8       printf("sum=%d", sum);
9       return 0;
10  }
```

2. 间接调用

间接调用在初学时一般不会使用到,它是通过函数指针的方式实现的。

函数指针本质上是一个指针变量,是一个指向函数的指针(函数本身也是有地址的,指向的是函数入口),而指针函数本质上是一个函数,其返回值为指针,函数指针的用法如下:

```
1   typedef int (* FunctionCB)(int, int);
2   int SumFun(int a, int b)
3   {
4       return a + b;
5   }
6   int main()
7   {
8       // 将定义好的函数赋值给函数指针
9       FunctionCB pfnSum = SumFun;
10      // 通过函数指针间接调用
11      int sum = pfnSum(5, 6);
12      printf("sum=%d", sum);
13      return 0;
14  }
```

3. 使用场景

函数指针在软件架构分层设计中十分重要,因为分层设计中有一个设计原则,那就是下层函数不能直接调用上层函数,这时函数的调用可以通过函数指针的方式实现。一般称上层通

过函数指针赋值给下层的函数为回调函数。

什么情况下存在需要下层程序调用上层程序呢？

比如串口数据接收，虽然可以通过查询的方式接收，但是远不及通过串口中断的方式接收及时，当接收完成时，需要立即通知上层读取数据进行处理，而不是等待上层程序查询读取。

如何实现呢？

比如硬件抽象层/驱动层中的串口模块实现函数：

```
1   /************* UART.c 文件 **************/
2   static UartRecvCB sg_pfnUartRecv;
3   // 设置数据帧接收处理回调函数
4   void UART_SetRecvCallback(UartRecvCB pfnUartRecv)
5   {
6       sg_pfnUartRecv = pfnUartRecv;
7   }
8   void UART_Task(void)
9   {
10      if (RecvEnd)
11      {
12          // 数据一帧接收完成立即调用
13          if (sg_pfnUartRecv != NULL)
14          {
15              sg_pfnUartRecv(UartRecvBuf, UartRecvLength);
16          }
17      }
18  }
19  /************* UART.h 文件 **************/
20  typedef void (* UartRecvCB)(const char * , int);
21  extern void UART_SetRecvCallback(UartRecvCB pfnUartRecv);
22  extern void UART_Task(void);
```

应用层代码中实现回调函数，并调用下层函数：

```
1   // 回调函数:串口数据处理
2   void OnUartRecvProcess(const char * pBuf, int length)
3   {
4       // 处理串口数据
5       printf("Recv: %s", pBuf);
6   }
7   int main()
8   {
9       UART_SetRecvCallback(OnUartRecvProcess);
10      while(1)
11      {
```

```
12          if(TimeFlag)
13          {
14          UART_Task();
15          }
16      }
17  }
```

上述示例中通过函数指针的方式间接调用了应用层的函数,而且并不违背分层设计原则。如果看代码不能立即理解的话,可以尝试通过图 2-11 理解。

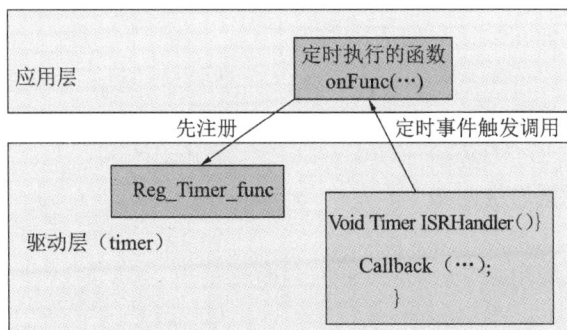

图 2-11　使用函数指针间接调用应用层函数示意图

项 目 总 结

C 语言是一门结构化编程语言,其基本构成单位是函数。C 语言是由若干个函数组成的,其中必须有且只能有一个主函数 main(),C 程序总是从主函数 main()处开始执行。C 语言的基本数据类型有四种:整型、实型、字符型和空类型。C 语言的标识符不能是关键字,由字母、下划线和数字组成,但不能以下划线开头。

在 C 语言的程序中,有些数据在程序运行时其值不变,这些数据称为常量。符号常量是用一个字符串来表示一个常量。一般将符号常量的标识符中的字母用大写进行表示。在程序运行时其数据会发生改变的量,称为变量。变量的三要素,即变量的类型、变量名、变量的值。

C 程序可分为三种基本结构,即顺序结构、选择结构和循环结构。C 语言中常用的选择语句有 if 语句和 switch 语句两种。循环语句常用的有 while 语句,do-while 语句和 for 语句三种。for 语句一般用于循环次数确定的情况;while 语句一般用于循环次数不确定的情况,先判断后执行;do-while 语句是先执行后判断。

在一维数组中要注意的是下标表达式的常量表达式的值必须大于或等于零,并且小于自身元素的个数,既数组长度。如果一个字符数组用来作为字符串使用,那么在定义该字符数组时,数组的大小就应该比它将要实际存放的最长字符多一个元素,以存放"\0"。

指针也就是内存地址,指针变量是用来存放内存地址的变量。

模块化是程序设计的一种方法,指在进行程序设计时将大程序划分为若干小程序,每个小程序完成特定的功能,并在这些模块之间建立必要的联系,通过模块的互相协作完成整个功能的程序设计方法。

思考与练习

1. 计算机本身最擅长的能力是(　　)

A. 推理　　　　　　　B. 想象　　　　　　　C. 重复　　　　　　　D. 分析

2. 编程语言是和计算机交谈的语言。(　　)

A. √　　　　　　　B. ×

3. 计算机(CPU)可以直接运行人类编写的程序。(　　)

A. √　　　　　　　B. ×

4. 以下哪个字母不能在数字后面表示类型?(　　)

A. F　　　　　　　B. U　　　　　　　C. L　　　　　　　D. X

5. 以下哪个数字的值最大?(　　)

A. 10　　　　　　　B. 010　　　　　　　C. 0x10　　　　　　　D. 10.0

6. 以下哪个数字占据的空间最大?(　　)

A. 32768　　　　　　　B. '3'　　　　　　　C. 32768.0　　　　　　　D. 32768.0F

7. 以下哪种类型不能用在 switch-case 的判断变量中?(　　)

A. char　　　　　　　B. short　　　　　　　C. int　　　　　　　D. double

8. 下列哪些是有效的字符?(　　)

A. '　'　　　　　　　B. '\''　　　　　　　C. ''　　　　　　　D. '\'

9. 以下哪些是有效的变量名?(　　)

A. main　　　　　　　B. 4ever　　　　　　　C. Monkey-king　　　　　　　D. _int

10. '1'+3 表达式的结果是(　　)

11. 以下哪个表达式,当 a 和 b 都是 true 或者都是 false 时,结果为 true?(　　)

A. a&&b　　　　　　　B. a||b　　　　　　　C. a==b　　　　　　　D. a^b

12. 以下哪个表达式与!(a&&b)是等价的?(　　)

A. !a&&!b　　　　　　　B. !a||!b　　　　　　　C. a&&b　　　　　　　D. a||b

13. 以下哪个表达式的结果是 true?(　　)

A. !(4<5)　　　　　　　　　　　　　　　B. 2>2||4==0&&1<0

C. 34==33&&!false　　　　　　　　　　　D. !false

14. 以下哪个表达式,当 a 和 b 中只有一个是 true 的时候结果为 true,而如果两个都是 false 或者都是 true 的时候,结果为 false?(　　)

A. a&&b　　　　　　　B. a||b　　　　　　　C. a!=b　　　　　　　D. !a&&!b

15. i = 3/2,3*2;代码执行后,i 的值是(　　)

16. 给定以下代码段 int a,b=0;则 a 的初始值是 0。(　　)

A. √　　　　　　　B. ×

17. 10/3.0*3 的运算结果是(　　)

18. 10/3*3.0 的运算结果是(　　)

19. 写出以下代码执行后 t1 和 t2 的值,以空格隔开:(　　)

```
1  int a=14;
2  int t1=a++;
3  int t2=++a;
```

20. 写出以下表达式的结果，一个结果一行。

6+5/4－2（　　　　　　　）

2+2*（2*2-2)%2/3（　　　　　　　）

10+9*((8+7)%6)+5*4%3*2+3（　　　　　　　）

1+2+(3+4)*((5*6%7/8)－9)*10（　　　　　　　）

21. if(1<=n<=10);语句是否可以通过编译？（　　　）

A. 是　　　　　　　　　　B. 否

22. if(1<=n<=10);语句是否表示 n 属于[1,10]？（　　　）

A. 是　　　　　　　　　　B. 否

23. 写出程序的输出结果:(　　　　　　　)

```
1  int i,j,k;
2  i=5; j=10; k=1;
3  printf("%d",k>i<j);
```

24. 写出程序的输出结果:(　　　　　　　)

```
1  int i, j, k;
2  i=3; j=2; k=1;
3  printf("%d",i<j==j<k);
```

25. 写出程序的输出结果:(　　　　　　　)

```
1  int i=1;
2  switch (i%3)
3  {
4      case 0: printf("zero");
5      case 1: printf("one");
6      case 2: printf("two");
7  }
```

26. 写出程序的输出结果:(　　　　　　　)

```
1  int a=58;
2  if(a>50) printf("A");
3  if(a>40) printf("B");
4  if(a>30) printf("C");
```

27. while 循环的条件满足时循环继续,而 do-while 循环的条件满足时循环就结束了。（　　　）

A. √　　　　　　　　　　B. ×

28. 以下代码片段执行结束后,变量的值是(　　　　　　　)

```
1  int i=10;
2  while(i>0)
3  {
4      i/=2;
5  }
```

29. 以下代码片段执行结束后,变量的值是(   )

```
1  int i = 1;
2  do
3  {
4      i += 5;
5  }while(i<17);
```

30. 以下哪种运算能从变量 x 中取得十进制最低位的数字?(   )

A. x/10   B. x%10   C. x * 10   D. 10/x

31. 以下哪个循环和其他三条循环不等价(假设循环体都是一样的)?(   )

A. for(i=0;i<10;i++){...}   B. for(i=0;i<10;++i){...}

C. for(i=0;i++<10;){...}   D. for(i=0;i<=9;i++){...}

32. 以下代码段的输出是(   )

```
1  for(int i=10;i>1;i/=2)
2  {
3      printf("%d",i++);
4  }
```

33. 以下代码段的输出是(   )

```
1  int sum = 0;
2  for(int i=0;i<10;i++)
3  {
4      if(i%2)  continue;
5      sum+=i;
6  }
7  printf("%d\n",sum);
```

34. 以下代码段的输出是(   )

```
1  int sum = 0;
2  for(int i=0;i<10;i++)
3  {
4      if(i%2)  break;
5      sum+=i;
6  }
7  printf("%d\n",sum);
```

35. 以下哪句不是正确的原型?(   )

A. int f();   B. int f(int i);   C. int f(int);   D. int f(int i){}

36. 以下哪个函数的定义是错误的?(   )

A. void f(){}   B. void f(int i){return i+1;}

C. void f(int i){}   D. int f(){return 0;}

37. 对于有返回值且只有一个 int 类型的参数的函数,以下哪些函数原型是正确的? (　　　　)

A. void f(int x)；　　　　B. void f()；　　　　C. void f(int)；　　　　D. void f(x)；

38. 以下程序的输出是(　　　　　　)

```
1   #include〈stdio.h〉
2   void swap(int a,int b);
3   int main()
4   {
5       int a = 5;
6       int a = 6;
7       swap(a,b);
8       printf("%d—%d\n",a,b);
9       return 0;
10  }
11  void swap(int a , int b)
12  {
13      int t = a;
14      a = b;
15      b = t;
16  }
```

39. 若有语句 int * p,a=4;p=&a;,则下面均代表地址的一组选项是(　　　　)

A. a、p、* &a　　　　B. & * a、&a、* p　　　　C. * &p、* p、&a　　　　D. &a、& * p、p

40. 若有定义 int* p,m=5,n;,则以下的程序段正确的是(　　　　)

A. p=&n; sacnf("%d",&p)；　　　　　　　　B. p=&n; sacnf("%d",* p)；

C. sacnf("%d",&p)；* p=n；　　　　　　　　D. p=&n; * p=m；

41. 如果有下面的定义和赋值,则使用(　　　　)不可以输出 n 中 data 的值。

```
1   struct SNode
2   {
3       unsigned int id;
4       int data;
5   }n,* p;
6   p=&n;
```

A. p. data　　　　B. n. data　　　　C. p—〉data　　　　D. (* p). data

项目3 电子礼盒的设计与制作

项目教学目标

熟悉单片机 I/O 口的操作。

掌握循环结构的编程方法。

掌握左移运算和右移运算的编程使用方法。

掌握循环左移和循环右移库函数的调用及使用方法。

掌握独立键盘的编程思路。

熟悉 Keil C51 的仿真调试。

一年当中总有那么几个节日是需要送礼的,精美的包装能吸引人的眼球。对于普通礼盒大家早已司空见惯,如果我们能通过自己的努力,将所学的知识运用到妙趣横生的 DIY 中,做一个如图 3-1 所示的爱心礼盒是不是一件很有意义的事情呢?

图 3-1 电子礼盒外观图

▶目标与要求

通过采用单片机的 4 个 P 口控制 32 个 LED 心形彩灯的电子礼盒的设计与制作。

设计要求:上电后让 32 个彩灯在模式 1 到模式 8 之间进行切换。

模式 1:32 个灯全亮。

模式 2：先右边 16 个灯亮，再左边 16 个灯亮，循环三次。

模式 3：32 个灯一起闪，闪三次。

模式 4：上半 16 个灯亮，再下半部分 16 个灯亮，循环三次。

模式 5：四个点的流水，即 4 个 P 口，每个 P 口只一个 LED 灯进行流动，正方向流动三次，再反方向流动三次。

模式 6：32 个灯全部亮，闪三次。

模式 7：四个 P 口的跟踪流水，即每个 P 口先 1 个灯亮接着 2 个灯亮，再 3 个灯直至 8 个灯全亮，同样，正方向流动三次，再反方向流动三次。

模式 8：32 个灯全部亮，每次只有 2 个暗的灯在流水，循环 2 次。

以上各模式中流动的速度可根据需要进行随意调节。

根据要求，可以将电子礼盒制作分解成三个比较简单的程序：① 让 LED 灯闪烁起来；② 让 LED 灯流动起来；③ 用按键控制花样流水灯。

3.1　LED 闪烁系统设计

设计要求：设计一个 LED 闪烁系统，电路连接如图 3-2 所示。让 8 个 LED 灯亮 1 s，然后灭 1 s 左右，以此循环往复。

想要让人眼看到 LED 灯闪烁的效果，就必须让灯亮一段时间然后再熄灭，也就是说需要在程序中加延时函数。LED 闪烁程序流程图如图 3-3 所示。

C 语言常用的延时方法有如图 3-4 所示的 4 种，其中 2 种非精确延时，2 种精确延时。for 语句和 while 语句都可以通过改变 i 的范围值来改变延时时间，但是 C 语言循环的执行时间都是不能通过程序看出来的。精确延时有两种方法，一种是用定时器来延时，一种是调用库函数 _nop_()。一个 nop 的时间是一个机器周期的时间，这两种方法将在后续章节详细介绍。

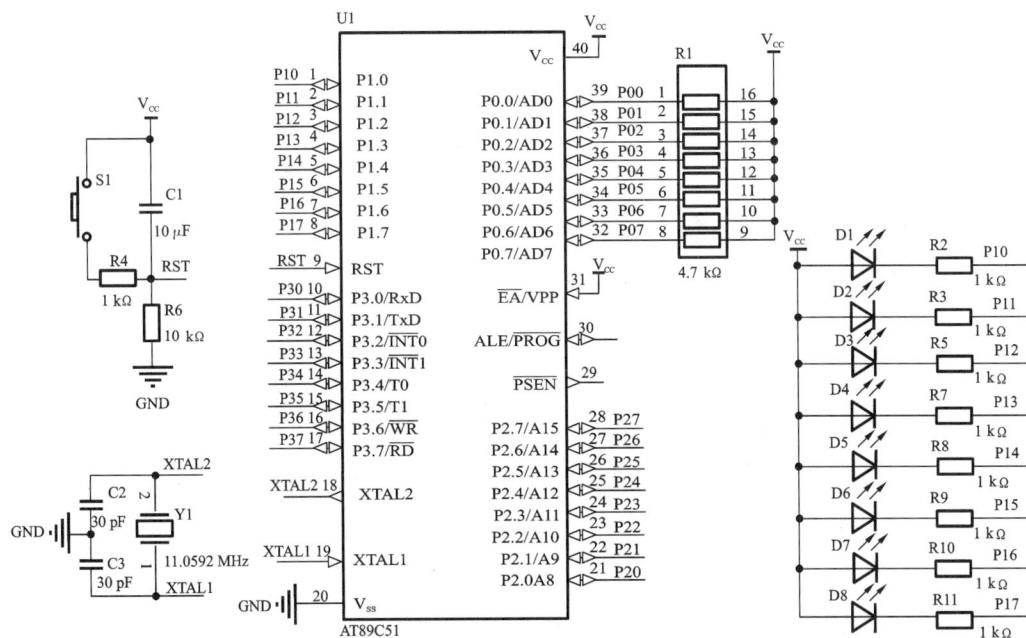

图 3-2　LED 闪烁系统电路图

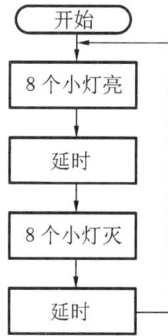

图 3-3　LED 闪烁程序流程图　　　　图 3-4　C 语言延时方法

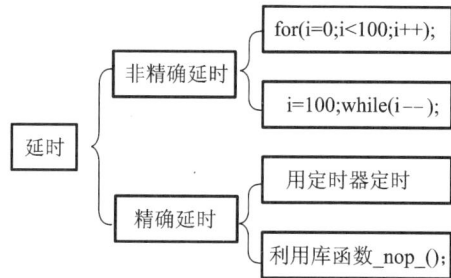

让 LED 灯闪烁的程序如下。

```
01   //程序:LED flashing.c
02   //功能:让 8 个 LED 灯闪烁
03   #include〈reg51.h〉            //定义了 51 单片机的一些特殊功能寄存器
04   //--声明全局函数--//
05   void delay10 ms(unsigned int c); //延时 10 ms
06   void main()
07   {
08       while(1)
09       {
10         P1 = 0x00;              //置 P1 口为低电平
11         delay10ms(100);         //调用延时程序,修改括号里面的值可以调整延时时间
12         P1 = 0xff;              //置 P1 口为高电平
13         delay10ms(100);         // 调用延时程序
14       }
15   }
16   //函数名: delay10ms
17   //函数功能:延时函数,延时 10 ms
18   void delay10ms(unsigned int c)
19   {
20       unsigned char a, b;
21       //--c 在传递过来的时候已经赋值了,所以在 for 语句第一句就不用赋值了--//
22       for (;c＞0;c－－)
23         for (b＝38;b＞0;b－－)
24           for (a＝130;a＞0;a－－);
25   }
```

举一反三:让第 1、3、5、7 灯亮 0.5 s 左右,再让 2、4、6、8 灯亮 0.5 s 左右,以此循环往复。

3.2 独立按键编程原理

在单片机应用系统中,往往要使用按键、开关或键盘对系统进行控制。在系统比较简单的情况下,只要几个开关就可以实现了。比如,紧急停机按钮、部件到位的行程开关、变速开关等,可把按键直接安装在 I/O 口,如图 3-5 所示,这就是独立式按键。

在电路中,图 3-5 中的按键分别与单片机的 P0.0～P0.3 相连,按键输入一般采用低电平有效。因此,按键的一端与"地"相连,只要有键按下,相连的 P0 口线便会出现"0"电平;当没有键按下时,P0 口外部的上拉电阻保证了各个口线的输入均为高电平"1"。对于内部有上拉电阻的芯片,上拉电阻可不接。

机械式按键在按下或释放时,由于机械弹性作用的影响,通常伴随有一定时间的触点机械抖动,然后其触点才稳定下来,抖动时间一般为 5～10 ms,如图 3-6 所示。在触点抖动期间检测按键的通与断状态,可能导致判断出错。

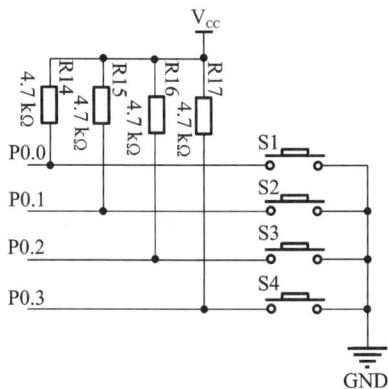

图 3-5 独立式按键的硬件结构

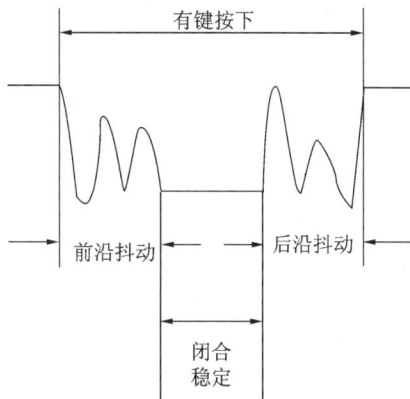

图 3-6 按键触点的机械抖动

按键的机械抖动可采用如图 3-7 所示的硬件电路来消除。由于成本高的原因一般不用硬件去抖,而采用软件方法去抖。

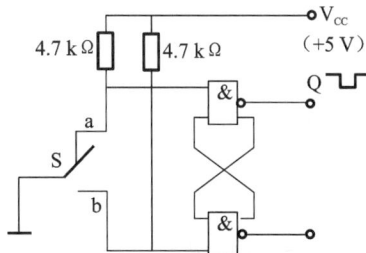

图 3-7 硬件去抖电路

软件去抖编程思路:在检测到有键按下时,先执行 10 ms 左右的延时程序,然后再重新检测该键是否仍然按下,以确认该键按下不是因为抖动引起的。同理,在检测到该键释放时,也采用先延时再判断的方法来消除抖动的影响,软件去抖的流程图如图 3-8 所示。

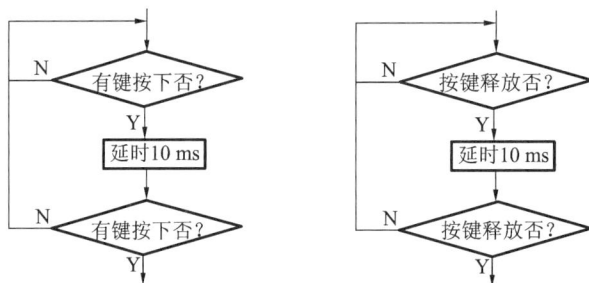

图 3-8 软件去抖流程图

软件去抖程序段如下。

```
01    if(s1==0)                   //第一次检测到按键 S1 按下
02    {
03        delay10ms(1);            //延时 10 ms 左右去抖
04        if(s1==0)               //再次检测到 S1 按下
05        {
06            ⋮                    //按键功能实现
07            while(!s1);          //有键释放,跳出 while 循环
08            delay10ms(1);        //延时 10 ms 左右去抖
09        }
10    }
```

3.3 键控花样 LED 灯设计

3.3.1 流水灯的设计

设计要求:采用单片机控制 8 个发光二极管顺序点亮流水灯,首先点亮连接到 P1.0 引脚的发光二极管,延时一定时间后熄灭,再点亮连接到 P1.1 引脚的发光二极管,如此依次点亮每个发光二极管,直至点亮最后一个连接到 P1.7 引脚的发光二极管,再从头开始,循环不止,产生一种动态显示的流水灯效果。

流水灯控制系统设计电路如图 3-2 所示。程序编写,可通过向 P1 口写入一个 8 位二进制数来改变每个引脚的输出电平状态,从而控制 8 个发光二极管的亮灭,P1 口的 I/O 口状态变化如表 3-1 所示。

表 3-1 I/O 口状态变化表

P1.7	P1.6	P1.5	P1.4	P1.3	P1.2	P1.1	P1.0	P1 口取值	说明
1	1	1	1	1	1	1	0	0xfe	D1 灯亮,延时
1	1	1	1	1	1	0	1	0xfd	D2 灯亮,延时
1	1	1	1	1	0	1	1	0xfb	D3 灯亮,延时
1	1	1	1	0	1	1	1	0xf7	D4 灯亮,延时
1	1	1	0	1	1	1	1	0xef	D5 灯亮,延时
1	1	0	1	1	1	1	1	0xdf	D6 灯亮,延时
1	0	1	1	1	1	1	1	0xbf	D7 灯亮,延时
0	1	1	1	1	1	1	1	0x7f	D8 灯亮,延时

要实现表 3-1 所示状态,采用顺序结构只需使用 P1＝控制字,延时,执行 8 次即可达到流水效果,但这种程序写法不够精简。仔细观察,不难发现表 3-1 中数值的变化就像将 P1.0 上的逻辑 0 循环左移,因此,可采用循环结构来实现程序的编写。

要想实现循环左移,有以下两种办法。

1) 对控制字取反后再左移

C51 单片机提供左移运算"＜＜"和右移运算"＞＞",运算的结果是把二进制操作数左移或右移若干位。对无符号数左移后,将高位移出的数丢掉,对低位补 0。对无符号数右移后,将低位移出的数丢掉,对高位补 0。例如:w＝11111110,执行命令 w＜＜＝1 后,w＝11111100。显然直接用左移运算,并不能满足要求。但如果不直接对 0 进行左移,而是将 w 取反后赋值给 P1,对 1 进行左移,采用移位操作和循环结构实现的流水灯程序如下。

```
01  //程序:water LED1.c
02  //功能:采用移位操作和循环结构实现的流水灯程序
03  #include〈reg51.h〉              //包含头文件 reg51.h
04  void delay10ms(unsigned int c);  //延时函数声明
05  void main()                      //主函数
06  {
07      unsigned char i,w;
08      while(1)
09      {
10          w＝0x01;                 //信号灯显示字初值为 01H
11          for(i=0;i<8;i＋＋)
12          {
13              P1＝～w;              //显示字取反后,送 P1 口
14              delay10ms(100);      //延时
15              w＜＜＝1;             //显示字左移一位
16          }
17      }
18  }
19  //函 数 名:delay10ms
20  //函数功能:延时函数,延时 10ms＊c
21  void delay10ms(unsigned int c)
22  {
23      unsigned char a, b;
24      //--c 在传递过来的时候已经赋值了,所以在 for 语句第一句就不用赋值了--//
25      for (;c> 0;c－－)
26          for (b＝38;b> 0;b－－)
27              for (a＝130;a> 0;a－－);
28  }
```

举一反三:使用右移运算和循环结构,实现从下往上的流水效果。

2) 调用循环左移库函数_crol_()

Keil C51 提供的_crol_()是循环左移函数,就是把高位移出去的部分补到低位去。例如,如果 P1 口当前的状态为 11111110,那么执行语句"P1=_crol_(P1,1);"后,P1 口的状态为 11111101,向左移了一位,并将被移出的最高位 1 补到最低位上。循环左移函数_crol_()需要两个参数,第 1 个参数存放被移位的数据,第 2 个参数是常数,用来说明要移的位数,如果常数为 1,表示要循环左移 1 位。采用库函数实现的流水灯控制程序如下。

```
01  //程序:water LED2.c
02  //功能:采用库函数实现的流水灯控制程序
03  #include<reg51.h>              //包含头文件,定义 51 单片机的专用寄存器
04  #include<intrins.h>            //包含内部函数库,提供循环移位和延时操作函数
05  void delay10ms(unsigned int c);  //延时函数声明
06  void main()                    //主函数
07  {
08      P1=0xfe;                   //P1 口输出 11111110,点亮 D1 灯
09      while(1)                   //无限循环
10      {
11          P1=_crol_(P1,1);       //调用内部库函数_crol_(),将 P1 口循环左移
12          delay10ms(5);          //延时
13      }
14  }
15  //函数名:delay10ms
16  //函数功能:延时函数,延时 10ms*c
17  void delay10ms(unsigned int c)
18  {
19      unsigned int a,b;
20      for(;c>0;c--)
21          //--c 在传递过来的时候已经赋值了,所以在 for 语句第一句就不用赋值了--//
22          for(b=38;b>0;b--)
23              for(a=130;a>0;a--);
24  }
```

举一反三:Keil C51 还提供了一个循环右移函数_cror_(),请调用该函数实现右移流水灯效果。

3.3.2 键控 LED 灯

1.单个按键控制 LED 灯

设计要求:电路连接如图 3-9 所示,按键 S1 跟单片机的 P0.0 相连。按下 S1 键,LED 显示从上往下依次点亮,S1 每按下一次流水灯流动 5 次,没有键按下时,8 个 LED 灯全亮。

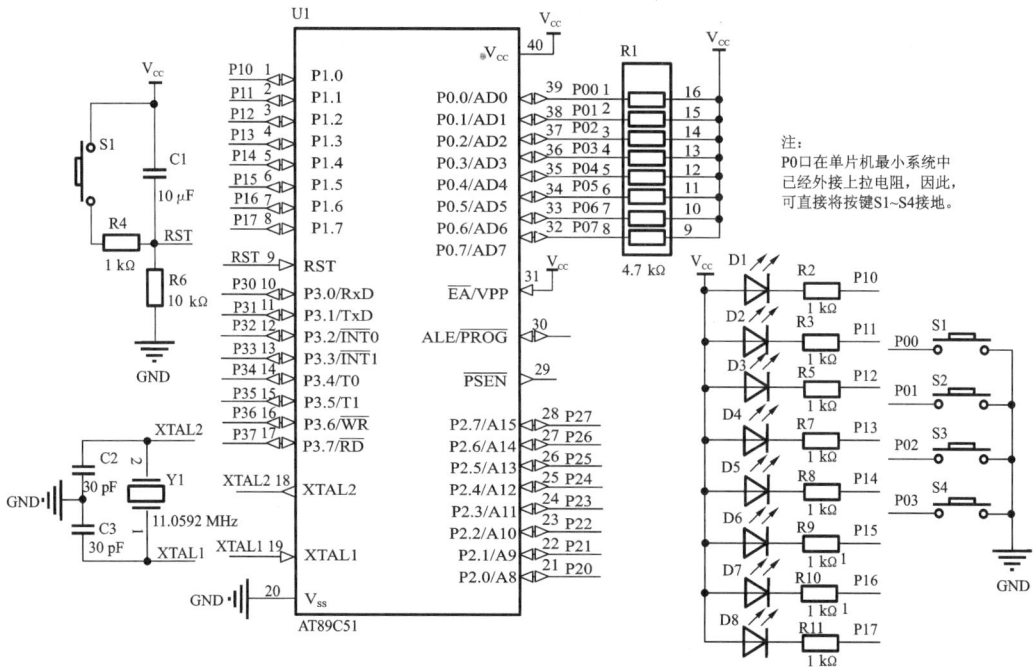

图 3-9　键控流水灯电路原理图

单个按键控制 LED 灯的程序如下。

```
01  //程序:key control LED1.c
02  //功能:单个按键控制 LED 灯
03  #include〈reg51.h〉              //包含头文件 reg51.h
04  sbit s1＝P0^0;                  //定义位名称
05  void delay10ms(unsigned int c); //延时函数声明
06  void main()                     //主函数
07  {
08      unsigned char i,w,a;        //定义局部变量
09      while(1)                    //无限循环
10      {
11          P0＝0xff;               //P0 口作为输入口使用,必须先对其写 1
12          if(s1＝＝0)             //第一次检测到按键 s1 按下
13          {
14              delay10ms(1);       ///延时 10 ms 左右去抖
15              if(s1＝＝0)         //再次检测到 s1 按下
16              {
17                  for(a＝5;a＞0;a－－)  //流动 5 次
18                  {
19                      w＝0x01;    //信号灯显示字初值为 0x01
20                      for(i＝0;i＜8;i＋＋)
21                      {
22                          P1＝～w; //显示字取反后,送 P1 口
```

```
23                    delay10ms(5);       //延时
24                    w<<=1;              //显示字左移一位
25                }
26            }
27            while(!s1);                  //有键释放,跳出while循环
28            delay10ms(1);                //延时10 ms左右去抖
29            while(!s1);                  //再次判断是否有键释放
30        }
31    }
32    else P1=0x00;                        //没有键按下时,8个灯全亮
33    }
34 }
35 //函数名:delay10ms
36 //函数功能:延时函数,延时10ms*c
37 void delay10ms(unsigned int c)
38 {
39    unsigned int a,b;
40    for(;c>0;c--)
41        for(b=38;b>0;b--)
42            for(a=130;a>0;a--);
43 }
```

举一反三:电路连接如图3-9所示,按下S1键,LED显示从上往下依次点亮,S1每按下一次流水灯流动3次;按下S2键,LED显示从下往上依次点亮,S2每按下一次流动3次;没有键按下时,8个LED灯全亮。

2.键控多种花样LED灯显示

设计要求:通过4个按键控制LED灯在4种显示模式之间切换。4种显示模式如下。

第1种显示模式:全亮。

第2种显示模式:交叉亮灭。

第3种显示模式:高四位亮,低四位灭。

第4种显示模式:低四位亮,高四位灭。

相应程序如下。

```
01 //程序:key control LED2.c
02 //功能:单个按键控制LED灯
03 #include<reg51.h>                      //包含头文件
04 void delay10ms(unsigned int c);        //延时函数声明
05 void main()                            //主函数
06 {
07    unsigned char keyvalue;             //局部变量
08    while(1)                            //主函数
09    {
10        P0=0xff;                        //P0口作为输入口,先写1
```

```
11          if(P0!＝0xff)                    //第一次检测到按键 s1 按下
12          {
13              delay10ms(1);                ///延时 10 ms 左右去抖
14              if(P0!＝0xff)                 //再次检测到 s1 按下
15              {
16                  keyvalue＝P0;
17                  while(P0!＝0xff);          //有键释放,跳出 while 循环
18                  delay10ms(1);            //延时 10 ms 左右去抖
19                  while(P0!＝0xff);          //再次判断是否有键释放
20              }
21          }
22          switch(keyvalue)
23          {
24              case 0xfe:P1＝0x00;break;     //s1 键按下,显示第 1 种模式
25              case 0xfd:P1＝0x55;break;     //s2 键按下,显示第 2 种模式
26              case 0xfb:P1＝0x0f;break;     //s3 键按下,显示第 3 种模式
27              case 0xf7:P1＝0xf0;break;     //s4 键按下,显示第 4 种模式
28          }
29      }
30  }
31  //函数名：delay10ms
32  //函数功能:延时函数,延时 10ms＊c
33  void delay10ms(unsigned int c)
34  {
35      unsigned int a,b;
36      for(;c＞0;c－－)
37          for(b＝38;b＞0;b－－)
38              for(a＝130;a＞0;a－－);
39  }
```

举一反三:通过一个按键 S1 控制 LED 灯在 4 种显示模式之间切换,4 种显示模式同上。当 S1 第一次按下,显示第 1 种模式;第二次按下,显示第 2 种模式;第三次按下,显示第 3 种模式;第四次按下,显示第 4 种模式;第五次按下,又显示第 1 种模式。

3.4　电子礼盒的设计与制作

1. 硬件电路设计

根据设计要求,32 个 LED 灯分别接在单片机的 P0.0～P0.7、P2.0～P2.7、P3.7～P3.0、P1.7～P1.0 口上,心形彩灯硬件电路设计如图 3-10 所示。

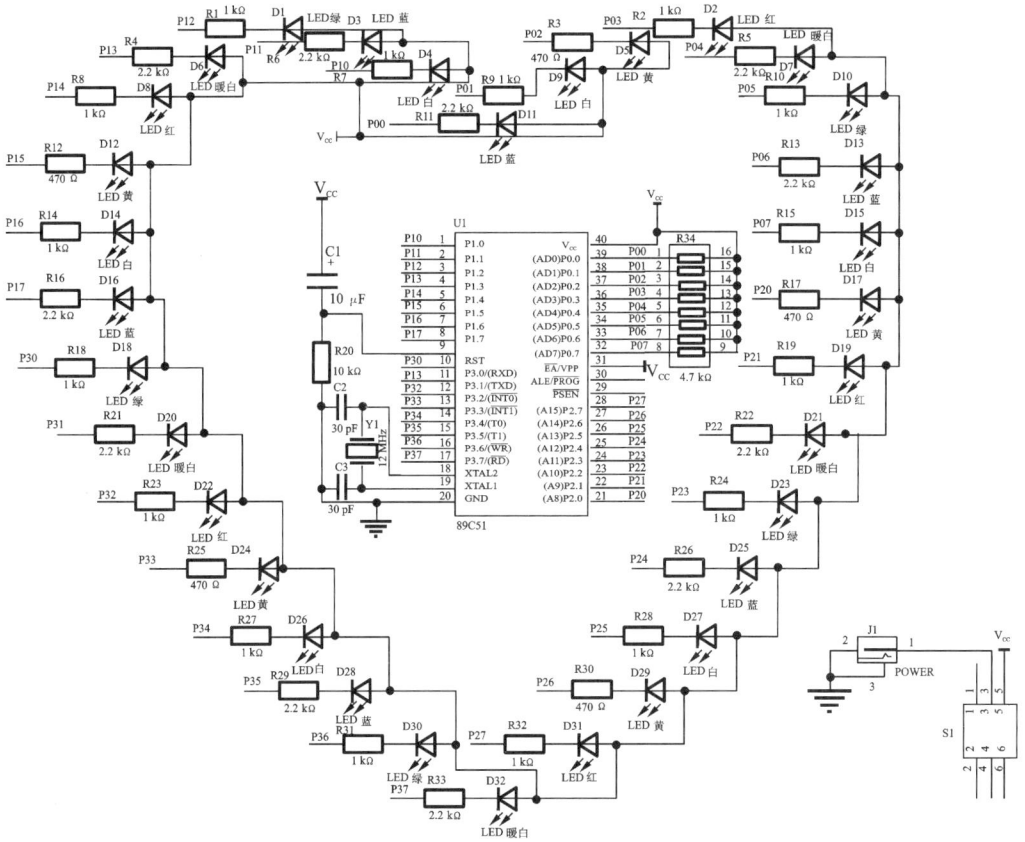

图 3-10　电子礼盒心形彩灯硬件电路原理图

2. 软件设计

这个程序看似比较复杂,实则不然。可将其分成 8 个程序段,按不同模式分段进行编写,组合起来便成了完整的心形彩灯程序。参考程序如下。

```
001  //程序:flow LED.c
002  //功能:多种花样流水,可作为礼盒的装饰灯
003  #include<reg52.h>              //包含头文件
004  #include <intrins.h>           //包含内部函数库,提供循环移位和延时操作函数
005  #define uint unsigned int      //宏定义
006  #define uchar unsigned char    //宏定义
007  void delay(uint k)             //延时
008  {
009      uint i,j;
010      for(i=k;i>0;i——)
011          for(j=200;j>0;j——);
012  }
013  void main()
014  {
015      uchar temp0,temp1;
```

```
016        uint i,k;
017        while(1)
018        {
019            //模式 1:32 个灯全部亮
020            P0=0x00;P1=0x00;P2=0x00;P3=0x00;
021            delay(700);
022            P0=0xff;P1=0xff;P2=0xff;P3=0xff;
023            //模式 2:先右边 16 个灯亮,再左边 16 个灯亮,循环 3 次
024            for(i=3;i>0;i--)
025            {
026                P0=0x00;P2=0x00;
027                delay(500);
028                P0=0xff;P2=0xff;
029                P1=0x00;P3=0x00;
030                delay(500);
031                P1=0xff;P3=0xff;
032            }
033            //模式 3:32 个灯一起闪,闪 3 次
034            for(i=3;i>0;i--)
035            {
036                P0=0x00;P1=0x00;P2=0x00;P3=0x00;
037                delay(300);
038                P0=0xff;P1=0xff;P2=0xff;P3=0xff;
039                delay(300);
040            }
041            //模式 4:上半部分 16 个灯亮,再下半部分 16 个灯亮,循环 3 次
042            for(i=3;i>0;i--)
043            {
044                P0=0x00;P1=0x00;P2=0xff;P3=0xff;
045                delay(500);
046                P0=0xff;P1=0xff;P2=0x00;P3=0x00;
047                delay(500);
048            }
049            //模式 5:四个点的流水
050            k=0;
051            while(k<3)
052            {
053                temp0=0xfe;temp1=0x7f;
054                P1=temp0;P3=temp0;P2=temp1;P0=temp1;
055                delay(200);
056                for(i=7;i>0;i--)
057                {
```

```
058          temp0=_crol_(temp0,1);temp1=_cror_(temp1,1);
059          P1=temp0;P3=temp0;P2=temp1;P0=temp1;
060          delay(200);
061        }
062      k++;
063    }
064    //模式 6:全部亮,闪 3 次
065    for(i=3;i>0;i--)
066    {
067        P0=0x00;P1=0x00;P2=0x00;P3=0x00;
068        delay(300);
069        P0=0xff;P1=0xff;P2=0xff;P3=0xff;
070        delay(300);
071    }
072    //模式 7:4 个 I/O 口一样,进行跟踪流水
073    k=0;
074    while(k<3)
075    {
076        temp0=0xfe;temp1=0x7f;
077        P1=temp0;P3=temp0;P2=temp1;P0=temp1;
078        delay(200);
079        for(i=7;i>0;i--)
080        {
081            temp0=temp0<<1;temp1=temp1>>1;
082            P1=temp0;P3=temp0;P2=temp1;P0=temp1;
083            delay(200);
084        }
085      k++;
086    }
087    P0=0xff;P1=0xff;P3=0xff;P2=0xff;
088    k=0;
089    while(k<3)
090    {
091        temp0=0x7f,temp1=0xfe;
092        P1=temp0;P3=temp0;P2=temp1;P0=temp1;
093        delay(200);
094        for(i=7;i>0;i--)
095        {
096            temp0=temp0>>1;temp1=temp1<<1;
097            P1=temp0;P3=temp0;P2=temp1;P0=temp1;
098            delay(200);
099        }
```

```
100              k++;
101          }
102      P0=0xff;P1=0xff;P3=0xff;P2=0xff;
103      //模式 8:全部亮,只有两个暗的灯在流水,循环 2 次
104      k=0;
105      while(k<2)
106      {
107          temp0=0x01;temp1=0x00;
108          P1=temp0;P0=temp0;P3=temp1;P2=temp1;
109          delay(200);
110          for(i=7;i>0;i--)
111          {
112              temp0=_crol_(temp0,1);
113              P1=temp0;P0=temp0;
114              delay(200);
115          }
116          P1=0x00;P0=0x00;
117          temp1=0x01;
118          P3=temp1;P2=temp1;
119          delay(200);
120          for(i=7;i>0;i--)
121          {
122              temp1=_crol_(temp1,1);
123              P3=temp1;P2=temp1;
124              delay(200);
125          }
126          k++;
127      }
128      P0=0xff;P1=0xff;P3=0xff;P2=0xff;
129  }
130 }
```

3. 软硬件调试

(1) 按照项目 1 中 1、2 节建立起单片机的开发环境。

(2) 在 Keil C51 界面下输入源程序 flow LED. c。

(3) 保存程序到指定路径下。

(4) 编译上述程序。

(5) 将生成的 HEX 文件加载到仿真图上进行仿真。

4. 脱机运行

用单片机最小系统板将 flow LED. HEX 文件下载到单片机中,将已下载好程序的单片机芯片装在电子礼盒上,通电后,运行程序,观察演示效果。

3.5 Keil C51 的仿真调试步骤

下面我们以 LED 闪烁系统设计的 LED flashing.c 程序为例，让读者了解 Keil C51 的仿真调试功能的使用方法。

1. 配置软件仿真器

打开 LED flashing.uvproj，将光标移到工程管理窗口的"Target 1"上，单击鼠标右键，再选择"Options for Target 'Target 1'"快捷菜单命令，打开工程配置窗口如图 3-11 所示，将"Xtal(MHz)"选项修改为"12.0"。

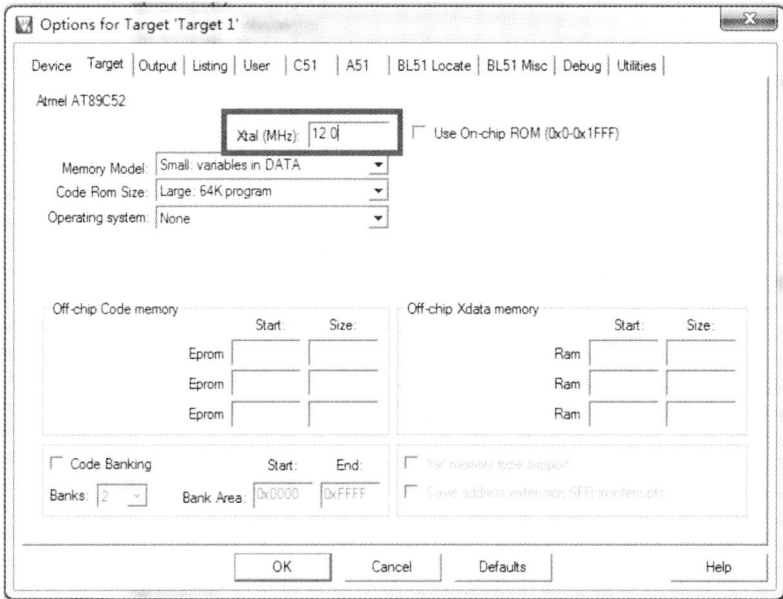

图 3-11 工程配置窗口

在图 3-11 所示的"Target"属性窗口中，各选项的功能如下。

（1）Xtal（晶振频率）：默认值是所选目标 CPU 的最高可用频率值，该值与最终产生的目标代码无关，仅用于软件模拟调试时显示程序执行时间。正确设置该数值可使显示时间与实际所用时间一致，一般将其设置成实际硬件所用晶振频率；如果没有必要了解程序执行时间，也可以不设该项。

（2）Memory Model（存储器模式）：用于设置 RAM 使用模式，有三个选项。

① Small（小型）：所有变量都定义在单片机内部 RAM 中。

② Compact（紧凑）：可以使用一页（256 B）外部扩展 RAM。

③ Large（大型）：可以使用全部 64 KB 外部扩展 RAM。

（3）Code Rom Size（代码存储器模式）：用于设置 ROM 的使用空间，同样也有三个选项。

① Small（小型）：只使用低 2 KB 程序空间。

② Compact（紧凑）：单个函数的代码量不能超过 2 KB，整个程序可以使用 64 KB 程序空间。

③ Large（大型）：可以使用全部 64 KB 空间。

（4）Operating System(操作系统)：Keil C51 提供了 Rix tiny 和 Rtx full 两种操作系统，通常不使用任何操作系统，即使用该项的默认值 None。

（5）Off-chip Code memory(片外代码存储器)：用于确定系统扩展 ROM 的地址范围，由硬件确定，一般为默认值。

（6）Off-chip Xdata memory(片外 Xdata 存储器)：用于确定系统扩展 RAM 的地址范围，由硬件确定，一般为默认值。

单击"Debug"选项卡，打开如图 3-12 所示窗口，选择"Use Simulator"选项，再单击"OK"按钮。Keil C51 集成开发环境为用户提供了软件仿真调试功能，只要选择使用仿真器选项即可进行软件仿真。

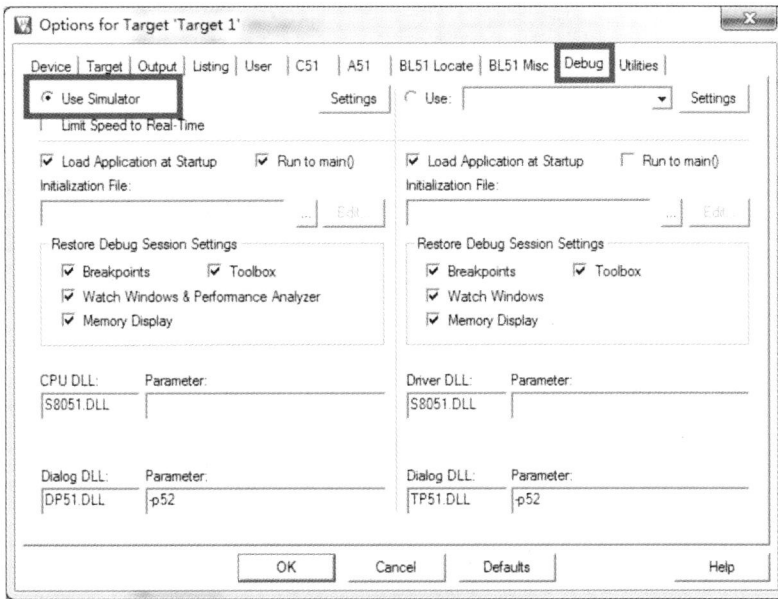

图 3-12　选择仿真方式

2．编译工程

在主界面中，单击"Project"菜单命令，在下拉菜单中选择"Build Target"命令项(或使用快捷键 F7)，或单击工具栏中的快捷图标，对打开的工程进行编译。

3．启动调试

在主界面中，单击"Debug"菜单命令，在下拉菜单中选择"Start/Stop Debug Session"命令项，如图 3-13 所示，进入调试主界面，如图 3-14 所示。

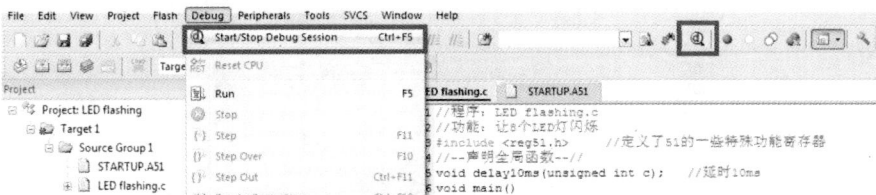

图 3-13　调试开始/停止命令

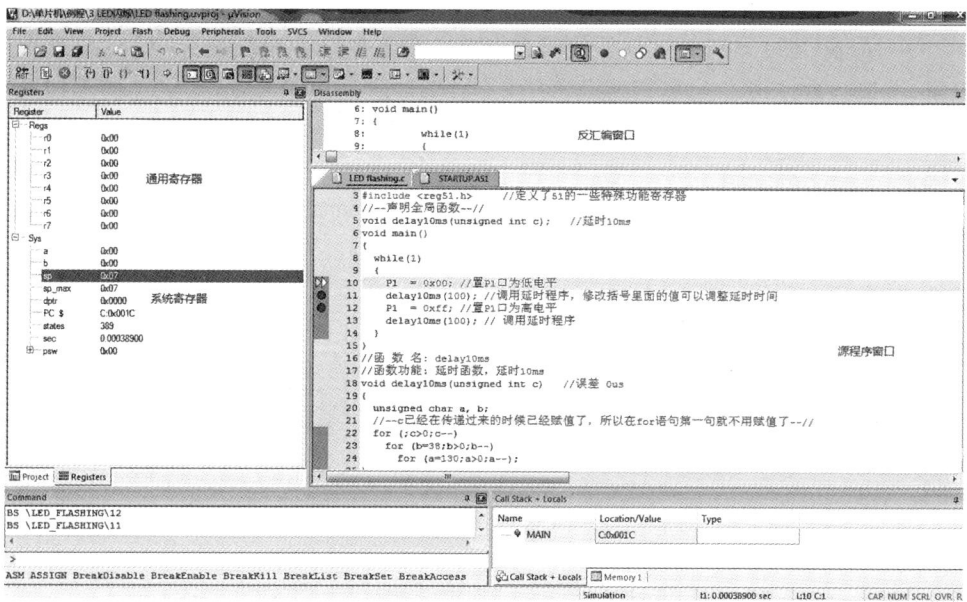

图 3-14　调试主界面

4. 程序执行

在图 3-14 所示的调试窗口中，单击"Debug"下拉菜单的"Run"(全速连续运行，F5)、"Step"(单步跟踪运行，F11)、"Step Over"(单步运行，F10)、"Run to Cursor Line"(全速运行到光标处，Ctrl+F10)、"Breakpoints"(设置断点)等命令，都可以对程序进行运行调试，如图 3-15所示。

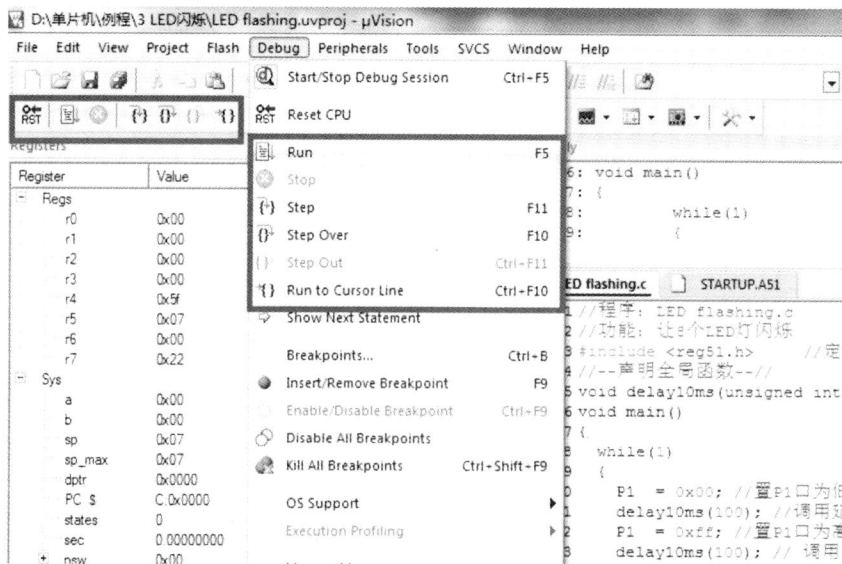

图 3-15　程序运行方式

(1) 单步运行调试(F10)。每按一次 F10 键，黄色箭头向下移动一条语句，表示上一条语句已经执行完毕。

(2) 单步跟踪运行调试(F11)。每按一次 F11 键，黄色箭头向下移动一条语句，系统就执行一条语句。与单步运行 F10 不同的是：F11 可以跟踪到函数内部执行，而 F10 只是把函数作为一个语句执行，分别用 F10 和 F11 执行函数"delay(1000)"语句，就会发现它们的不同之处。

(3) 全速运行到光标处调试(Ctrl+F10)。如果想有针对性地快速观察程序运行到某条语句处的结果，可预先将光标移到该条语句处，再按 Ctrl+F10 组合键，程序将从当前所指示的位置全速运行到光标处。

(4) 全速连续运行调试(F5)。这种方法可以完全模拟单片机应用系统的真实运行状态，硬件仿真时执行连续运行方式，便于观察程序连续运行状态下相关显示及控制过程的动态变化，但无法观察某条语句或某段语句的运行结果，只能根据系统运行中所完成的显示及控制过程变化结果来判断程序运行的正确与否。因此，软件仿真时通常是将连续运行与设置断点结合起来使用。

(5) 设置断点(Breakpoints)。为了快速检查程序运行至某一关键位置处的结果，可在指定语句前设置断点，该指令前将出现一个红色标记，表示此处已被设置为断点。再按 F5 键，从当前语句全速运行程序，至断点处就会停止。

与全速运行到光标处(Ctrl+F10)的调试方法相比，断点调试对断点有记忆功能，当再次重复调试程序时，程序运行到断点处都会停在该断点处。此方法特别适用于循环程序的调试。根据需要可在程序的不同位置设置多个断点。当不需要断点运行时，删除断点即可。

5. 观察单片机内部资源的当前状况

在单步、跟踪、断点等运行方式下，都可以查看单片机内部资源的当前状态，这些状态对用户调试程序非常有帮助。如在调试主界面下，可观察 I/O 口当前的状态。单击菜单"Peripherals"→"I/O-Ports"→"Port1"命令项，如图 3-16 所示，将打开如图 3-17 所示的 P1 口观察窗口，"√"表示该位为 1，空白表示该位为 0。当程序调试运行时，可以随时观察、修改 P1 口寄存器中的内容。

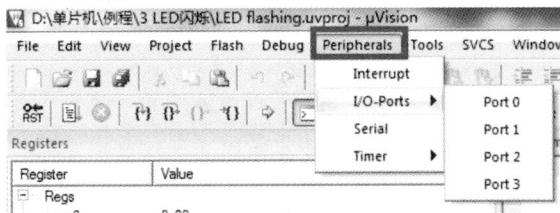

图 3-16　观察 I/O 口当前状态

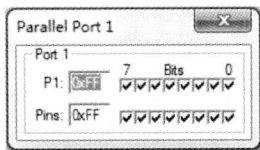

图 3-17　P1 口观察窗口

6. 利用仿真计算延时函数的延时时间

在调试主界面单击"Debug"→"Reset CPU"命令项,使系统复位。将源程序的光标定位在第一个"delay10 ms(100);"语句上,按下"Ctrl＋F10"组合键全速运行至光标处,运行结果如图 3-18 所示。主界面左侧窗口中的"sec"项自动记录程序的执行时间,单位为 s。当系统复位时,sec＝0,此时记录 sec＝0.000 391 00 s,即程序执行到这一语句所用的时间。

图 3-18　程序运行到第一个断点处的调试界面

在图 3-15 所示窗口中按下快捷键"F10"单步运行程序,此时记录 sec＝1.001 004 00 s,如图 3-19 所示,两次记录之差 1.000 613 s 则是 delay10 ms 函数的执行时间,大概为 1 s。

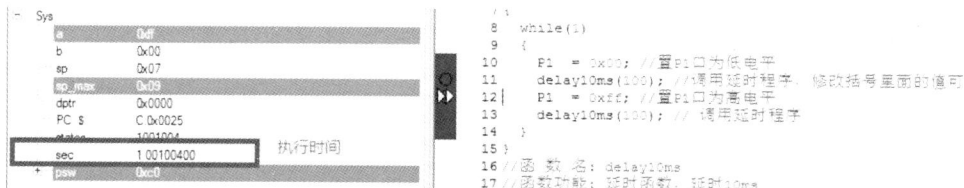

图 3-19　程序运行到第二个断点处的调试界面

程序调试是一个反复的过程,一般来讲,单片机硬件电路和程序很难一次设计成功。因此,设计中必须通过反复调试,不断修改硬件和软件,直到运行结果完全符合要求为止。

小结

通过单片机控制电子礼盒心形彩灯的设计,加深对单片机并行 I/O 口的输入和输出控制功能的认识。设计过程中介绍了按键的控制方法及程序运行方式的特点,熟练、灵活地使用这些方法可有效地提高编程与调试效果。

项 目 总 结

C 语言常用的延时方法,有非精确延时和精确延时。非精确延时一般采用 for 语句和 while 语句,通过改变 i 的范围值来改变延时时间。精确延时有两种方法,一种是用定时器来延时,一种是调用库函数_nop_()。

机械式按键在按下或释放时,由于机械弹性作用的影响,通常伴随有一定时间的触点机械抖动。一般采用软件去抖,其编程思路是:在检测到有键按下时,先执行 10 ms 左右的延时程序,然后再重新检测该键是否仍然按下,以确认该键按下不是因为抖动引起的。同理,在检测到该键释放时,也采用先延时再判断的方法来消除抖动的影响。

C51 单片机提供左移运算"＜＜"和右移运算"＞＞",运算的结果是把二进制操作数左移或右移若干位。对无符号数左移后,将高位移出的数丢掉,对低位补 0。对无符号数右移后,将低位移出的数丢掉,对高位补 0。

Keil C51 提供的_crol_()是循环左移函数,它是把高位移出去的部分补到低位去。而提供的_cror()是循环右移函数,它是把低位移出去的部分补到高位去。

思考与练习

一、单项选择题

1.按键开关通常是机械弹性元件,在按键按下和释放时,触点在闭合和断开瞬间会发生抖动,为消除抖动不良后果常采用的方法有(　　　)。

A.硬件去抖动　　　　　　　　　　B.软件去抖动

C.硬、软件两种方法　　　　　　　　D.单稳态去抖方法

2.P1＝0x7f;调用 P1＝_cror(P1,2);语句之后,P1 的值为(　　　)。

A.0x3f　　　　　　B.0x1f　　　　　　C.0xdf　　　　　　D.0xbf

3.P1＝0x7f;调用 P1＝_crol(P1,2);语句之后,P1 的值为(　　　)。

A.0xff　　　　　　B.0xfe　　　　　　C.0xfd　　　　　　D.0xfb

二、填空题

1.w＝11111110,执行命令 w＜＜＝1 后,w＝_____。

2.w＝01111111,执行命令 w＜＜＝1 后,w＝_____。

3.一个 nop 的时间是_____机器周期的时间。

三、技能训练题

1.让 1、3、5、7 灯亮 0.5 s 左右,再让 2、4、6、8 灯亮 0.5 s 左右,以此循环往复。

2.使用移位运算和循环结构,实现先从上往下再从下往上的流水效果。

3.设计一个升级版的电子礼盒心形彩灯,实现用一个按键切换不同的显示模式。彩灯流动的模式可自定义。

项目 4　医院病床呼叫系统的设计与制作

项目教学目标

熟练掌握单片机 I/O 口的使用方法。

理解并掌握 LED 数码管的结构和工作原理,以及数码管的编码方式。

掌握静态显示方式和其典型应用电路,以及其程序编写方法。

掌握动态显示方式和其典型应用电路,以及其程序编写方法。

理解矩阵式键盘结构与原理,掌握其应用电路的设计。

理解并掌握矩阵式键盘的逐行扫描查询法和行列反转法的程序编写方法。

4.1　声光报警器的设计

声光报警器是在危险场所,通过声音和光向人们发出示警信号的一种报警装置。当生产现场发生事故或紧急情况时,现场送来的控制信号将触发报警器,发出声光报警信号,完成报警的目的。声光报警器在安防、消防等环境中有着非常重大的现实意义。

▶目标与要求

我们知道各种卡车、货柜车在倒车的时候,会发出倒车的蜂鸣警示音,黄色警示灯也同步闪烁,提醒后面的人或车辆注意。本节的目标是实现倒车警示功能,要求用按钮模拟车辆的倒挡控制信号,通过蜂鸣器发出警示音,同时要求 P1.0 和 P1.1 上的两个黄色发光二极管闪烁发光。

4.1.1　蜂鸣器的工作原理

蜂鸣器是一种一体化结构的电子讯响器,广泛应用于计算机、报警器、电话机等电子产品中作发声器件。蜂鸣器分为直流和交流两种,直流蜂鸣器只要电源接通就会发出固定不变的声音,使用简单,但无法实现动听的音乐;交流蜂鸣器需要给其提供交变的频率信号才能发声,也就是要不断让交流蜂鸣器的电源通断,才能使其发出声音。控制电源通断的频率即可改变发出的声音,频率高则声音尖,频率低则声音粗。

蜂鸣器的驱动非常简单,但由于单片机 I/O 口输出的电流较小(十几毫安),单片机输出的 TTL 电平基本上驱动不了蜂鸣器(50~100 mA),因此需要增加一个电流放大的电路。

蜂鸣器的驱动电路如图 4-1 所示,通过一个三极管来放大电流驱动蜂鸣器,其正极接到三极管的集电极 C 上面,负极接地,三极管的基极 B 经过限流电阻后由单片机的 P3.7 口控制。

1. 直流蜂鸣器驱动

若采用图 4-1 所示电路,只要 P3.7 为低电平,则三极管饱和导通,蜂鸣器发声。仿真时,注意将 Buzzer 的属性中工作电压改小点,比如 1.2 V。参考程序如下。

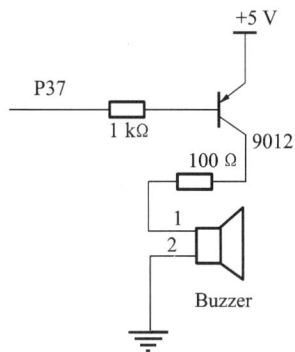

图 4-1　蜂鸣器驱动电路

```
01  #include<reg51.h>
02  sbit beep= P3^7;
03  void main()
04  {
05    while(1)
06    {
07      beep= 0;//蜂鸣器响
08    }
09  }
```

2. 交流蜂鸣器驱动

交流蜂鸣器的发声主要是靠单片机发送的不同频率信号而产生的,所以单片机要不断地发送"1""0"信号,即单片机与蜂鸣器的接口要不断在 ON 和 OFF 之间切换,蜂鸣器才能根据通断时间的长短而发出不同的声音。参考程序如下。

```
01  #include<reg51.h>
02  sbit beep= P3^7;
03  unsigned char i;
04  void main()
05  {
06    while(1)
07    {
08      beep= 0;                //蜂鸣器响
09      for(i=0;i<100;i++); //延时
10      beep= 1;                //蜂鸣器关
11      for(i=0;i<100;i++); //延时
12    }
13  }
```

4.1.2　声光报警器的设计与制作

1. 硬件电路设计

模拟车辆声光报警器的硬件电路如图 4-2 所示,该电路为 AT89C51 单片机与开关、发光二极管的接口电路。其工作原理是:用单片机的 P3.0 口作为数据输入口,接开关 SW1,模拟车辆的倒车挡位;P1.0 和 P1.1 作为输出接口,接发光二极管 LL 和 RL,模拟车辆的左、右转向灯;P3.7 为输出接口,驱动蜂鸣器发出报警声音。

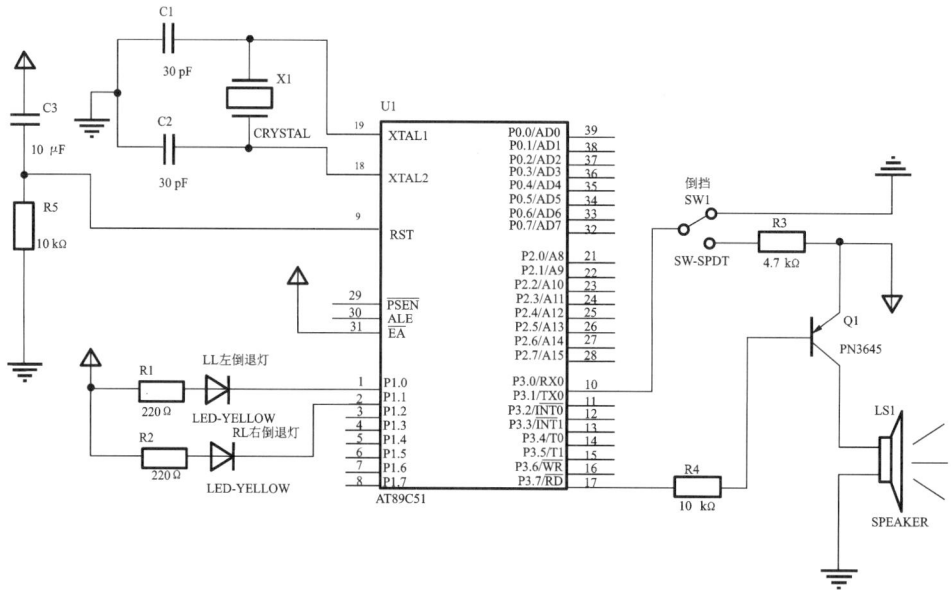

图 4-2　声光报警器的硬件电路

2. 软件设计

由图 4-2 可知,当开关 SW1 打上去,对应输入位电平为低电平 0,认为是倒车状态,反之为非倒车状态。两个发光二极管接成共阳极,只要 P1.0 和 P1.1 输出低电平 0,则点亮发光二极管,反之输出高电平 1,发光二极管熄灭。至于蜂鸣器,当 P3.7 输出高电平时,三极管 Q1 截止,没有电流流过线圈,蜂鸣器不发声;当 P3.7 输出低电平时,三极管导通,这样蜂鸣器的电流形成回路,发出声音。因此,可以通过程序控制 P3.7 脚的电平来控制蜂鸣器发声或关闭。

声光报警器的程序流程图如图 4-3 所示。

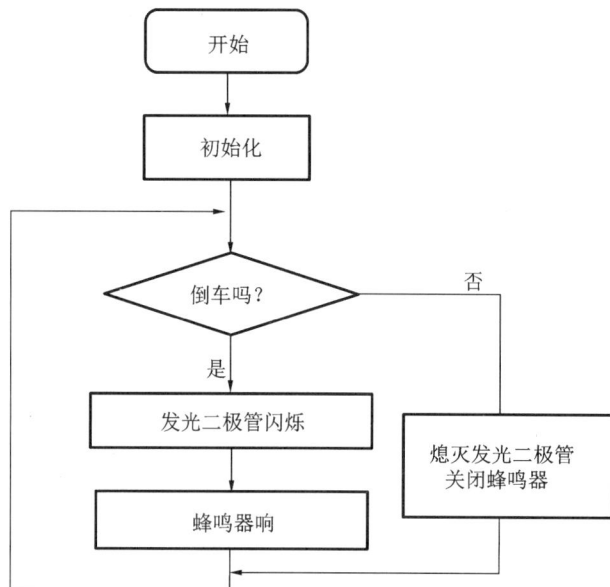

图 4-3　程序流程图

根据目标要求编写控制程序如下。

```
01   //程序:alarm.c
02   //功能:模拟车辆声光报警
03   #include〈reg51.h〉              //包含 51 单片机的寄存器符号定义的头文件〈reg51.h〉
04   sbit LL= P1^0;                   //定义位变量
05   sbit RL= P1^1;
06   sbit DD= P3^0;
07   sbit SPK= P3^7;
08   void delay(unsigned char k)      //延时程序
09   {
10       unsigned char i,j;           //定义循环变量
11           for(i=0;i<100;i++)
12               for(j=0;j<k;j++);
13   }
14   void main()
15   {
16       int n;
17       P3= 0xff;                    //使 P3.0 口置为输入接口,关闭蜂鸣器
18       P1= 0xff;                    //熄灭发光二极管
19       while(1)
20       {
21           if(DD== 0)               //判断是否为倒车状态
22           {
23               LL= ~LL;             //发光二极管状态取反
24               RL= ~RL;
25               for(n=0;n<300;n++)   //蜂鸣器响 300 个周期
26               {
27                   SPK= ~SPK;
28                   delay(1);        //改变延时的数值可改变声音频率
29               }
30           }
31           else{LL=1; RL=1; SPK=1;} //若非倒车状态则灭灯,关蜂鸣器
32       }
33   }
```

　　单片机系统的工作过程实质上是执行用户程序的过程,程序编译成功后就可以执行程序实现预期的控制目的。在硬件电路不变的情况下,用户可以根据目标要求编写出不同的控制程序。

　　本程序通过在 P3.7 口输出一个音频范围的方波,驱动蜂鸣器发出蜂鸣声,其中 delay 延时子程序的作用是使输出的方波频率在人耳的听觉范围之内,即 20 kHz 以下。如果没有这个延时程序,那么输出的频率将大大超出人耳的听觉范围,我们将听不到声音。本程序中可以通过更改延时常数,来改变单片机 P3.7 口输出波形的频率,这样就可以调整蜂鸣器音调,产生各种不同的声音。改变 P3.7 口输出电平的高、低电平占空比,可以控制蜂鸣器的声音大小。大家可以试一试,听听蜂鸣器音调的改变。另外,大家也可以试着用 while 等语句或格式编写该程序。

小结

本节我们学习了蜂鸣器的设计及其控制方法,并进一步熟悉了单片机的I/O口应用。在画硬件原理图时,元件可以根据自己的习惯进行放置,也可以换成单片机的其他端口进行试验。

4.2 八路抢答器的设计

相信我们大家都很熟悉抢答器,在很多抢答竞赛场合中,不仅要求选手具备足够宽的知识面和一定的勇气,还要考验选手的反应速度。抢答器就能准确、公正、直观地判断出抢答优胜者,实现先抢先答。

▶目标与要求

本节的目标是以51系列单片机为核心实现一个简易的八路抢答器的设计,要求如下。

① 可同时供8名选手参加比赛,他们的编号分别是1、2、3、4、5、6、7、8,每名选手各用一个抢答按钮,按钮的编号与选手的编号相对应,分别是S1、S2、S3、S4、S5、S6、S7、S8。

② 给节目主持人设置两个控制开关"START"和"END",用来控制系统中抢答的开始和结束。

③ 抢答器具有数据锁存、显示和声音提示的功能。抢答开始前,若有选手按动抢答按钮,视为违规,要显示其编号,并长响蜂鸣器;抢答开始后,若有选手按动抢答按钮,编号立即锁存,并在LED数码管上显示出选手的编号,同时蜂鸣器给出音响提示,此外,要封锁输入电路,禁止其他选手抢答。优先抢答选手的编号将一直保持到主持人将系统清零为止。

4.2.1 数码管的结构与工作原理

LED数码管经常用在单片机的测控系统中作为人机交互的终端,显示数据处理的结果,它被广泛用于仪表、时钟、车站、家电等地方。其外观如图4-4所示,颜色有红、绿、黄等几种。

如图4-5所示,LED数码管是由7个管芯为磷化镓或砷化镓的发光二极管封装在一起组成"8"字形的器件,可以显示0~9和A~F的数字或符号,另外,还有些数码管带一个小数点发光段构成8段数码管。其引线已在内部连接完成,只需引出它们的各段笔画和公共电极。

LED数码管根据LED的接法不同分为共阴和共阳两类,如图4-6所示为LED数码管的原理图。共阳(阴)极数码管中8个发光二极管的阳(阴)极连接在一起,即为共阳(阴)极接法,简称共阳(阴)数码管。通常,公共阳(阴)极接高(低)电平(一般接电源),其他管脚接段驱动电路输出端。当某段驱动电路的输入端为低(高)电平时,该端所连接的字段导通并点亮。根据发光字段的不同组合可显示出各种数字或字符。LED是电流控制器件,其发光强度由流过LED的电流控制,一般维持LED正常发光的电流为10 mA左右。LED导通以后两端的电压一般为1.8~2.2 V,单片机系统工作电压为5 V,因此,为保护LED中各段不受损坏,每段需要加限流电阻。

了解LED的这些工作特性对编程是很重要的。因为不同类型的数码管,除了它们的硬件电路有差异外,编程方法也是不同的。

图 4-4　8 段 LED 数码管

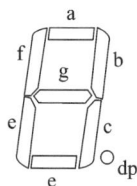

图 4-5　引脚定义

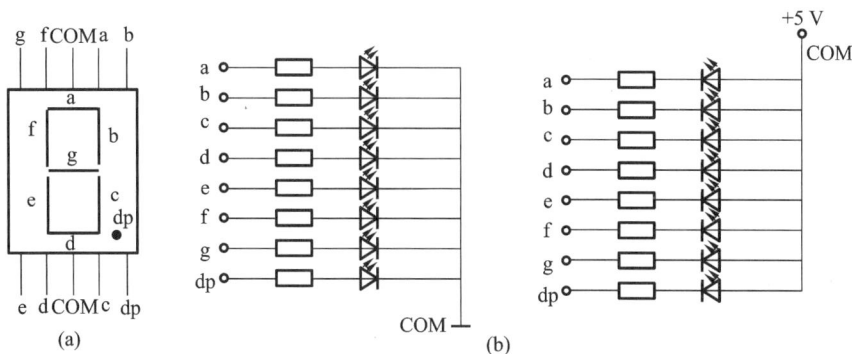

(a)　　　　　　　　　　　　　　(b)

图 4-6　LED 数码管原理

假设单片机的 P1 口接 LED 数码管,P1.0 接 a 段,P1.1 接 b 段,以此类推,P1.7 接 dp 段。当单片机 P1 输出给数码管各段不同的电平,数码管显示不同亮灭的组合就可以形成不同的字形,这种组合称之为字形码(段码)。以 1 为高电平,0 为低电平,给出字形段码如表 4-1 所示。

表 4-1　数码管段码表

显示字形	dp	g	f	e	d	c	b	a	共阴极编码	dp	g	f	e	d	c	b	a	共阳极编码
0	0	0	1	1	1	1	1	1	0x3f	1	1	0	0	0	0	0	0	0xc0
1	0	0	0	0	0	1	1	0	0x06	1	1	1	1	1	0	0	1	0xf9
2	0	1	0	1	1	0	1	1	0x5b	1	0	1	0	0	1	0	0	0xa4
3	0	1	0	0	1	1	1	1	0x4f	1	0	1	1	0	0	0	0	0xb0
4	0	1	1	0	0	1	1	0	0x66	1	0	0	1	1	0	0	1	0x99
5	0	1	1	0	1	1	0	1	0x6d	1	0	0	1	0	0	1	0	0x92
6	0	1	1	1	1	1	0	1	0x7d	1	0	0	0	0	0	1	0	0x82
7	0	0	0	0	0	1	1	1	0x07	1	1	1	1	1	0	0	0	0xf8
8	0	1	1	1	1	1	1	1	0x7f	1	0	0	0	0	0	0	0	0x80
9	0	1	1	0	1	1	1	1	0x6f	1	0	0	1	0	0	0	0	0x90
A	0	1	1	1	0	1	1	1	0x77	1	0	0	0	1	0	0	0	0x88
B	0	1	1	1	1	1	0	0	0x7c	1	0	0	0	0	0	1	1	0x83
C	0	0	1	1	1	0	0	1	0x39	1	1	0	0	0	1	1	0	0xc6
D	0	1	0	1	1	1	1	0	0x5e	1	0	1	0	0	0	0	1	0xa1
E	0	1	1	1	1	0	0	1	0x79	1	0	0	0	0	1	1	0	0x86
F	0	1	1	1	0	0	0	1	0x71	1	0	0	0	1	1	1	0	0x8e

4.2.2　数码管的静态显示

所谓静态显示,就是每个数码管的每段都由单片机的一个 I/O 口进行驱动,当 LED 显示某一字符时,相应的发光二极管恒定地导通或截止。例如,某段数码管的 a、b、c、d、e、f 导通,g 截止,则显示 0。这种显示的优点是编程简单,显示亮度高,缺点是占用 I/O 口多,如 5 个数码

管静态显示就需要 $5×8＝40$ 根 I/O 口线来驱动。要知道一个 AT89C51 单片机可用的 I/O 口才 32 个,故实际应用时必须增加驱动器进行驱动,增加了硬件电路的复杂性。

例 4-1 单片机并口 P0 直接驱动 LED 实现静态显示。具体要求:将 AT89C51 单片机的 P0 口的 P0.0～P0.7 引脚连接到一个共阴数码管的 a～dp 段上,数码管的公共端接地。在数码管上循环显示数字 0～9,时间间隔约为 0.5 s。

解 硬件设计如图 4-7 所示。

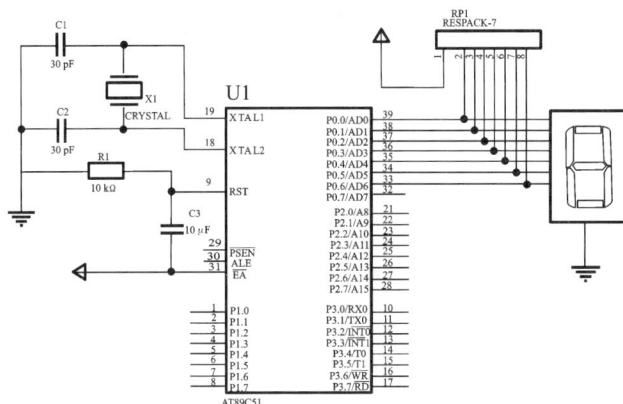

图 4-7 单个数码管的数字显示控制

参考程序如下。

```
01  //程序:static display.c
02  //功能:单个数码管静态显示 0~9
03  #include<reg51.h>
04  unsigned char code table[]＝{0x3f,0x06,0x5b,0x4f, 0x66,0x6d,0x7d,0x07,0x7f,0x6f,
    0x77,0x7c,0x39,0x5e,0x79,0x71};
05  void delay(unsigned int k)              //延时程序
06  {
07      unsigned int i,j;                   //定义循环变量
08      for(i=0;i<100;i++)
09          for(j=0;j<k;j++);
10  }
11  void main()                             //主函数
12  {
13      unsigned char num;
14      while(1)                            //进入 while 死循环
15      {
16          for(num＝0; num<10; num ++)      //如果要实现 0~f 循环,只需要将 10 改为 16
17          {
18              P0＝ table [num];            //0~9 的编码
19              delay(1000);                //延时保持一下
20          }
21      }
22  }
```

4.2.3　数码管的动态显示

数码管动态显示是单片机中应用非常广泛的一种显示方式,动态驱动是将所有数码管的 8 段显示笔画"a,b,c,d,e,f,g,dp"的同名端并接在一起,接到单片机的段码驱动 I/O 口。另外为每个数码管的公共极 COM 即位控制端增加位选通控制电路,位选通由各自独立的 I/O 线控制,实现分时选通。图 4-8 所示为 5 位 LED 的动态显示接口电路。

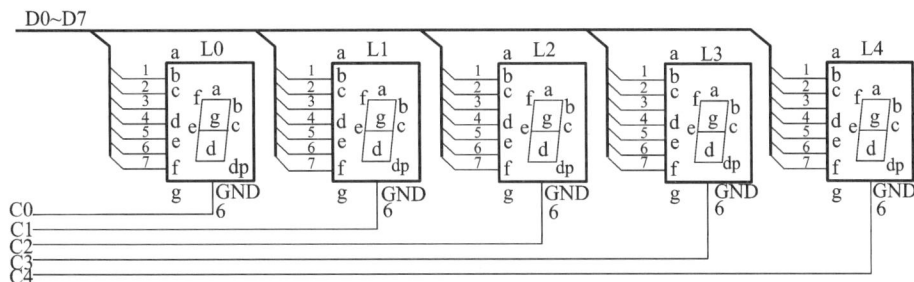

图 4-8　5 位 LED 的动态显示接口电路

5 个数码管的所有段码线并接在一起,接到 CPU 的 D0~D7 数据端,5 个位选控制端分别为 C0~C4,它们不能同时为低电平。当 D0~D7 口输送一个段显示数据时,由于 5 位 LED 数码管的段码线并接共用,故 D0~D7 的段码同时送到 5 位 LED 的 a~dp 段,若此时 5 位 LED 的位选线 C0~C4 全部接低电平,则 5 个 LED 显示同一个数字,这其实没有意义。为能使 5 位 LED 显示 5 个不同的数字,必须使 5 位 LED 轮流显示。

在图 4-8 中,要想从左至右显示数字 1~5,须按如下方式实现。先显示数字 1,由表 4-1 可知,送数字 06H 到 D0~D7 段码端,与此同时,从位选线送出数据,使左边第一位(L0)LED 数码管的公共段导通,即 C0=0,位选线 C1~C4 为高电平 1。这样左边第一位数码管中便会显示数字 1。接着向 D0~D7 送下一个显示数字的段码,从 C1 输出 0 使 L1 导通显示,按同样的方法直到第 5 个数码管显示数字。不断循环重复这一过程便能在数码管中显示 5 个连续数字。

很显然,在此过程中,任意时刻 5 个数码管中只有一个在导通显示,它们轮流工作。只要数码管轮流时间足够短(小于人眼视觉残留时间),人们观察到的 5 个数码管中显示的便是"连续数字"。

通过分时轮流控制各个 LED 数码管的 COM 端,使各个数码管轮流受控显示,这就是动态驱动。在轮流显示过程中,每位数码管的点亮时间为 1~2 ms,由于人的视觉暂留现象及发光二极管的余晖效应,尽管实际上各位数码管并非同时点亮,但只要调整电流和时间参数,就可以实现亮度较高、较为稳定的显示,不会有闪烁感。尽管动态显示的效果和静态显示是一样的,但它能够节省大量的 I/O 口,且功耗更低。

例 4-2　用单片机控制一个 4 位的共阴极 LED 数码管显示字符"1234"。采用动态显示的方式,要求视觉效果是 4 位数码管全部被点亮并显示"1234",时间间隔的计算采用软件延时的方式。

解　硬件设计如图 4-9 所示。AT89C51 单片机的 P0 口输出显示段码,由一片 74LS245 驱动输出给 LED 数码管,由 P1 口输出位码,经 74LS04 输出给 LED 显示。4 位数码管显示"1234"。

多个数码管动态显示所需元件清单如图 4-10 所示。

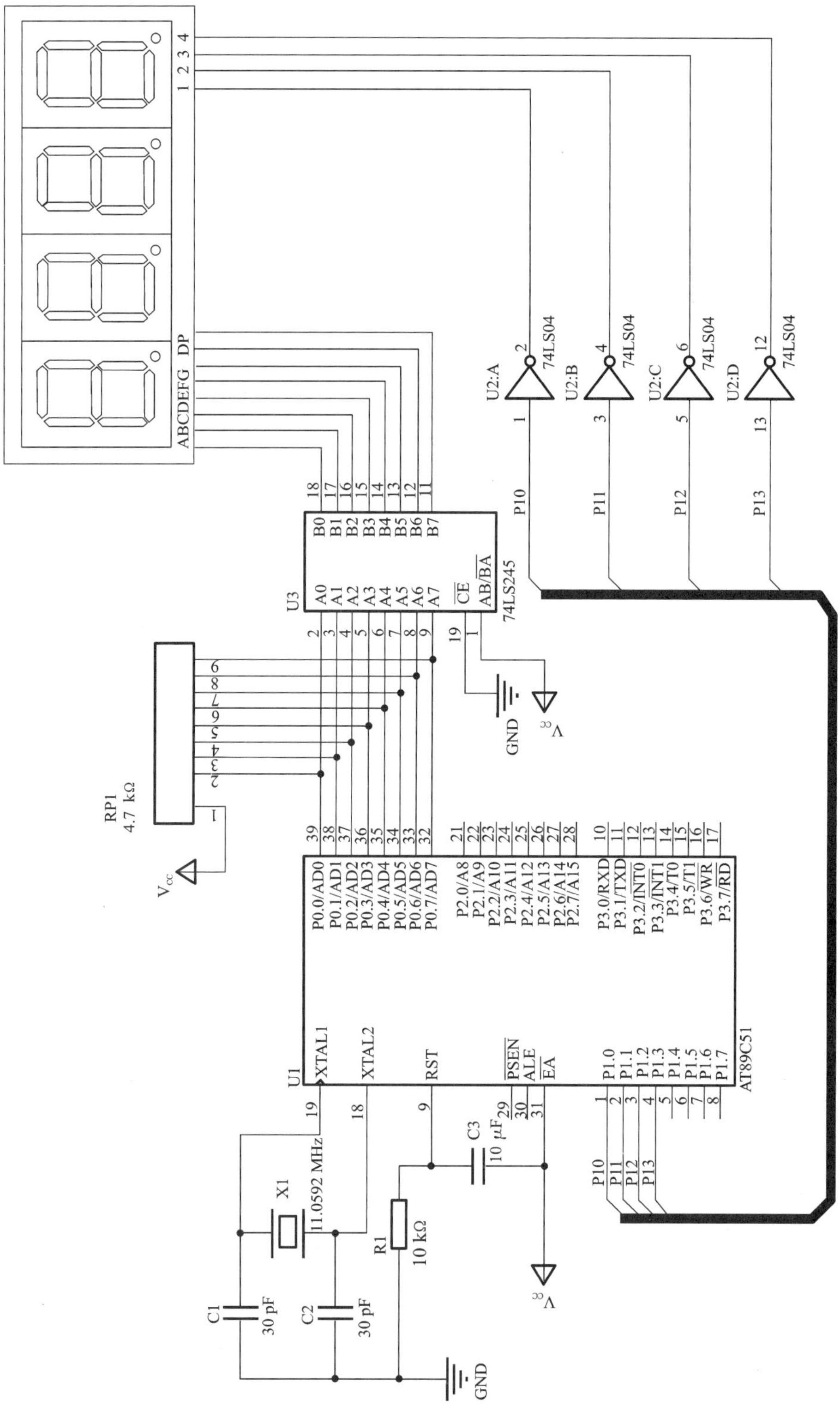

图 4-9 多个数码管动态显示控制原理图

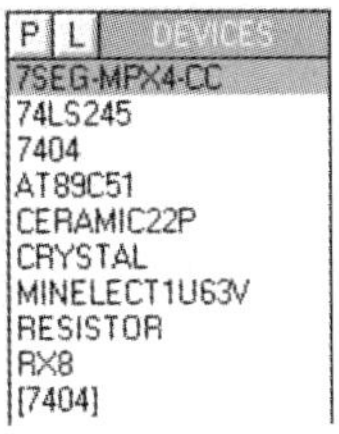

图4-10　多个数码管动态显示元件清单

参考程序如下。

```
01  //程序:display1.c
02  //功能:在四位数码管上动态显示字符'1234'
03  #include〈reg51.h〉
04  unsigned char led[]={0x06,0x5b,0x4f,0x66};
05  void delay(unsigned int time);
06  void main()
07  {
08      unsigned char i,w;
09      while(1)              //进入 while 死循环
10      {
11          w=0x01;          //初始化位为 0x01,即为最高位
12          for(i=0;i<4;i++)
13          {
14              P1=w;        //w的值输出经反向驱动器 7404,其中低电平来选通共阴数码管某 1 位
15              w<<=1;       //左移一位
16              P0=led[i];   //1～4 的编码
17              delay(10);   //延时保持一下,延时过大会闪动,延时过小会有暗影
18              P1=0x00;     //关一下显示器,仿真效果会更好
19          }
20      }
21  }
22  void delay(unsigned int time)
23  {
24      unsigned int j=0;
25      for(;time>0;time--)
26          for(j=0;j<125;j++);
27  }
```

4.2.4　八路抢答器的设计

1. 总体方案和设计思路

本八路抢答系统基于 AT89C51 单片机,由电源电路、振荡电路、复位电路、选手按键电路、蜂鸣器报警电路、主持人控制按键电路和数码管显示等部分组成,系统设计图如图 4-11 所示。

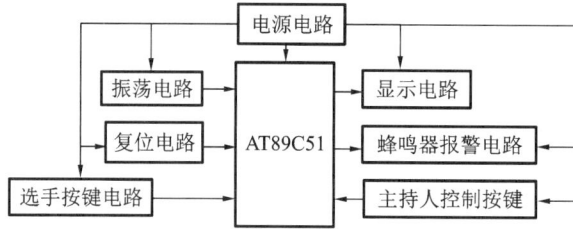

图 4-11　八路抢答器电路设计图

2．仿真电路设计

根据任务的目标要求，在 Proteus 中设计出基于 AT89C51 单片机八路抢答器电路仿真图，如图 4-12 所示。该控制系统的电源电路的设计可参考项目一。本电路的工作原理是：主控制器为单片机，根据不同按键的输入信号对系统进行相应控制。主持人按下开始抢答键前，若有选手按键，视为违规，要显示其编号，并长响蜂鸣器；主持人按下开始抢答键后，若无人抢答，则等主持人按结束键返回，若有选手抢答，在 LED 数码管上显示出选手的编号，同时蜂鸣器给出音响提示，并禁止其他选手抢答。优先抢答选手的编号一直保持到选手回答完毕，主持人按下结束按钮，LED 数码管灭，准备进行下一轮抢答。

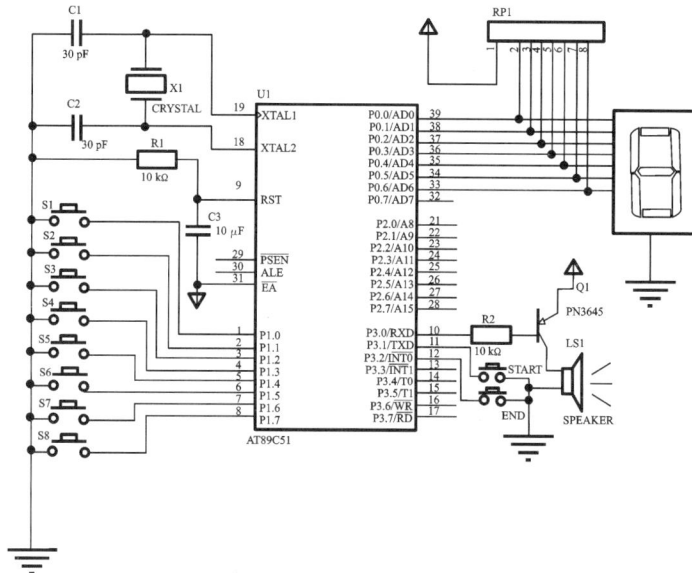

图 4-12　八路抢答器电路仿真图

3．元件清单

八路抢答器电路所需元件清单如图 4-13 所示。

图 4-13　八路抢答器电路仿真元件清单

4. 程序流程图

程序流程图如图 4-14 所示。

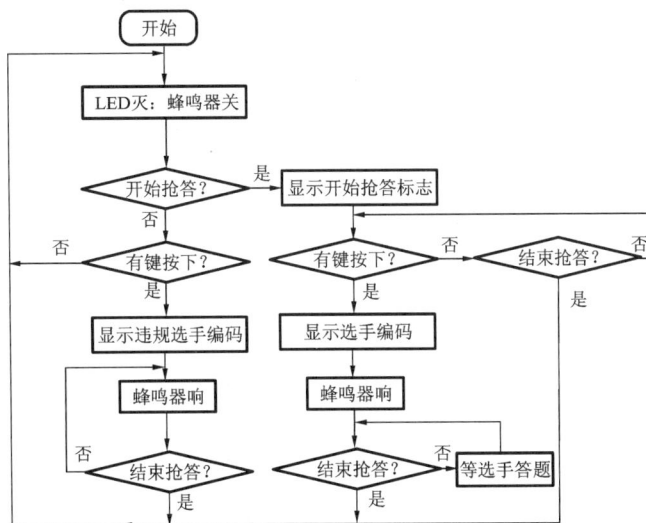

图 4-14　程序流程图

5. 参考程序

01	//程序:responder.c	
02	//功能:八路抢答器	
03	#include⟨reg51.h⟩	
04	unsigned char dip[]={0x3f,0x06,0x5b,0x4f,0x66,0x6d,0x7d,0x07,0x7f,0x6f}; //共阴数码管段码表	
05	sbit KEY9＝P3^1;	//开始按键
06	sbit KEY10＝P3^2;	//结束按键
07	sbit BUZZ＝P3^0;	//蜂鸣器
08	bit start_key();	//抢答开始按键检测函数
09	bit end_key();	//抢答结束按键检测函数
10	unsigned int number_key();	//选手按键扫描函数
11	void delay_20ms();	//延时函数
12	void buzz_on();	//蜂鸣器开关函数
13	void main()	//主函数
14	{	
15	unsigned char key_number,n;	
16	while(1)	
17	{	
18	P0＝0x00;	//关显示
19	BUZZ＝1;	//关蜂鸣器
20	if(start_key()==1)	//抢答允许按键判断
21	{	
22	key_number＝number_key();	//抢答开始前检查是否有选手违规抢答
23	if(key_number==0) continue;	// 无人违规抢答,则返回
24	else P0＝dip[key_number];	//有人违规抢答,则显示选手号码

```
25              while(end_key()==1)              //在主持人按结束键前蜂鸣器长响
26                  buzz_on();
27          }
28          else
29          {
30              P0=0x49;                         //抢答允许,则显示"三"以提示选手可以抢答
31              while(end_key()==1)
32              {
33                  key_number=number_key();     //检查是否有选手抢答
34                  if(key_number!=0)
35                  {
36                      P0=dip[key_number];      //有选手抢答则显示号码
37                      for(n=0;n<150;n++)       //蜂鸣器短响提示有选手按键
38                          buzz_on();
39                      while(end_key()==1);     //等主持人按结束键,结束本轮答题
40                          break;
41                  }
42              }
43          }
44      }
45  }
46  bit start_key()
47      {
48          if(KEY9==1) return 1;                //返回 1 表示主持人没按键
49              else delay_20ms();               //延时去抖
50                  if(KEY9==1) return 1;
51              else return 0;
52  }
53  bit end_key()
54  {
55      if(KEY10==1) return 1;                   //返回 1 表示主持人没按键
56          else delay_20ms();                   //延时去抖
57      if(KEY10==1) return 1;
58          else return 0;
59  }
60  unsigned int number_key()
61  {
62      unsigned char key_state=0;
63      key_state=P1;
64      if(key_state==0xff) return 0;            //返回 0 表示无选手按键
65      else
66      {
```

```
67          if(key_state＝＝0xfe) return 1;          //一号选手按键
68          else if(key_state＝＝0xfd) return 2;     //二号选手按键
69          else if(key_state＝＝0xfb) return 3;     //三号选手按键
70          else if(key_state＝＝0xf7) return 4;     //四号选手按键
71          else if(key_state＝＝0xef) return 5;     //五号选手按键
72          else if(key_state＝＝0xdf) return 6;     //六号选手按键
73          else if(key_state＝＝0xbf) return 7;     //七号选手按键
74          else return 8;                          //八号选手按键
75      }
76 }
77 void buzz_on()
78 {
79      unsigned char i;
80      BUZZ＝0;
81      for(i＝0;i＜26;i++)
82          delay_20ms();
83      BUZZ＝1;
84 }
85 void delay_20ms( )
86 {
87      unsigned int j;
88      for(j＝0;j＜10;j++);
89 }
```

4.2.5 继电器的驱动

单片机是弱电器件,一般情况下它的工作电压为 5 V,有些电气设备工作所需电压为 220 V或 380 V,属于强电,强电不能和弱电有任何电气接触。为防止强电进入到单片机系统电路内,保护电子电路和人身的安全,我们通过安装继电器来起到隔离保护的作用。

继电器是一种电子控制器件,它具有输入回路和输出回路,通常应用于自动控制电路中。它实际上是用较小的电流去控制较大电流的一种"自动开关",在电路中起着自动调节、安全保护、转换电路等作用。

继电器根据结构可分为电磁继电器、热敏干簧继电器、固态继电器等类型。不同的结构具有不同的工作原理。

电磁继电器一般由铁芯、线圈、衔铁、触点簧片等组成的。只要在线圈两端加上一定的电压,线圈中就会流过一定的电流,从而产生电磁效应,衔铁就会在电磁力吸引的作用下克服返回弹簧的拉力吸向铁芯,从而带动衔铁的动触点与静触点吸合。当线圈断电后,电磁的吸力也随之消失,衔铁就会在弹簧的反作用力作用下返回原来的位置,使动触点与原来的静触点吸合。继电器原理如图 4-15 中 RL1 所示。

单片机驱动继电器和驱动蜂鸣器类似,不能直接驱动,需要对驱动电平进行放大。如图4-15 所示,单片机 P2.7 口接三极管 Q1 来控制 P2.7 口的电平变化:高电平时,三极管导通,继电器线圈得电,常开触点吸合,接上 L1 点亮,L2 熄灭;低电平时,三极管截止,继电器线圈失电,常闭触点复位闭合,L1 熄灭,L2 点亮。

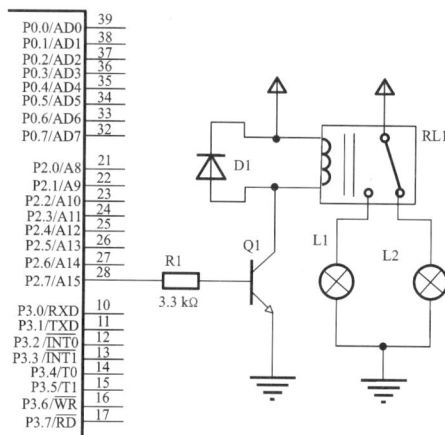

图 4-15　单片机驱动继电器电路

需要注意的是,当三极管由导通变为截止时,继电器绕组会感生出一个较大的自感电压。它与电源电压叠加后加到控制继电器线圈的三极管的 c、e 两极上,可能使发射结被击穿。为了消除这个感生电动势的有害影响,在继电器线圈两端反向并联续流二极管(如图 4-15 中 D1 所示),以吸收该电动势。自感电压与电源电压之和对二极管来说是正向偏压,使二极管导通形成环流,感应的高电压就会通过回路释放掉,保证了三极管的安全。

■ 小结

本节给出了一个八路抢答器的硬件仿真电路和软件设计方法。设计者可以对该设计进行功能扩展,如增加按键以增加抢答人数,增加控制按键以增加控制功能,增加数码管显示倒计时,等等。

4.3　医院病床呼叫系统的设计与制作

医院病床呼叫系统是一种应用于医院病房、养老院等地方,用来联系沟通医护人员和病人的专用呼叫系统。该系统用以建立合理、高效、安全的服务,有效地减轻了护理工作人员的劳动强度,同时又可保障病人的安全,是提高医院护理水平的必需设备。

▶ 目标与要求

本节以 AT89C51 单片机为核心,结合矩阵按键、LED 数码管显示以及蜂鸣器示警,来设计实现一个可容纳 16 张床位,具有病床呼叫与医护响应功能的病床呼叫系统。要求每张床位各有一个按键,当患者需要护士时,按一下按钮,此时护士值班室内的屏幕上显示该患者的床位号,并伴有蜂鸣器示警;护士按下响应键时,取消当前呼叫。

4.3.1　单片机与矩阵式键盘接口

1. 矩阵键盘的结构

键盘的形式有以下两种:独立式键盘和矩阵式键盘,其中矩阵式键盘又称行列式键盘或扫描式键盘。当按键的个数比较多的时候,比如有 16 个按键,如果仍旧按独立式键盘的接法,则需要 16 个 I/O 口,这显然不实用。一是单片机仅 32 个 I/O 口,一半用来接键盘不太可能,二是太多的线不利于 PCB 布线。因此,当按键比较多时,通常都将键盘排成行列矩阵的形式,如图 4-16 所示。

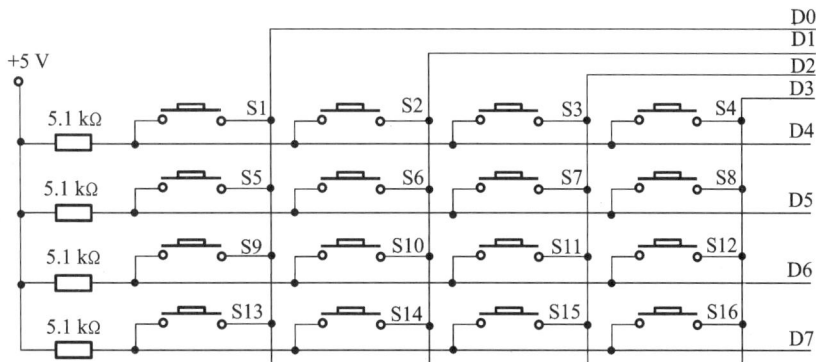

图 4-16　矩阵式键盘

图中有 4 条行线(水平线),4 条列线(垂直线),正好构成一个 4×4 的矩阵。每一个矩阵元素正好是行线与列线的交叉点。这些交叉点本身是不连通的,在这些交叉点的行线和列线上安置一个按键。因此,4 条行线、4 条列线的矩阵有 16 个交叉点,可以安置 16 个按键。这比使用独立式键盘减少了一半的 I/O 口数。这种键盘虽然在硬件上能简化电路结构,减少 I/O 口数量,但是软件编程比独立式键盘复杂。

2. 矩阵键盘键值判断

矩阵键盘键值的判断有两种方法:一种是逐行(列)扫描查询法,另一种是速度较快的行列反转法。

1) 逐列扫描法

我们观察到行线通过上拉电阻接到电源 V_{cc},被钳位在高电平状态,所以判断键盘中哪个键被按下的方法如下。

首先确定是否有键闭合。使列线 D0～D3 都输出 0,检测行线 D4～D7 的电平。如果 D4～D7 上的电平全为高,则表示没有键被按下,就返回扫描;如果 D4～D7 上的电平不全为高,则表示有键被按下。

然后逐一扫描以进一步确定是哪一键闭合。逐列扫描,找出闭合键的键号。先使 D0=0,D1～D3=1,检测 D4～D7 上的电平,如果 D4=0,表示 S1 键被按下;同理,如果 D5～D7=0,分别表示 S5、S9、S13 键被按下;如果 D4～D7=1,则表示这一列没有键被按下。再使 D1=0,D0、D2、D3 为 1,对第二列进行扫描,这样依次进行下去,直到把闭合的键找到为止,一旦找到哪个按键被按下,就可以赋键值。

例 4-3 用逐列扫描法编写 4×4 键盘子程序。

解 仍如图 4-16 所示。设单片机的 P1 口用作键盘 I/O 口,键盘的列线(D0～D3)接到
P1 口的低 4 位(P1.0～P1.3),键盘的行线(D4～D7)接到 P1 口的高 4 位(P1.4～P1.7)。程
序扫描方式的三个步骤如下：①判断有无键按下；②软件延时 10 ms 去抖动；③求键的位置
(行、列)。

用逐列扫描法编写 4×4 键盘子程序参考如下。

```
01  unsigned char key_scan1(void)
02  {
03      unsigned char Data,key;
04      P1＝0xfe;                        //扫描第一列
05      key＝P1;
06      key&＝0xf0;
07      if(key!＝0xf0)
08      {
09          delay(10);                   //按键去抖动
10          P1＝0xfe;
11          key＝P1;
12          key&＝0xf0;
13          if(key!＝0xf0)
14          {
15              switch(key)
16              {
17                  case(0xe0):Data＝1;break;
18                  case(0xd0):Data＝5;break;
19                  case(0xb0):Data＝9;break;
20                  case(0x70):Data＝13;break;
21                  default:break;
22              }
23          }
24      }
25      P1＝0xfd;                         //扫描第二列
26      key ＝P1;
27      key &＝0xf0;
28      if(key!＝0xf0)
29      {
30          delay(10);                   //按键去抖动
31          P1＝0xfd;
32          key＝P1;
33          key&＝0xf0;
34          if(key!＝0xf0)
35          {
36              switch(key)
```

```
37                  {
38                      case(0xe0):Data=2;break;
39                      case(0xd0):Data=6;break;
40                      case(0xb0):Data=10;break;
41                      case(0x70):Data=14;break;
42                      default:break;
43                  }
44              }
45          }
46      P1=0xfb;                        //扫描第三列
47      key=P1;
48      key&=0xf0;
49      if(key!=0xf0)
50      {
51          delay(10);                  //按键去抖动
52          P1=0xfb;
53          key=P1;
54          key&=0xf0;
55          if(key!=0xf0)
56          {
57              switch(key)
58              {
59                  case(0xe0):Data=3;break;
60                  case(0xd0):Data=7;break;
61                  case(0xb0):Data=11;break;
62                  case(0x70):Data=15;break;
63                  default:break;
64              }
65          }
66      }
67      P1=0xf7;                        //扫描第四列
68      key=P1;
69      key&=0xf0;
70      if(key!=0xf0)
71      {
72          delay(10);                  //按键去抖动
73          P1=0xf7;
74          key=P1;
75          key&=0xf0;
76          if(key!=0xf0)
77          {
78              switch(key)
79              {
```

```
80          case(0xe0):Data=4;break;
81          case(0xd0):Data=8;break;
82          case(0xb0):Data=12;break;
83          case(0x70):Data=16;break;
84          default:break;
85        }
86      }
87    }
88    return Data;
89  }
90  void delay(unsigned char n)          //函数功能:延时子程序
91  {
92    unsigned char i,j;
93    for(i=0;i<n;i++)
94      for(j=0;j<20;j++);
95    }
```

2) 行列反转法

行列反转法也是常用的识别闭合键的方法。其工作原理是:首先对所有行线输出低电平,列线输出高电平,同时读入列线。如果有键按下,则该按键所在的列线为低电平,而其他列线为高电平,由此获得列号。然后向所有列线输出低电平,行线输出高电平,读行线,确定按键的行号。通过行号和列号确定按键的位置和编码。

例 4-4 用行列反转法编写 4×4 键盘子程序。

解 如图 4-17 所示。设单片机的 P1 口用作键盘 I/O 口,键盘的列线(D0～D3)接到 P1 口的低 4 位(P1.0～P1.3),键盘的行线(D4～D7)接到 P1 口的高 4 位(P1.4～P1.7)。

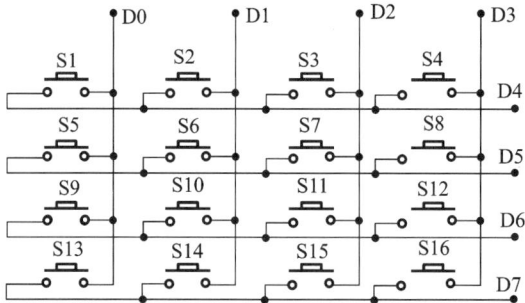

图 4-17 例 4-4 示意图

假设我们给 P1 口赋值 0x0f,即 00001111,若 S1 键按下了,则这时 P1 口的实际值为 00001110;我们再给 P1 口赋值 0xf0,即 11110000,如果 S1 键按下了,则这时 P1 口的实际值为 11100000;我们把两次 P1 口的实际值相加得 11101110,即 0xee。由此我们便得到了按下 S1 键时所对应的数值 0xee,以此类推可得出其他 15 个按键对应的数值。

用行列反转法编写 4×4 键盘子程序参考如下。

```
01   unsigned char key_scan2(void)          // 行列反转扫描法键盘扫描函数
02   {
03       unsigned char key,cord_h,cord_l;    //行列值
04       P1＝0x0f;                            //行线输出全为 0
05       cord_h＝P1&0x0f;                     //读入列线值
06       if(cord_h!＝0x0f)                    //先检测有无按键按下
07       {
08           delay(10);                       //去抖
09           if(cord_h!＝0x0f)
10           {
11               cord_h＝P1&0x0f;             //读入列线值
12               P1＝0xf0;                     //输出当前列线值
13               cord_l＝P1&0xf0;             //读入行线值
14               while((P1&0xf0)!＝0xf0);      //等待按键释放
15               switch(cord_h＋cord_l)
16               {
17                   case 0xee: key＝0;break;  //S1
18                   case 0xed: key＝1;break;  //S2
19                   case 0xeb: key＝2;break;  //S3
20                   case 0xe7: key＝3;break;  //S4
21                   case 0xde: key＝4;break;  //S5
22                   case 0xdd: key＝5;break;  //S6
23                   case 0xdb: key＝6;break;  //S7
24                   case 0xd7: key＝7;break;  //S8
25                   case 0xbe: key＝8;break;  //S9
26                   case 0xbd: key＝9;break;  //S10
27                   case 0xbb: key＝10;break; //S11
28                   case 0xb7: key＝11;break; //S12
29                   case 0x7e: key＝12;break; //S13
30                   case 0x7d: key＝13;break; //S14
31                   case 0x7b: key＝14;break; //S15
32                   case 0x77: key＝15;break; //S16
33                   default: key＝－1;break;
34               }
35           }
36       }
37       return(key);                         //返回该值
38   }
39   void delay(unsigned char n)              //延时子程序
40   {
41       unsigned char i,j;
42       for(i=0;i<n;i++)
43           for(j=0;j<20;j++);
44   }
```

4.3.2 病床呼叫系统的设计

1. 总体方案和设计思路

本系统基于 AT89C51 单片机,由电源电路、振荡电路、复位电路、驱动电路、床位按键电路、蜂鸣器报警电路、护士响应电路和数码管显示等部分组成,系统设计图如图 4-18 所示。

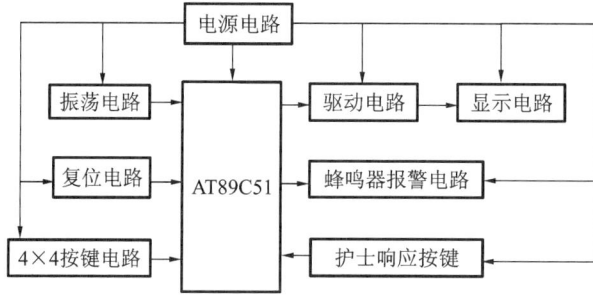

图 4-18 病床呼叫系统电路设计图

2. 仿真电路设计

根据任务的目标要求,在 Proteus 中设计出基于 AT89C51 单片机的医院病床呼叫系统仿真电路图如图 4-19 所示。本电路主控制器为单片机,采用矩阵键盘,S1~S16 分别表示 16 个病床的按钮,二位一体共阴极数码管显示病床号码。如果某位病人有需要,则可按下相应按键进行呼叫,单片机检测到呼叫信息,就将相应的床位号码显示出来,同时蜂鸣器会示警以提示医护人员。护士可以按下 CLEAR 响应按键,取消当前呼叫并进行及时护理。

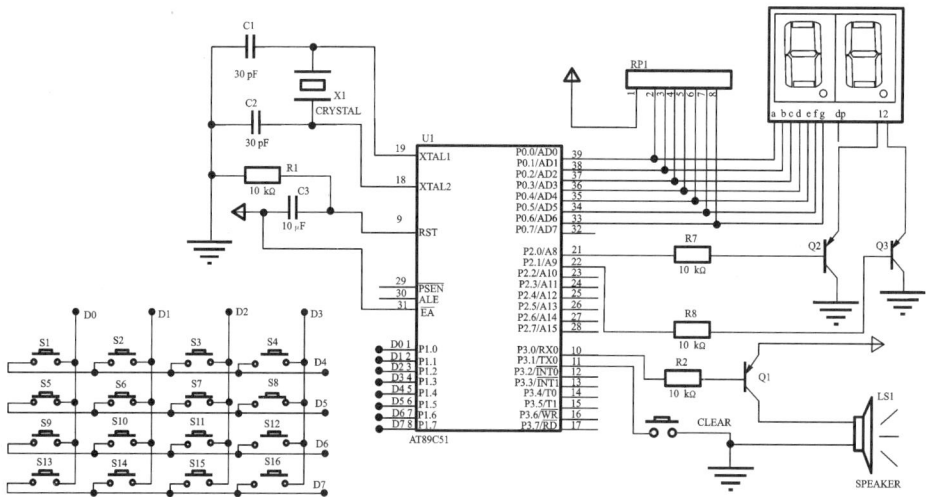

图 4-19 病床呼叫系统仿真电路图

3. 元件清单

病床呼叫系统所需元件清单如图 4-20 所示。

4. 程序流程图

程序流程图如图 4-21 所示。

图 4-21　病床呼叫系统程序流程图

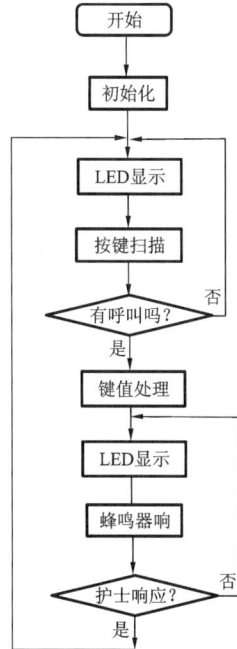

图 4-20　病床呼叫系统仿真元件清单

5. 参考程序

```
001   //程序:hospital alarm.c
002   //功能:病床报警
003   #include〈reg51.h〉
004   #define uchar unsigned char
005   #define uint unsigned int
006   uchar code LED[]={0x3e,0x06,0x5b,0x4f,0x66,0x6d,0x7d,0x07,0x7f,0x6f}; //共阴数码
      管段码表
007   uchar Buffer[]={0x3f,0x3f};          //显示缓存数组,元素为数码管个数
008   sbit CLAER=P3^1;                     //护士响应按键
009   sbit BUZZ=P3^0;                      //蜂鸣器
010   uchar key_scan();                    // 行列反转扫描法键盘扫描函数
011   void key_count(uchar num);           // 按键值处理函数
012   void disp();                         //动态数码管显示函数
013   void delay(uchar s);                 //延时函数
014   void buzz_on();                      //蜂鸣器开关函数
015   void main()
016   {
017       uchar temp;
018       while(1)
019       {
020           disp();                      //调用数码管显示函数
021           temp=key_scan();             // 调用键盘扫描函数
022           if(temp!=0xff)               // 是否有键按下
```

```
023            {
024                key_count(temp+1);          // 若有键按下,键值处理,更改显示缓冲区内容
025                while(CLAER==1)             // 护士是否按响应键
026                {
027                    buzz_on();              // 护士若没响应,则蜂鸣器示警
028                    disp();                 // 显示呼叫病床号
029                }
030                Buffer[0]=0x3f;             // 护士若响应,则清零、蜂鸣器关闭
031                Buffer[1]=0x3f;
032                BUZZ=1;
033            }
034        }
035    }
036    void disp()                            //函数功能:显示子程序
037    {
038        uchar i,w;
039        w=0x01;                            //初始化位为 0x01,即为最高位
040        for(i=0;i<2;i++)
041        {
042            P2=~w;                         //w 的值取反,其中低电平来选通共阴数码管某 1 位
043            w<<=1;                         //左移一位
044            P0=Buffer[i];                  //1~2 的编码
045            delay(10);                     //延时保持一下,延时过大会闪动,延时过小会有暗影
046            P2=0xff;                       //关闭一下显示器
047        }
048    }
049    //函数功能:键盘扫描子程序
050    uchar key_scan(void)                   // 行列反转扫描法键盘扫描函数
051    {
052        uchar key=0xff,cord_h,cord_l;      //行列值
053        P1=0x0f;                           //行线输出全为 0
054        cord_h=P1&0x0f;                    //读入列线值
055        if(cord_h!=0x0f)                   //先检测有无按键按下
056        {
057            delay(10);                     //去抖
058            if(cord_h!=0x0f)
059            {
060                cord_h=P1&0x0f;            //读入列线值
061                P1=0xf0;                   //输出当前列线值
062                cord_l=P1&0xf0;            //读入行线值
063                while((P1&0xf0)!=0xf0);    //等待按键释放
064                switch(cord_h+cord_l)
065                {
```

```
066              case 0xee: key=0;break;//S1
067              case 0xed: key=1;break;//S2
068              case 0xeb: key=2;break;//S3
069              case 0xe7: key=3;break;//S4
070              case 0xde: key=4;break;//S5
071              case 0xdd: key=5;break;//S6
072              case 0xdb: key=6;break;//S7
073              case 0xd7: key=7;break;//S8
074              case 0xbe: key=8;break;//S9
075              case 0xbd: key=9;break;//S10
076              case 0xbb: key=10;break;//S11
077              case 0xb7: key=11;break;//S12
078              case 0x7e: key=12;break;//S13
079              case 0x7d: key=13;break;//S14
080              case 0x7b: key=14;break;//S15
081              case 0x77: key=15;break;//S16
082              default: key=0xff;break;
083            }
084          }
085        }
086      return(key);                    //返回该值
087  }
088  //函数功能:键值处理子程序
089  void key_count(uchar num)
090  {
091      Buffer[0]=LED[num/10];          //取显示值的十位
092      Buffer[1]=LED[num%10];          //取显示值的个位
093  }
094  //函数功能:蜂鸣器子程序
095  void buzz_on()
096  {
097      BUZZ=0;
098      delay(1);
099      BUZZ=1;
100      delay(1);
101  }
102  //函数功能:延时子程序
103  void delay(uchar s)
104  {
105      uint j;
106      while(s--)
107          for(j=0;j<20;j++);
108  }
```

注:本参考程序中,数码管采用动态显示方式,矩阵键盘采用行列反转扫描法。

4.3.3 一种实用的键盘与显示器接口电路

1. 键盘与显示器接口电路

键盘与显示器接口电路如图 4-22 所示。电路图中用 Proteus 自带的 4×4 键盘代替前面用独立按键组成的矩阵键盘,所以图中键盘的键值不是原值,而是进行了重新定义,仔细阅读后面的程序就理解了。当然,读者可以另行定义键值。

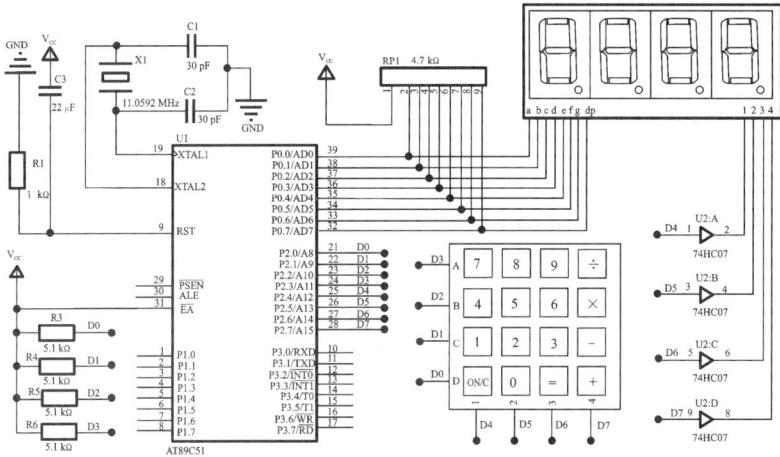

图 4-22 键盘与显示器接口电路

电路图中的数码管为共阴极数码管,低电平驱动位选端,P2 口在逐位动态显示数码管的同时还应能扫描矩阵键盘。当要选中第一位(右边)数码管显示数据时,P2.7 口送"0",而 P2 口其他位送"1",这样第一位数码管亮,其他位不亮,同时 P2.7 口的低电平还可以扫描键盘右边第一列的"+""−""×""÷"四个按键。重复刚才的过程可以将余下数码管显示完,并将余下的键盘也扫描完毕。

2. 程序流程图

本程序的数码管显示和键盘扫描流程图如图 4-23 所示。图中每显示一位数码管的同时扫描一列 4 个按键,此处只给出个位数码管显示和右边第一列 4 个按键的扫描实现方式,其余相似。

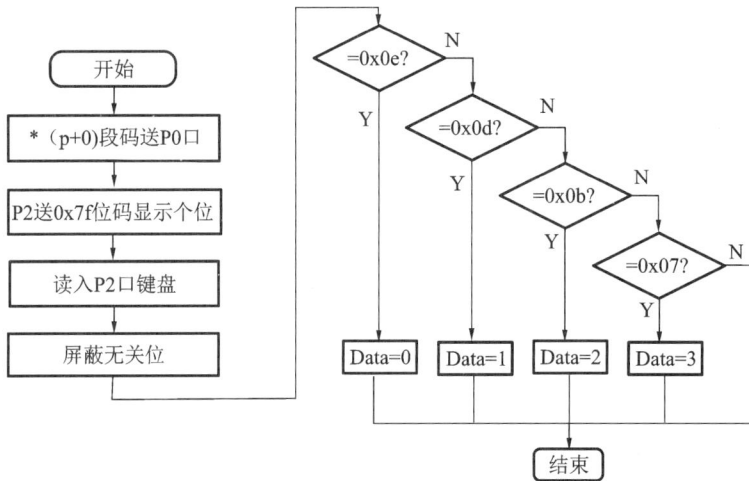

图 4-23 数码管显示和键盘扫描流程图

3. 参考程序

```
01  //程序:keyboard.c
02  //功能:将键盘模块上的值在数码管上显示出来
03  #include "reg51.h"
04  void delay(unsigned char x);          //声明延时函数
05  void Disp_LED(unsigned char *p);      // 声明显示函数
06  unsigned char Buffer[4]={0,0,0,0};    //定义数码管显示缓存数组,元素等于数码管位数
07  unsigned char LED[10]={0x3f,0x06,0x5b,0x4f,0x66,0x6d,0x7d,0x07,0x7f,0x6f};/* 定
义 0~9共阴数码管段码*/
08  unsigned int Data=4321;/* 定义全局显示变量,并初始化为 4321*/
09  void main(void)
10  {
11      while(1)
12      {
13          /* 全局变量 Data 进行 BCD 转换,结果存放于数组 Buffer*/
14          Buffer[3]=LED[Data/1000];
15          Buffer[2]=LED[Data%1000/100];
16          Buffer[1]=LED[Data%1000%100/10];
17          Buffer[0]=LED[Data%1000%100%10];
18          /* Buffer 存放的显示内容传入显示 Display 函数*/
19          Disp_LED(Buffer);
20      }
21  }
22  void Disp_LED(unsigned char *p)
23  {
24      unsigned char key;
25      P0=*(p+0);                 //显示个位,发段码
26      P2=0x7f;                   //显示个位,发位码
27      key=P2;                    //读入键盘行信号
28      key&=0x0f;                 //屏蔽无关位
29      delay(50);                 //延时
30      switch(key)                //逐列判断是否有键按下
31      {
32          case 0x0e:Data=0;break;
33          case 0x0d:Data=1;break;
34          case 0x0b:Data=2;break;
35          case 0x07:Data=3;break;
36          default: break;
37      }
38      P2=0xf0;
```

```
39          P0=*(p+1);
40          P2=0xbf;
41          key=P2;
42          key&=0x0f;
43          delay(50);
44          switch(key)
45          {
46              case 0x0e:Data=4;break;
47              case 0x0d:Data=5;break;
48              case 0x0b:Data=6;break;
49              case 0x07:Data=7;break;
50              default: break;
51          }
52          P2=0xf0;
53          P0=*(p+2);
54          P2=0xdf;
55          delay(50);
56          key=P2;
57          key&=0x0f;
58          switch(key)
59          {
60              case 0x0e:Data=8;break;
61              case 0x0d:Data=9;break;
62              case 0x0b:Data=10;break;
63              case 0x07:Data=11;break;
64              default: break;
65          }
66          P2=0xf0;
67          P0=*(p+3);
68          P2=0xef;
69          delay(50);
70          key=P2;
71          key&=0x0f;
72          switch(key)
73          {
74              case 0x0e:Data=12;break;
75              case 0x0d:Data=13;break;
76              case 0x0b:Data=14;break;
77              case 0x07:Data=15;break;
78              default: break;
79          }
```

```
80       P2＝0xf0;
81    }
82  void delay(unsigned char x)
83  {
84       unsigned char i,j;
85       for(i＝0;i＜30;i＋＋)
86           for(j＝0;j＜x;j＋＋);
87  }
```

小结

本节给出了病床呼叫系统的硬件仿真电路和软件设计方法,主要介绍了数码管动态显示和矩阵键盘的应用。本系统床位呼叫按钮比较少,可以试着设计一个 8×8 矩阵键盘,实现一个可容纳 64 张床位的病床呼叫系统。另外,本系统也只实现了基本的呼叫、显示和响应功能,真正的病床呼叫系统功能还有很多,比如优先呼叫功能、语音提示功能,甚至是无线呼叫功能,等等。同学们可以在今后单片机的学习过程中,随着能力的提高,逐一实现这些功能。

项 目 总 结

LED 数码管显示接口电路和键盘接口电路是单片机系统中最基本的应用电路。

数码管显示接口电路分为静态显示和动态显示两种方式。采用静态显示方式,较小的电流即可获得较高的亮度,且占用 CPU 时间少,编程简单,显示便于监测和控制,但其占用的口线多,硬件电路复杂,成本高,只适合于显示位数较少的场合。

动态显示电路是把所有数码管的 8 个笔画段 a～dp 同名端连在一起,而每一个显示器的公共极 COM 是各自独立地受 I/O 口控制的。这样采用分时的办法,轮流控制各个显示器的COM 端,可使各个显示器轮流点亮。由于人的视觉暂留现象及发光二极管的余晖效应,只要扫描的速度足够快,就不会有闪烁感。动态扫描显示是单片机中应用非常广泛的一种显示方式。

键盘接口电路一般分为独立键盘和矩阵键盘两种形式。独立键盘电路每个按键占用一个I/O 口,当按键数量较多时,I/O 口利用率不高,但程序编写简单,适用于所需按键较少的场合。矩阵键盘电路连接复杂,但提高了 I/O 口的利用率,软件编程较复杂,适用于需使用大量按键的场合。

思考与练习

一、单项选择题

1.在单片机应用系统中,(   )显示方式编程简单,但占用 I/O 口线多,一般适用于显示位数较少的场合。

A.动态   B.静态   C.动态和静态   D.查询

2.LED 数码管若采用动态显示方式,下列说法错误的是(　　)。

A.将各位数码管的段选线并联

B.将段选线用一个 8 位 I/O 口控制

C.将各位数码管的公共端直接接＋5 V 或 GND

D.将各位数码管的位选线用各自独立的 I/O 口控制

3.某一应用系统需要扩展 10 个功能键,通常采用(　　)方式更好。

A.独立按键　　　　　　　　　　　B.矩阵键盘

C.动态键盘　　　　　　　　　　　D.静态键盘

二、填空题

1.若 LED 为共阳极接法(即负逻辑控制),则提示符 P 的七段代码值应当为_____。

2.LED 显示器的显示控制方式有_____显示和_____显示两大类。

3.LED 显示器根据二极管的连接方式可以分为_____和_____两大类。

4.键盘的接口控制方式有_____键盘和_____键盘两大类。

三、技能训练题

1.电路如图 4-24 所示,试编程实现如下功能:单片机上电后,发光二极管 D1 灯灭,数码管显示"0";每按下一次按键 S1 时,发光二极管 D1 的状态变化一次;每按下一次按键 S2,数码管加 1,当加到 F 时,又回到 0,如此循环。

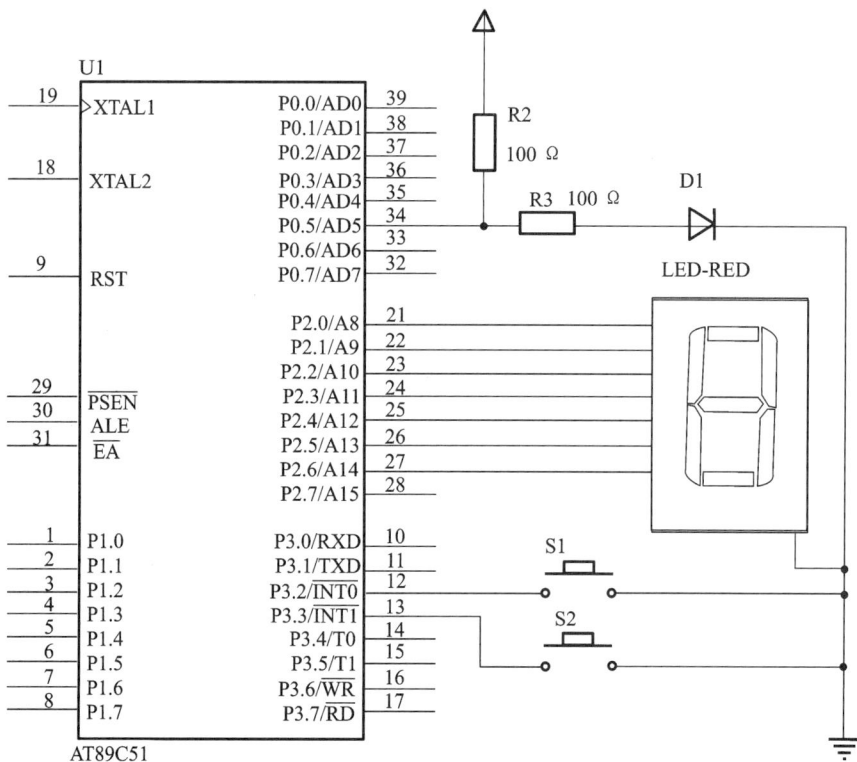

图 4-24　技能训练题 1 图

2. 如图 4-25 所示,设计一个开关控制报警器:用 S1 开关控制报警器,程序控制 P1.0 输出两种不同频率的声音,模拟逼真的报警效果。

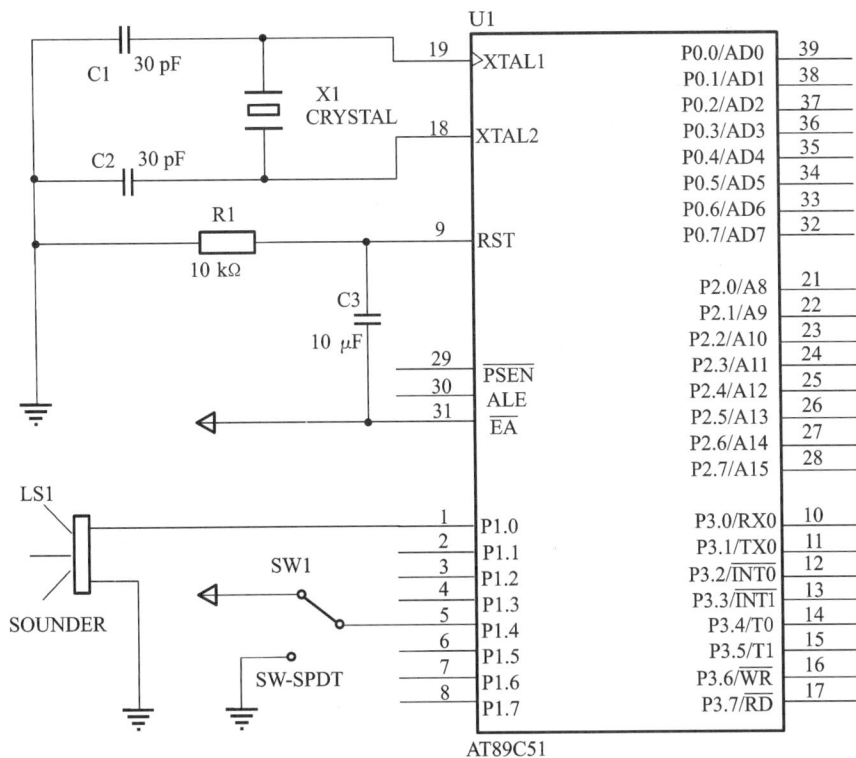

图 4-25 技能训练题 2 图

3. 数码管动态显示。要求:6 个共阳极数码管稳定显示"012345"这 6 个字符。

4. 设计 2×8 行列式扫描键盘电路,并编写程序。

项目5 电子广告牌的设计与制作

项目教学目标

熟练掌握 LED 点阵显示器的显示原理及驱动方法,借助资料能够编写 LED 点阵显示器控制程序。

熟练掌握 LCD 液晶显示器的显示原理及驱动方法,根据液晶数据手册能够编写字符型 LCD 显示模块的控制程序。

理解 I/O 口的作用,熟悉常用 I/O 口的功能和用法。

5.1 LED 点阵式广告牌的设计与制作

LED 点阵显示器作为一种现代电子媒体,具有显示面积灵活(可以任意分割和拼接)、亮度高、寿命长、数字化、实时性强等特点,应用非常广泛。

▶目标与要求

利用单片机控制 4 块 8×8 LED 点阵式电子广告牌,将一些特定的文字或者图形以特定的方式显示出来。设计要求:使用 4 块 8×8 LED 点阵设计一个 16×16 的 LED 点阵式电子广告牌,循环显示"咸宁职院"。

5.1.1 LED 点阵显示器的结构及原理

LED 点阵显示器可分为单色、双色、三色三种类型,依 LED 的极性排列方式,又可分为共阴极与共阳极两种类型,第 1 脚如为 LED 的阴极则为共阴点阵,否则为共阳点阵。如果根据矩阵每行或每列所含 LED 个数的不同,点阵显示器还可分为 5×7、8×8、16×16 等类型。这里以单色共阳极 8×8 点阵显示器为例,其外观如图 5-1 所示。

一个 8×8 的点阵是由 64 个 LED 小灯组成的,8×8 点阵内部结构原理及引脚分布如图 5-2 所示,方框外侧数字是点阵 LED 的引脚号,左侧的 8 个引脚接的是内部 LED 的阳极,上侧的 8 个引脚接的是内部 LED 的阴极。由图 5-3 所示的等效电路可知,只要让某些 LED 亮,就可以组成数字、英文字母、图形和汉字,数字"1"和字母"T"的造型图如图 5-4 所示。不难看出,点亮 LED 的方法就是要让该 LED 所对应的引脚处于正向偏置状态。如果采用直接点亮的方式,则显示形状是固定的;而若采用多工位扫描的方式,就可以实现很多动态效果。当然,无论使用哪种方式,都要依据 LED 的亮灭来组成图案。

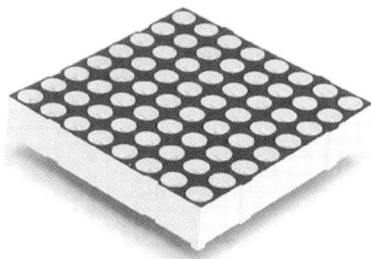

图 5-1   8×8 点阵外观图

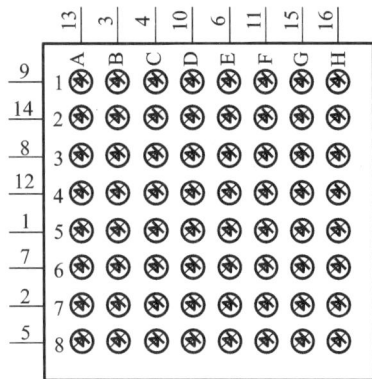

图 5-2   8×8 点阵结构原理及引脚分布

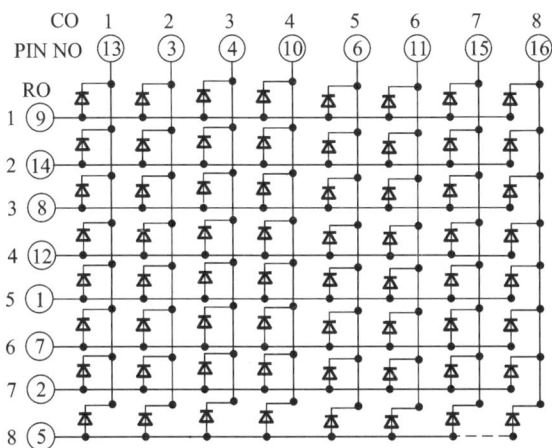

图 5-3   点阵的等效电路

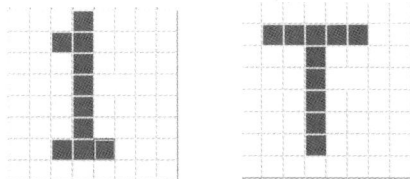

图 5-4   数字"1"和字母"T"的造型图

点阵显示器一般采用行扫描法或者列扫描法显示。

1) 行扫描法

扫描时由单片机控制驱动电路从上至下依次将点阵显示器每一行上 8 个 LED 的公共端（阳极）接到电源上，然后由单片机的另一驱动口对这 8 个 LED 送出列控制信号。列线输出为"0"时，对应的 LED 点亮；列线输出为"1"时，对应的 LED 不亮。也就是说，在行扫描法中，每次选中的行上可以有多个 LED 同时点亮。

2) 列扫描法

列扫描法类似于行扫描，只是单片机每次选中的是一列，而不是一行。

5.1.2   8×8 点阵显示控制

利用单片机控制一块 8×8 LED 点阵式电子广告牌并稳定显示数字"0"。

用单片机控制一个 8×8 LED 点阵需要使用两个并行端口，一个端口控制行线，另一个端口控制列线，硬件电路如图 5-5 所示。行扫描和列扫描都要求点阵显示器一次驱动一行或一列（8 个 LED），如果不外加驱动电路，LED 会因电流较小而亮度不足。因此在点阵的行线上加了一个三态缓冲器 74LS245 芯片，以增加其驱动电流，保护单片机端口引脚。

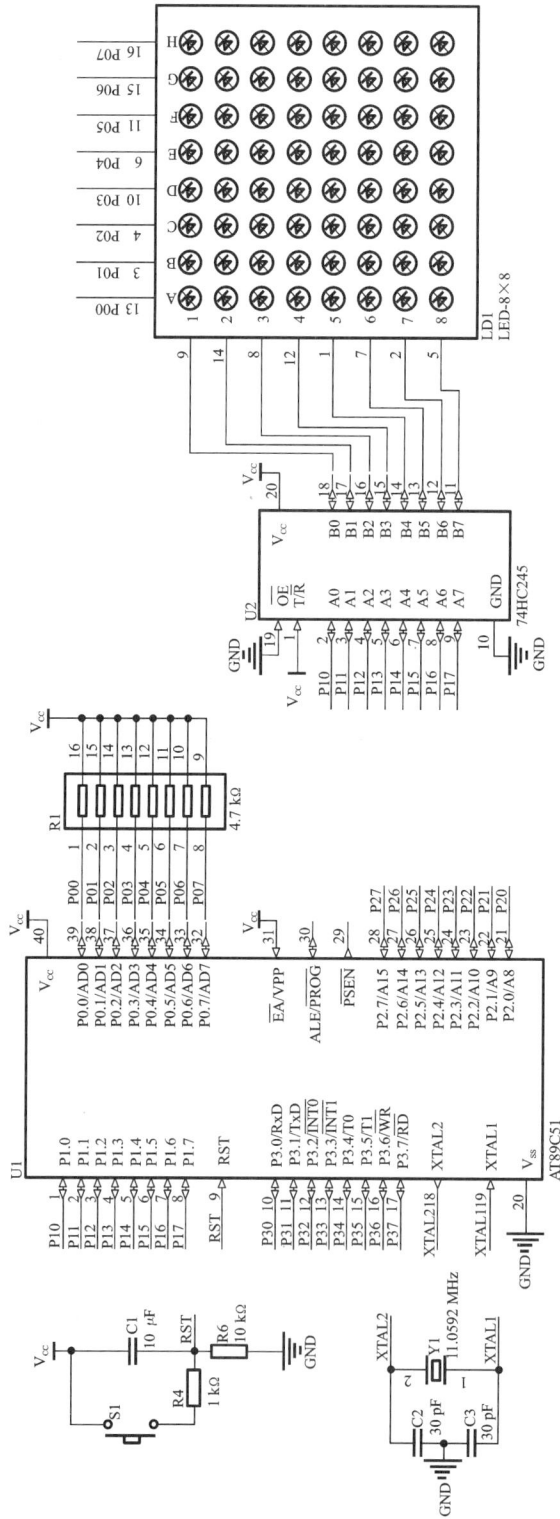

图 5-5 8×8 LED 点阵式电子广告牌硬件电路

软件设计思路如下：首先选中 8×8 LED 的第一行，给 P1 口送 00000001，然后将该行要点亮状态所对应的字形码 11100111 送到列控制端口 P0，延时约 1 ms 后选中第二行，给 P1 口送 00000010，再传送该行对应的显示状态字形码 11011011，延时后再选中第三行，重复上述过程，直至 8 行均显示一遍，时间约为 8 ms，即完成一遍扫描显示。然后再次从第一行开始循环扫描显示，利用视觉驻留现象，就可以看到一个稳定的图形，显示字形码如图 5-6 所示。当然，这些字形码可由取模软件得到。取模软件中的字形码一般为高电平有效，而我们的列控制端口为低电平有效，故程序中采用了取反操作。

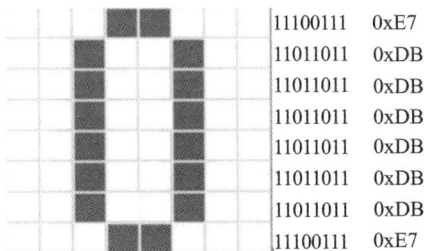

	11100111	0xE7
	11011011	0xDB
	11011011	0xDB
	11011011	0xDB
	11011011	0xDB
	11011011	0xDB
	11011011	0xDB
	11100111	0xE7

图 5-6　数字"0"的显示字形码

8×8 LED 点阵显示数字程序如下。

```
1   //程序:8x8 LED display.c
2   //功能:在 8x8 LED 点阵上显示数字 0
3   #include<reg51.h>              //包含头文件,定义 51 单片机的专用寄存器
4   void delay(unsigned int i);    //延时函数声明
5   void main()                    //主函数
6   {
7       unsigned char code led[]={0x18,0x24,0x24,0x24,0x24,0x24,0x24,0x18};
8       //"0"的字形显示码,该显示中的高电平"1"表示点亮 LED
9       unsigned char w,i;
10       while(1)
11       {
12          w=0x01;                //行初值为 0x01
13          for(i=0; i<8; i++)
14          {
15             P1=w;               //行数据送 P1 口,行为高电平有效
16             P0=~led[i];         //列数据送 P0 口,列为低电平有效,而字形码是高电平有效,因
                                      此这里要取反
17             delay(100);         //延时
18             w<<=1;              //行变量左移指向下一行
19          }
20       }
21   }
22   void delay(unsigned int i)    //延时函数
```

```
23  {
24      unsigned int k;
25      for(k=0; k<i; k++);
26  }
```

举一反三:(1)在一块 8×8 LED 点阵上显示如图 5-7 所示图形;

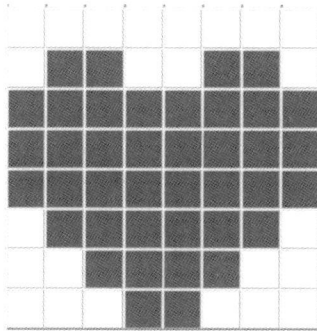

图 5-7　图形的点阵显示

(2)在一块 8×8 LED 点阵上循环显示数字 0~9。

5.1.3　大屏点阵显示器的驱动电路

将若干个 8×8 LED 点阵显示模块拼装在一起可以构成各种尺寸的大屏幕显示屏,来满足用户的要求。LED 点阵大屏幕显示仍然采用动态扫描来实现。由于单片机不能提供足够的电流来驱动 LED 点阵大屏幕中急剧增多的发光二极管,我们需要为大尺寸的 LED 电子显示屏设计行选驱动电路和列输出驱动电路。74HC595 常被用来作为 LED 点阵的行和列驱动,其外部引脚及电路符号如图 5-8 所示。

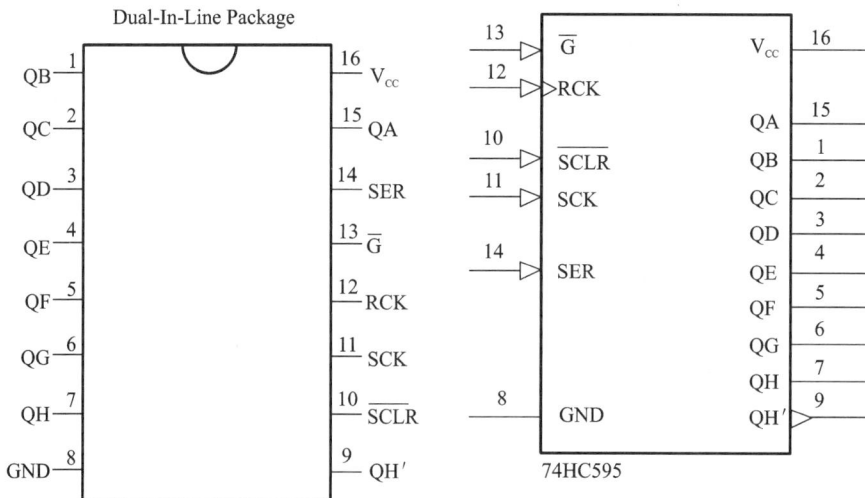

图 5-8　74HC595 外部引脚及电路符号

74HC595 是一个 8 位串行并且带有存储寄存器和三态输出的移位寄存器,存储寄存器和移位寄存器同步于不同的时钟。引脚功能如表 5-1 所示,真值表如表 5-2 所示,正常工作时的时序图如图 5-9 所示。数据在移位寄存器时钟(SCK)的上升沿时移动,即 Q0 中的数据移到Q1 中,Q1 中的数据移到 Q2 中,以此类推;下降沿时移位寄存器中的数据保持不变。在存储寄存器时钟(RCK)的上升沿数据由移位寄存器转存到存储寄存器,下降沿时存储寄存器中的数据保持不变。移位寄存器有一个串行输入端(SER),还有一个用于级联的串行输出端 QH′和一个 8 位三态并行输出端 QA～QH。当输出使能端($\overline{G}$)被使能(低有效),数据将从存储寄存器中输出至器件引脚。

表 5-1　74HC595 引脚功能

引脚编号	引脚名	引脚定义功能
1、2、3、4、5、6、7、15	QA～QH	三态并行输出
8	GND	电源地
9	QH′	串行数据输出
10	$\overline{SCLR}$	移位寄存器清零端
11	SCK	数据输入时钟线
12	RCK	输出存储器锁存时钟线
13	$\overline{G}$	输出使能
14	SER	串行数据输入
16	V_{CC}	电源端

表 5-2　74HC595 真值表

输入管脚					输出管脚
SER	SCK	$\overline{SCLR}$	RCK	$\overline{G}$	
×	×	×	×	H	QA～QH 输出高阻
×	×	×	×	L	QA～QH 输出有效值
×	×	L	×	×	移位寄存器清零
L	上沿	H	×	×	移位寄存器存储 L
H	上沿	H	×	×	移位寄存器存储 H
×	下沿	H	×	×	移位寄存器状态保持
×	×	×	上沿	×	输出存储器锁存移位寄存器中的状态值
×	×	×	下沿	×	输出存储器状态保持

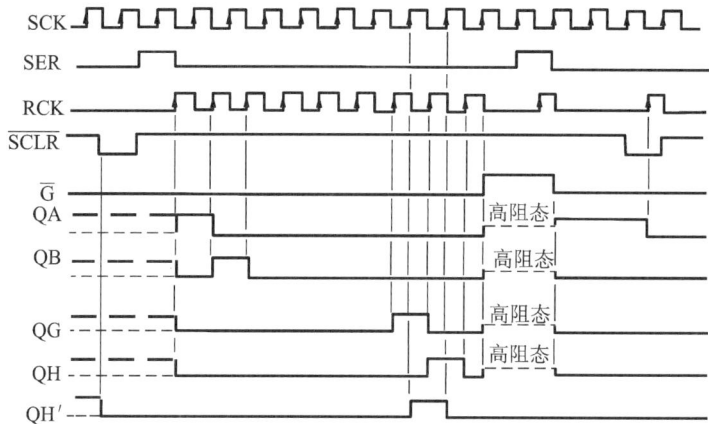

图 5-9 74HC595 工作时序

74HC595 作为 LED 点阵大屏幕的行、列驱动电路时,应用程序的编程思路如下。

(1) 将要准备输入的位数据移入 74HC595 数据输入端上,方法:送位数据到 SER。

(2) 将位数据逐位移入 74HC595,即数据串入,方法:SCK 产生一上升沿,将 SER 上的数据移入 74HC595 中,数据送入顺序从高到低。

(3) 并行输出数据,即数据并出,方法:RCK 产生一上升沿,将 SER 上已移入数据寄存器中的数据送入输出锁存器。

从以上分析可知:SCK 产生一上升沿(移入数据)和 RCK 产生一上升沿(输出数据),这是两个独立的过程,实际应用时互不干扰,即可在输出数据的同时移入数据。

将数据逐位移入 74HC595 的程序段如下:

```
for(i=0;i<8;i++)              //8 个时钟脉冲送一个字节
    {
      MOSIO=BT3>>7;           //将 BT3 的数据右移 7 位,最高位移到最低位,即此操作是
                               将 BT3 的最高位送给串行数据输入端 SER,程序中 SER
                               命名为 MOSIO
      BT3<<=1;                //BT3 右移一位,将下一位数据移位到最高位
      S_CLK=0;                //给串行移位时钟送低电平
      S_CLK=1;                //给串行移位时钟送高电平,产生上升沿
    }
```

5.1.4 LED 点阵式电子广告牌的设计与制作

1. 硬件电路设计

16×16 LED 点阵式电子广告牌电路如图 5-10 所示,将上面两片 8×8 LED 点阵模块的行并联在一起组成 POS1~POS8,下面两片点阵模块的行并联在一起组成 POS9~POS16,由此组成 16 根行扫描线;将左边上、下两片点阵模块的列并联在一起组成 NEG1~NEG8,右边上、下两片点阵模块的列并联在一起组成 NEG9~NEG16,由此组成 16 根列选线。单片机的 P3.4、P3.5、P3.6 分别跟 74HC595 的 SER、RCK、SCK 相连。4 片 74HC595 级联,共用一个移位时钟 SCK 及数据锁存信号 RCK,采用串行移入、并行输出的方式为 16×16 LED 点阵提供行线和列线数据,其中 U2、U3 的并行输出口与点阵的行信号相连,U4、U5 的并行输出口与点阵的列信号相连。

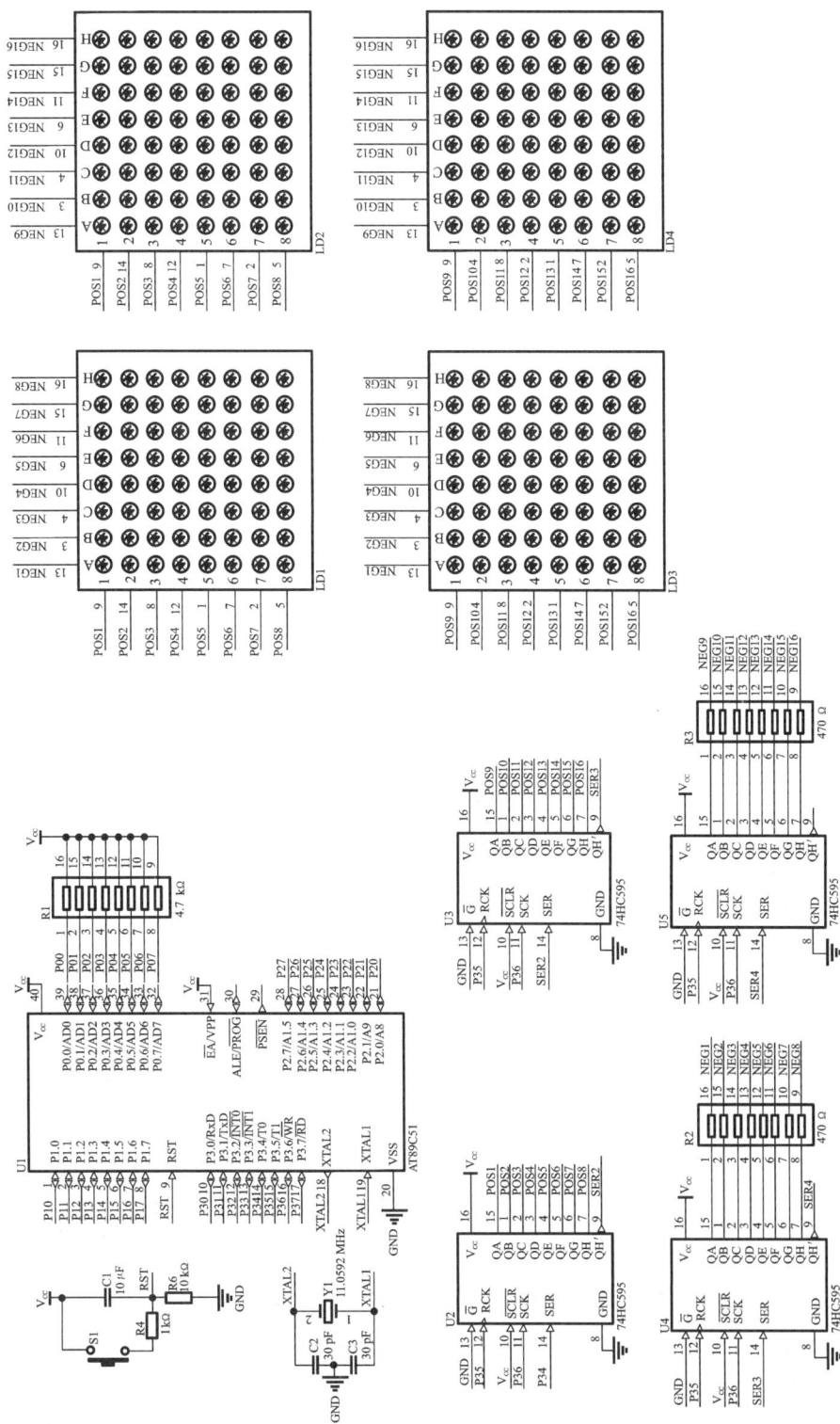

图 5-10　16×16 LED 点阵式电子广告电路

2. 软件设计

参考程序如下所示,先送高 8 位列信号,再送低 8 位列信号,然后送高 8 位行信号,最后送低 8 位行信号,经过 32 个 SCK 时钟后便可将行列控制字全部移入 74HC595 中,然后还要产生一个数据锁存信号 RCK,将数据锁存在 74HC595 中,并在使能 $\overline{G}$ 的作用下,使串入信号并行输出。

```
01  //程序:16x16LED display.c
02  //功能:LED点阵显示汉字
03  #include〈REG51.H〉
04  #define uchar unsigned char
05  #define uint unsigned int
06  //--定义 SPI 要使用的 IO --//
07  sbit MOSIO = P3^4;
08  sbit R_CLK = P3^5;
09  sbit S_CLK = P3^6;
10  //点阵行扫描数组,第一个字节为第一行高 8 位行数据,第二个字节为第一行低 8 位行数据,以
      此类推
11  uchar code tab0[] = {0x00, 0x01, 0x00, 0x02, 0x00, 0x04, 0x00, 0x08, 0x00, 0x10, 0x00,
     0x20, 0x00, 0x40, 0x00, 0x80, 0x01, 0x00, 0x02, 0x00, 0x04, 0x00, 0x08, 0x00, 0x10,
     0x00, 0x20, 0x00, 0x40, 0x00, 0x80, 0x00};
12  uchar code tab1[] = {/* -- 文字:咸 -*///* -- 宋体 12; 此字体下对应的点阵为:宽×高＝16
     ×16 --*/
13  0x00,0x0a,0x00,0x12,0x00,0x02,0xfc,0x7F,0x04,0x02,0x04,0x02,0xf4,0x22,0x04,0x22,
14  0x04,0x22,0xf4,0x14,0x94,0x14,0x94,0x48,0xf4,0x4c,0x92,0x52,0x02,0x61,0x81,0x40};
15  uchar code tab2[] = {/* --文字：宁 --*///* --宋体 12; 此字体下对应的点阵为:宽×高＝16×
     16 --*/
16  0x40,0x00,0x80,0x00,0x80,0x00,0xfe,0x7f,0x02,0x40,0x01,0x20,0x00,0x00,0xfc,0x1f,
17  0x80,0x00,0x80,0x00,0x80,0x00,0x80,0x00,0x80,0x00,0x80,0x00,0xa0,0x00,0x40,0x00};
18  uchar code tab3[] = {/* --文字：职 --*///* -- 宋体 12; 此字体下对应的点阵为:宽×高＝16×
     16 --*/
19  0x00,0x00,0xff,0x00,0x24,0x3f,0x24,0x21,0x3c,0x21,0x24,0x21,0x24,0x21,0x3c,0x21,
20  0x24,0x3f,0x24,0x21,0x74,0x00,0x2f,0x12,0x22,0x22,0x20,0x21,0x20,0x41,0xa0,0x40};
21  uchar code tab4[] = {/* --文字：院 --*///* --宋体 12; 此字体下对应的点阵为:宽×高＝16×
     16 --*/
22  0x00,0x02,0x1e,0x04,0xd2,0x7f,0x4a,0x40,0x2a,0x20,0x86,0x1f,0x0a,0x00,0x12,0x00,
23  0xd2,0x7f,0x12,0x09,0x16,0x09,0x0a,0x09,0x82,0x48,0x82,0x48,0x42,0x70,0x22,0x00};
24  void HC595SendData( uchar BT3, uchar BT2,uchar BT1,uchar BT0);//函数声明
25  void main(void)//主函数
26  {
```

```
27      int k, i, ms;
28      i = 80;
29      while(1)
30      {
31          for(ms = i; ms > 0; ms——)            //--显示第一个字--//
32              for(k = 0; k < 16; k++)
33                  HC595SendData(~tab1[2* k +1],~tab1[2* k],tab0[2* k],tab0[2* k + 1]);
34          HC595SendData(0xff,0xff,0,0);         //--清屏--//
35          for(ms = i; ms > 0; ms--)             //--显示第二个字--//
36              for(k = 0; k < 16; k++)
37                  HC595SendData(~tab2[2* k +1],~tab2[2* k],tab0[2* k],tab0[2* k + 1]);
38          HC595SendData(0xff,0xff,0,0);         //--清屏--//
39
40          for(ms = i; ms > 0; ms——)            //--显示第三个字--//
41              for(k = 0; k < 16; k++)
42                  HC595SendData(~tab3[2* k +1],~tab3[2* k],tab0[2* k],tab0[2* k + 1]);
43          HC595SendData(0xff,0xff,0,0);         //--清屏--//
44
45          for(ms = i; ms > 0; ms——)            //--显示第四个字--//
46              for(k = 0; k < 16; k++)
47                  HC595SendData(~tab4[2* k +1],~tab4[2* k],tab0[2* k],tab0[2* k + 1]);
48          HC595SendData(0xff,0xff,0,0);         //--清屏--//
49      }
50  }
51  //函数功能:通过595发送四个字节的数据。BT3:第四个595输出数值;BT2:第三个595输出数值
52  //BT1:第二个595输出数值;BT0:第一个595输出数值
53  void HC595SendData( uchar BT3, uchar BT2,uchar BT1,uchar BT0)
54  {
55      uchar i;
56      //--发送第一个字节--//
57      for(i=0;i<8;i++)
58      {
59          MOSIO = BT3 >> 7 ;                    //从高位到低位
60          BT3 <<= 1;
61          S_CLK = 0;
62          S_CLK = 1;
63      }
64      //--发送第二个字节--//
65      for(i=0;i<8;i++)
66      {
67          MOSIO = BT2 >> 7 ;                    //从高位到低位
68          BT2 <<= 1;
69          S_CLK = 0;
70          S_CLK = 1;
71      }
72      //--发送第三个字节--//
```

```
73      for(i=0;i<8;i++)
74      {
75          MOSIO = BT1 >> 7 ;              //从高位到低位
76          BT1 <<= 1;
77          S_CLK = 0;
78          S_CLK = 1;
79      }
80      //--发送第四个字节--//
81      for(i=0;i<8;i++)
82      {
83          MOSIO = BT0 >>7;               //从高位到低位
84          BT0 <<= 1;
85          S_CLK = 0;
86          S_CLK = 1;
87      }
88      //--输出--//
89      R_CLK = 0;
90      R_CLK = 1;
91  }
```

举一反三:使用 8 块 8×8 LED 点阵拼成两个 16×16 的 LED 点阵式电子广告牌,一次能显示两个汉字,循环显示自己学校的全称。

5.1.5 点阵液晶取模软件的使用

程序中数组 tab1[]~tab4[]里的列控制数据可以通过字模软件来生成。下面我们介绍一款非常好用的字模软件,软件界面如图 5-11 所示。

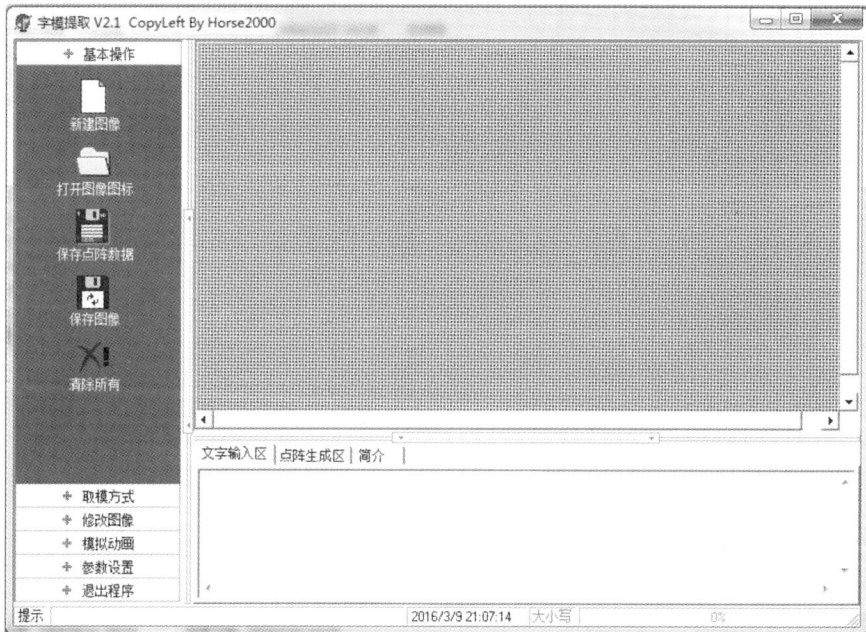

图 5-11 字模软件界面

（1）点击"基本操作"→"新建图形"，出现如图 5-12 所示界面。设置图像尺寸为宽度 16，高度 16，点击"确定"按钮。

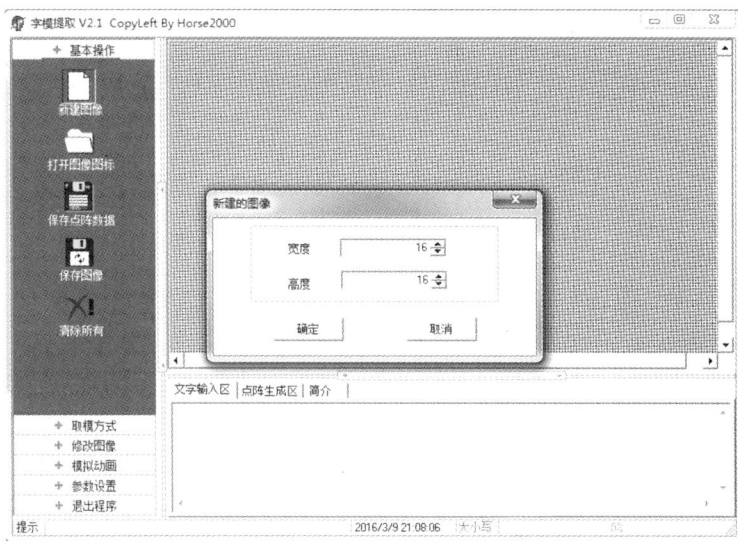

图 5-12　新建图形

（2）在文字输入区中输入"咸宁职院"，然后按 Ctrl＋Enter 键结束文字输入，出现如图 5-13 所示界面。

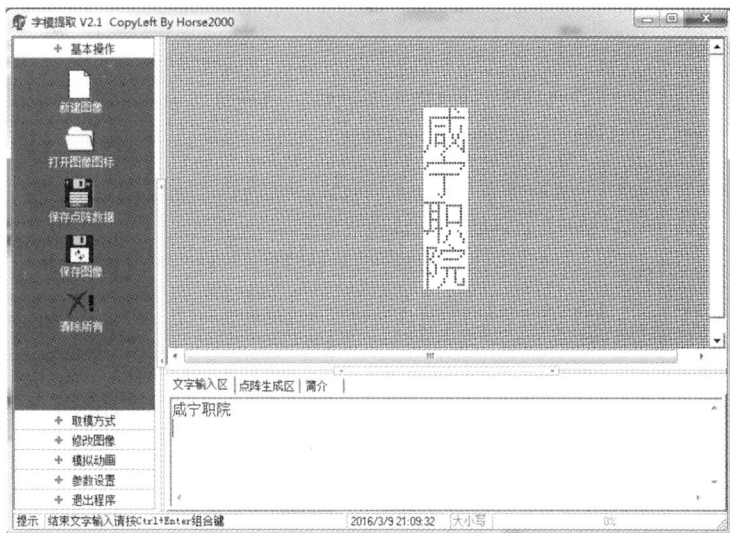

图 5-13　输入文字

（3）点击"参数设置"→"其他选项"进行选项设置，如图 5-14 所示。这里的选项要根据图 5-10 来进行设置，可以看到 NEG1～16 控制的是一行，所以用"横向取模"。选中"字节倒序"这个选项，是因为图中左边是低位 NEG1，右边是高位 NEG16，低位在前、高位在后，所以是字节倒序，点击"确定"按钮。

（4）点击"取模方式"→"C51 格式"后，如图 5-15 所示，在点阵生成区将自动产生字模数据。一行 2 个字节，16 行共 32 个字节，其中第一个字节为第一行的低 8 位数据，第二个字节为第一行的高 8 位数据,以此类推。由于取模软件是把黑色取为 1,白色取为 0,但点阵是 1 对应 LED 熄灭,0 对应 LED 点亮。因此,程序中数组 tab1~tab4 前要取反。

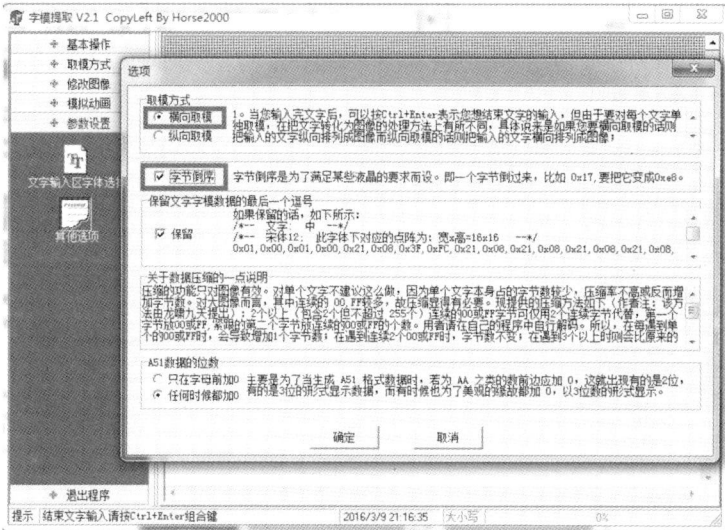

图 5-14　选项设置

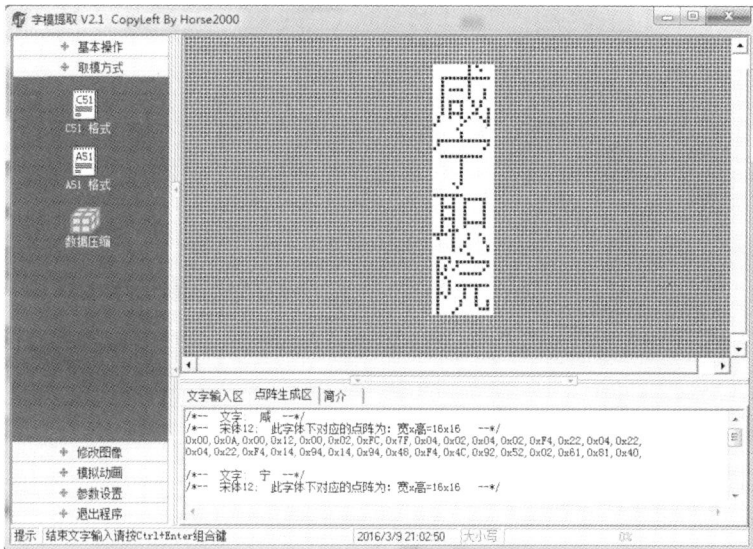

图 5-15　C51 格式字模提取

小结

本节介绍了 LED 点阵式电子广告牌动态显示的基本原理和应用,74HC595 芯片的数据手册和编程方法,培养学生对单片机并行 I/O 口和数组的应用能力。通过学习要能看懂芯片数据手册的真值表和时序图,并能根据真值表和时序图进行编程,加深对动态显示工作原理的理解。

5.2　LCD 广告牌的设计与制作

▶目标与要求

通过对字符型 LCD 广告牌的设计与制作，了解 LCD 显示器的显示原理及与单片机的接口方法，能看懂 LCD 的数据手册，理解 LCD 驱动程序的设计思路。

设计要求用单片机控制 LCD1602 液晶模块，并在液晶显示器第一行上显示"I LOVE MCU"，第二行上显示"www.xnec.cn"。

5.2.1　LCD 显示模块原理

LCD 是液晶显示器的简称，它是一种功耗极低的显示器件，广泛应用于便携式电子产品中。它不仅省电，而且能够显示文字、曲线、图形等大量的信息。

液晶显示器的显像原理，是将液晶置于两片导电玻璃之间，靠两个电极间电场的驱动，引起液晶分子扭曲向列的电场效应，以控制光源透射或遮蔽功能，在电源开与关之间产生明暗而将影像显示出来。液晶显示器件中的每个显示像素都可以被电场控制，不同的显示像素按照驱动信号的"指挥"在显示屏上合成出各种字符、数字及图形。液晶显示驱动器的功能就是建立这样的电场，通过对其输出到液晶显示器件电极上的电位信号进行相位、峰值和频率等参数的调制来建立交流驱动电场，以实现液晶显示器件的显示效果。液晶显示器的特点如下。

（1）低压微功耗。工作电压 3～5 V，工作电流为几微安，因此它成为便携式和手持仪器仪表首选的显示屏幕。

（2）平板型结构。减小了设备体积，安装时占用空间小。

（3）被动显示。液晶本身不发光，而是靠调制外界光进行显示，因此适合人的视觉习惯，不易使人眼睛疲劳。

（4）显示信息量大。像素小，在相同面积上可容纳更多信息。

（5）易于彩色化。

（6）没有电磁辐射。在显示期间不会产生电磁辐射，有利于人体健康。

（7）寿命长。LCD 器件本身无老化问题，因此寿命极长。

液晶显示模块是一种将液晶显示器件、连接件、集成电路、PCB 线路板、背光源和结构件装配在一起的组件，英文名称为"LCD module"，简称"LCM"。市场上供应的液晶显示模块主要有以下几种。

1. 数显液晶模块

数显液晶是一种由段型液晶显示器件与专用的集成电路组装成一体的功能部件，只能显示数字和一些标志符号，显示效果与数码管类似。大多应用在便携、袖珍设备中，如电子计算器的显示屏。

2. 字符型液晶显示模块

字符型液晶显示模块是由点阵字符液晶显示器件和专用的行列驱动器、控制器，以及必要的连接件、结构件装配而成的,可以显示字母、数字、符号。这种点阵型字符模块本身具有字符发生器,显示容量大,功能丰富。点阵排列是由 5×7、5×8 或 5×11 的一组组像素点阵排列组成的。每组为 1 位,每位间有一点的间隔,每行间也有一行的间隔,所以不能显示图形。

3. 图形型液晶显示模块

图形型液晶显示模块的特点是点阵像素连续排列,行和列在排布中均没有空格,因此它可以显示连续、完整的图形和汉字。由于它也是由 X-Y 矩阵像素构成的,所以除显示图形外,也可以显示字符。该液晶显示模块可广泛用于图形与汉字显示,如游戏机、计算机和彩色电视等设备中。(图形型液晶显示模块的使用详见项目 9 中的电子台历的设计与制作。)

5.2.2 字符型液晶显示

字符型液晶显示器是一种用 5×7 点阵图形来显示字符的液晶显示器,接口格式统一,比较通用,无论显示屏的尺寸如何,它的操作指令及其形成的模块接口信号定义都是兼容的。这类显示器的型号通常为:×××1602,×××2002 等。对于×××1602,其中×××为商标名称,16 代表液晶每行可以显示 16 个字,02 表示可显示两行,即这种显示器可同时显示 32 个字符,实物外形如图 5-16 所示。下面以 1602 液晶模块为例来进行介绍。

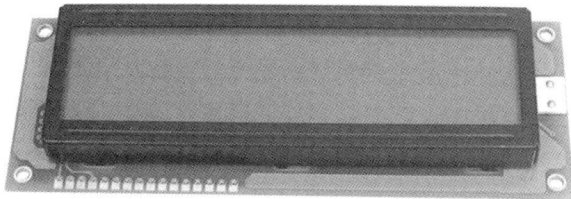

图 5-16 1602 液晶模块

1. 主要技术参数(见表 5-3)

表 5-3 1602 液晶模块主要技术参数表

显示容量	16×2 个字符
芯片工作电压	4.5~5.5 V
工作电流	2.0 mA(5.0 V)
模块最佳工作电压	5.0 V
字符尺寸	2.95×4.35(W×H)mm

2. 接口信号说明(见表 5-4)

表 5-4 1602 液晶模块接口信号说明

编号	符号	引脚说明	编号	符号	引脚说明
1	V_{SS}	电源地	4	RS	数据/命令选择端(H/L)
2	V_{DD}	电源正极	5	R/W	读写选择端(H/L)
3	V0	液晶显示对比度调节端	6	E	使能信号

编号	符号	引脚说明	编号	符号	引脚说明
7	D0	数据口	12	D5	数据口
8	D1	数据口	13	D6	数据口
9	D2	数据口	14	D7	数据口
10	D3	数据口	15	BLA	背光电源正极
11	D4	数据口	16	BLK	背光电源负极

3. 基本操作时序

读状态　输入:RS＝L,R/W＝H,E＝H　　　　输出:D0~D7＝状态字。

读数据　输入:RS＝H,R/W＝H,E＝H　　　　输出:无。

写指令　输入:RS＝L,R/W＝L,D0~D7＝指令码,E＝高脉冲　　输出:D0~D7＝数据。

写数据　输入:RS＝H,R/W＝H,D0~D7＝数据,E＝高脉冲　　输出:无。

4. RAM 地址映射图

控制器内部带有 80B 的 RAM 缓冲区,对应关系如图 5-17 所示。

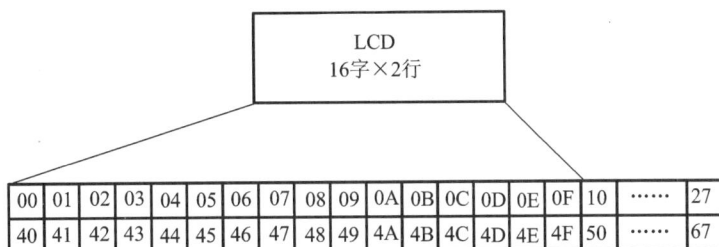

图 5-17　RAM 地址映射图

当我们向图 5-17 中的 00~0F、40~4F 地址中的任一处写入显示数据时,液晶都可立即显示出来,当写入到 10~27 或 50~67 地址处时,必须通过移屏指令将它们移入可显示区域方可正常显示。

5. 状态字说明(见表 5-5)

表 5-5　状态字说明

STA7 D7	STA6 D6	STA5 D5	STA4 D4	STA3 D3	STA2 D2	STA1 D1	STA0 D0
STA0~STA6			当前地址指针的数值				
STA7			读/写操作使能			1——禁止;0——允许	

每次对控制器进行读/写操作之前,都必须进行读状态操作,确保 STA7 为 0。当忙标志为 0 时,才能进行读写操作。

6. 指令说明(见表 5-6)

表 5-6　指令说明

编号	指令名称	指令码								功能
1	显示模式设置	0	0	1	1	1	0	0	0	设置 16×2 显示,5×7 点阵,8 位数据接口
2	显示开/关及光标设置	0	0	0	0	1	D	C	B	D=1 开显示;D=0 关显示 C=1 显示光标;C=0 不显示光标 B=1 光标闪烁;B=0 光标不闪烁
3	输入方式设置	0	0	0	0	0	1	N	S	N=1 当读或写一个字符后地址指针加 1,且光标加 1 N=0 当读或写一个字符后地址指针减 1,且光标减 1 S=1 当写一个字符时,整屏显示左移(N=1)或右移(N=0),以得到光标不移动而屏幕移动的效果 S=0 当写一个字符时,整屏显示不移动
4	光标左移	0	0	0	1	0	0	0	0	光标左移
5	光标右移	0	0	0	1	0	1	0	0	光标右移
6	整屏左移	0	0	0	1	1	0	0	0	整屏左移,同时光标跟随移动
7	整屏右移	0	0	0	1	1	1	0	0	整屏右移,同时光标跟随移动
8	清屏	0	0	0	0	0	0	0	1	显示清屏:1. 数据指针清零;2. 所有显示清零
9	显示回车	0	0	0	0	0	0	1	0	显示回车:数据指针清零
10	数据指针设置	80H+地址码 (0~27H,40H~67H)								设置数据地址指针,可访问内部的全部 80 个 RAM

7. 读写操作时序

对 LCD 的读写操作必须符合 LCD 的读写操作时序。

1)读操作时序(见图 5-18)

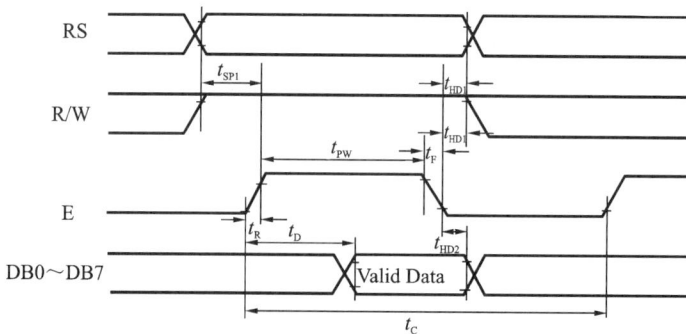

图 5-18　LCD 读操作时序

由于液晶是一种显示设备,一般不进行读数据操作,读操作一般指的是读状态操作。在读操作时,使能信号 E 的高电平有效,所以在软件设置顺序上,先设置 RS 和 R/W 状态,再设置

E 信号为高电平,这时从数据口读取数据,然后将 E 信号置为低电平。通过判断读回的数据最高位的 0、1 状态,就可以知道 LCD 当前是否处于忙状态,如果 LCD 一直处于忙状态,则继续查询等待,直到不忙跳出循环进行后续操作。读状态检测忙信号子函数如下。

```
01    void Lcdwaitidle()//检测忙信号子函数
02    {
03        LCD1602_DATAPINS= 0xff;
04        LCD1602_RS= 0;              //选择状态
05        LCD1602_RW= 1;              //选择读
06        do
07        {
08          LCD1602_E= 0;
09          Lcd1602_Delay1ms(5);      //保持时间
10          LCD1602_E= 1;
11          Lcd1602_Delay1ms(5);      //保持时间
12        }
13        while(LCD1602_DATAPINS&0x80);
14        LCD1602_E= 0;
15    }
```

2)写操作时序(见图 5-19)

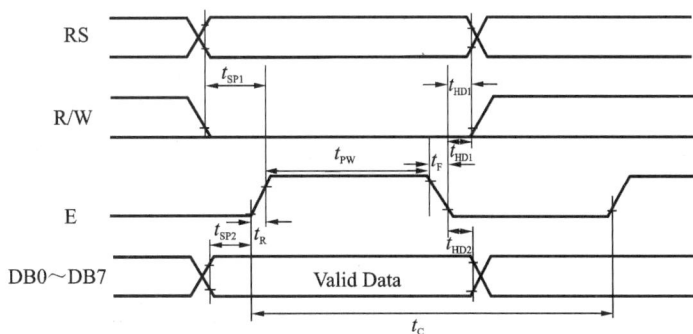

图 5-19   LCD 写操作时序

分析时序图可知 1602 液晶的写操作流程如下。

(1)通过 RS 确定是写数据还是写命令。写命令包括使液晶的光标显示/不显示,光标闪烁/不闪烁、需/不需要移屏、在液晶的什么位置显示,等等;写数据是指要显示什么内容。

(2)读/写控制端设置为写模式,即低电平。

(3)将数据或命令送达数据线上。

(4)给 E 一个高脉冲将数据送入液晶控制器,完成写操作。

向 LCD 写入一个字节的命令的程序段如下。

```
01    void LcdWriteCom(uchar com)            //写入命令
02    {
03        Lcdwaitidle();
```

```
04
05      LCD1602_E = 0;                          //使能
06      LCD1602_RS = 0;                         //选择发送命令
07      LCD1602_RW = 0;                         //选择写入
08
09      LCD1602_DATAPINS = com;                 //放入命令
10      Lcd1602_Delay1ms(1);                    //等待数据稳定
11
12      LCD1602_E = 1;                          //写入时序
13      Lcd1602_Delay1ms(5);                    //保持时间
14      LCD1602_E = 0;
15  }
```

向 LCD 写入一个字节的数据的程序段如下。

```
01   void LcdWriteData(uchar dat)               //写入数据
02   {
03      Lcdwaitidle();
04
05      LCD1602_E = 0;                          //使能清零
06      LCD1602_RS = 1;                         //选择输入数据
07      LCD1602_RW = 0;                         //选择写入
08
09      LCD1602_DATAPINS = dat;                 //写入数据
10      Lcd1602_Delay1ms(1);
11
12      LCD1602_E = 1;                          //写入时序
13      Lcd1602_Delay1ms(5);                    //保持时间
14      LCD1602_E = 0;
15  }
```

关于时序图中的各个延时,不同厂家生产的液晶其延时不同,大多数基本都为纳秒级。单片机操作最小单位为微秒级,因此我们在写程序时可不做延时,不过为了使液晶运行稳定,最好做简短延时,这就需要测试以选定最佳延时。

5.2.3 字符型液晶广告牌的设计与制作

1. 硬件电路设计

单片机控制 LCD1602 字符型液晶显示广告牌的硬件电路如图 5-20 所示。单片机的 P0 口与液晶模块的 8 条数据线相连,P2 口的 P2.5、P2.6、P2.7 分别与液晶模块的三个控制端口 WR、RD、E 连接,电位器 R2 为 V0 提供可调的液晶驱动电压,用于调节显示对比度。

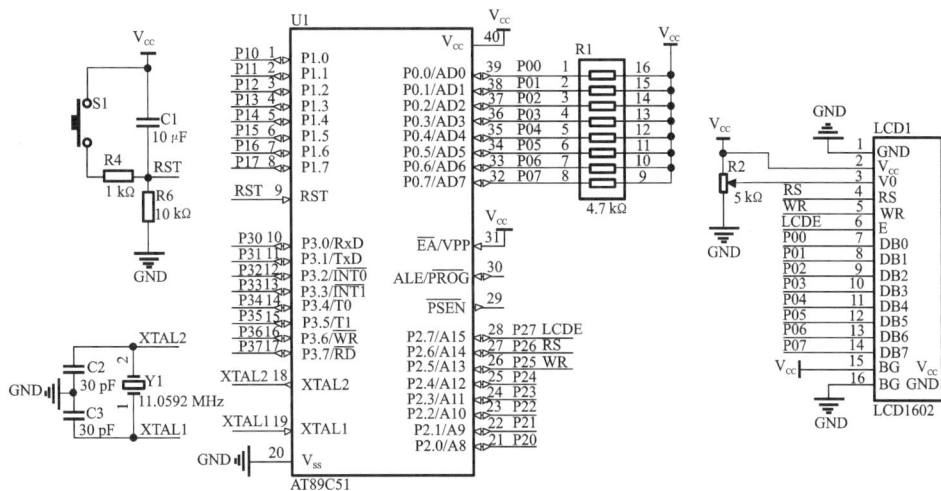

图 5-20　LCD1602 液晶显示广告牌电路连接图

2. 软件设计

由于 LCD1602 底层驱动子函数较多,而 1602 又是个独立的显示模块,这时我们可以采用模块化编程的方法,将 1602 显示驱动函数做成头文件供主函数调用,这样就避免大量的函数代码都堆积在主程序文件中,使得程序结构清晰、模块性强,提高可读性和可移植性。

(1) 新建 LCD1602 display.uvproj 工程。

(2) 新建 main.c 和 lcd1602.c,保存并添加到工程之中。

(3) 新建 lcd1602.h,保存。

工程结构树如图 5-21 所示。

参考程序代码如下。

图 5-21　LCD1602 液晶显示工程结构树

```
1   //程序:main.c
2   //功能:在 LCD1602 上显示字符串
3   #include<reg51.h>//包含头文件 reg51.h,定义 51 单片机的专用寄存器
4   #include"lcd1602.h" //包含自定义头文件 lcd1602.h
5   uchar string[]= "www.xnec.cn";           //将要显示的字符串放在数组 string 中。
6
7   void main(void)
8   {
9       LcdInit();
10      while(1) {
11          LcdwnData(4,0,"I LOVE MCU!"); //调用字符串显示子函数,可直接往里写字符
12          LcdwnData(4,1,string);       //调用字符串显示子函数,也可将字符存放在数组
                                             中进行调用
13      }
14  }
```

```
1   //程序:lcd1602.c
2   //功能:液晶 1602 的驱动程序
3   #include<reg51.h>//包含头文件 reg51.h,定义 51 单片机的专用寄存器
4   #include"lcd1602.h"//包含自定义头文件 lcd1602.h
5   #define LCD1602_DATAPINS P0 //将 1602 与单片机 P0 口的数据接口宏定义为 LCD1602
    _DATAPINS
6   sbit LCD1602_E＝P2^7; //定义控制信号端口
7   sbit LCD1602_WR＝P2^5;
8   sbit LCD1602_RS＝P2^6;
9   uchar XPOS,YPOS;
10  void Lcd1602_Delay1ms(uint c)
11  {
12      uchar a,b;
13      for(;c>0;c－－)
14      {
15          for(b＝199;b>0;b－－)
16          {
17              for(a＝1;a>0;a－－);
18          }
19      }
20  }
21  void Lcdwaitidle()//检测忙信号子函数
22  {
23      LCD1602_DATAPINS＝0xff;
24      LCD1602_RS ＝ 0;                //选择状态
25      LCD1602_WR ＝ 1;                //选择读
26      do{
27          LCD1602_E＝0;
28          Lcd1602_Delay1ms(5);       //保持时间
29          LCD1602_E＝1;
30          Lcd1602_Delay1ms(5);       //保持时间
31      }while(LCD1602_DATAPINS&0x80);
32      LCD1602_E＝0;
33  }
34  void LcdWriteCom(uchar com)         //写入命令
35  {
36      Lcdwaitidle();
37
38      LCD1602_E ＝ 0;                 //使能
39      LCD1602_RS ＝ 0;                //选择发送命令
40      LCD1602_WR ＝ 0;                //选择写入
41      LCD1602_DATAPINS ＝ com;        //放入命令
42      Lcd1602_Delay1ms(1);           //等待数据稳定
43      LCD1602_E ＝ 1;                 //写入时序
```

```
44        Lcd1602_Delay1ms(5);              //保持时间
45        LCD1602_E = 0;
46    }
47    void LcdWriteData(uchar dat)          //写入数据
48    {
49        Lcdwaitidle();
50        LCD1602_E = 0;                    //使能清零
51        LCD1602_RS = 1;                   //选择输入数据
52        LCD1602_WR = 0;                   //选择写入
53        LCD1602_DATAPINS = dat;           //写入数据
54        Lcd1602_Delay1ms(1);
55        LCD1602_E = 1;                    //写入时序
56        Lcd1602_Delay1ms(5);              //保持时间
57        LCD1602_E = 0;
58    }
59    void LcdInit()                        //LCD初始化子程序
60    {
61        LcdWriteCom(0x38);                //开显示
62        LcdWriteCom(0x0c);                //开显示不显示光标
63        LcdWriteCom(0x01);                //清屏
64        LcdWriteCom(0x06);                //写一个指针加1
65        LcdWriteCom(0x80);                //设置数据指针起点
66    }
67    void Lcdpos()//显示位置定位子函数
68    {
69        XPOS&=0x0f;
70        YPOS&=0x01;
71        if(YPOS==0)
72            LcdWriteCom(XPOS|0x80);
73        if(YPOS==0x01)
74            LcdWriteCom((XPOS+0x40)|0x80);
75    }
76    void LcdwnData(uchar x,uchar y,uchar * s)//字符串显示子函数
77    {
78        YPOS=y;
79        XPOS=x;
80        while(* s!='\0')
81        {
82            Lcdpos();
83            LcdWriteData(* s);
84            s++;
85            XPOS++;
86        }
87    }
```

```
1   //程序:lcd1602.h
2   //功能:lcd1602.c的头文件
3   #ifndef __LCD1602_H_
4   #define __LCD1602_H_
5   //---重定义关键词---//
6   #ifndef uchar
7   #define uchar unsigned char
8   #endif
9   #ifndef uint
10   #define uint unsigned int
11   #endif
12   /* 在 51 单片机 12 MHz 时钟下的延时函数*/
13   extern void Lcd1602_Delay1ms(uint c);
14   /*检测忙信号子函数*/
15   extern void Lcdwaitidle();
16   /* LCD1602 写入 8 位命令子函数*/
17   extern void LcdWriteCom(uchar com);
18   /* LCD1602 写入 8 位数据子函数*/
19   extern void LcdWriteData(uchar dat);
20   /* LCD1602 初始化子程序*/
21   extern void LcdInit();
22   /* 显示位置定位子函数*/
23   extern void Lcdpos();//显示位置定位子函数
24   /* 字符串显示子函数*/
25   extern void LcdwnData(uchar x,uchar y,uchar * s);//字符串显示子函数
26   #endif
```

举一反三:仔细阅读数据手册,参照上述程序,在 LCD1602 液晶屏上第一行滚动显示"Welcome to Xian Ning!"。

5.2.4 模块化编程思路、头文件的建立

前面我们写的程序代码几乎都在××.c 的源文件里面。编译器也是以此文件来进行编译并生成相应的目标文件的。在大规模程序开发中,一个程序往往由很多个模块组成,这些模块的编写任务也很可能被分配到不同的人。而我们在编写这个模块的时候很可能就需要利用别人写好的模块的接口,这个时候我们关心的是,他的模块实现了什么样的接口,我们该如何去调用,至于模块内部是如何组织的,我们无须过多关注。理想的模块化应该可以看成是一个黑盒子,即我们只关心模块提供的功能,而不管模块内部的实现细节。好比我们买了一部手机,我们只需要会用手机提供的功能即可,不需要知晓它是如何把短信发出去,如何响应按键的输入的,这些过程对我们用户而言,就是一个黑盒子。

谈及模块化编程,必然会涉及多文件编译,也就是工程编译。在这样的一个系统中,往往会有多个 C 文件,而且每个 C 文件的作用不尽相同。在我们的 C 文件中,由于需要对外提供接口,因此必须有一些函数或者变量提供给外部其他文件进行调用。

如在本节中我们有一个 lcd1602.c 文件,其包含很多子函数,为 LCD 提供最基本的驱动函数。

void Lcd1602_Delay1ms(uint c);

void Lcdwaitidle();

void LcdWriteCom(uchar com);

void LcdWriteData(uchar dat);

void LcdInit();

void Lcdpos();

void LcdwnData(uchar x,uchar y,uchar * s);

在另外一个文件中需要调用此函数,那么该如何做呢?头文件的作用正是在此,可以称其为一份接口描述文件。其文件内部不应该包含任何实质性的函数代码。我们可以把这个头文件理解成为一份说明书,说明的内容就是模块对外提供的接口函数或者接口变量。同时该文件也包含了一些很重要的宏定义以及一些结构体的信息,离开了这些信息,很可能就无法正常使用接口函数或者接口变量。总的原则是:不该让外界知道的信息就不应该出现在头文件里,而外界调用的模块内接口函数或者接口变量所必需的信息就一定要出现在头文件里。否则,外界就无法正确地调用模块提供的接口功能。因而外部函数或者文件要调用模块提供的接口功能,就必须包含模块提供的这个接口描述文件,即头文件。同时,模块自身也需要包含这份模块头文件(因为其包含了模块源文件中所需要的宏定义或者结构体),就像我们平常所用的文件都是一式三份一样,模块本身也需要包含这个头文件。

下面我们来定义这个头文件。一般来说,头文件的名字应该与源文件的名字保持一致,这样我们便可以清晰地知道哪个头文件是对哪个源文件的描述。于是便得到了 lcd1602.c 的头文件 lcd1602.h,其内容如图 5-22 所示。

```
1  #ifndef __LCD1602_H_
2  #define __LCD1602_H_
3  //---重定义关键词---//
4  #ifndef uchar
5  #define uchar unsigned char
6  #endif
7
8  #ifndef uint
9  #define uint unsigned int
10 #endif
11
12 /*******************************
13 函数声明
14 *******************************/
15 /*在51单片机12MHZ时钟下的延时函数*/
16 extern void Lcd1602_Delay1ms(uint c);
17 /*//检测忙信号子函数*/
18 extern void Lcdwaitidle();
19 /*LCD1602写入8位命令子函数*/
20 extern void LcdWriteCom(uchar com);
21 /*LCD1602写入8位数据子函数*/
22 extern void LcdWriteData(uchar dat);
23 /*LCD1602初始化子程序*/
24 extern void LcdInit();
25 /*显示位置定位子函数*/
26 extern void Lcdpos();//显示位置定位子函数
27 /*字符串显示子函数*/
28 extern void LcdwnData(uchar x,uchar y,uchar *s);//字符串显示子函数
29
30 #endif
```

图 5-22　lcd1602.h 头文件内容

这与我们在源文件中定义函数时有点类似。不同的是,在它前面添加了 extern 修饰符以表明它是一个外部函数,可以被外部其他模块调用。

```
#ifndef _ _LCD_H_
#define _ _LCD_H_
#endif
```

这几个条件编译和宏定义是为了防止重复包含。
一般头文件的编写格式为：

```
#ifndef _ _×××_H_
#define _ _×××_H_
#ifndef _ _×××_C_
//……外部全局变量声明
#endif
//……函数声明
#endif
```

小结

本节通过对字符型 LCD 的显示控制，让大家熟悉字符型 LCD 显示模块原理，训练单片机并行 I/O 口和字符串的应用能力。

项 目 总 结

点阵显示器一般采用行扫描法或者列扫描法显示。行扫描和列扫描都要求点阵显示器一次驱动一行或一列(8 个 LED)，如果不外加驱动电路，LED 会因电流较小而亮度不足。因此在点阵的行线上加了一个三态缓冲器 74LS245 芯片，以增加其驱动电流，保护单片机端口引脚。

74HC595 是一个 8 位串行并且带有存储寄存器和三态输出的移位寄存器。74HC595 作为 LED 点阵大屏幕的行、列驱动电路时，应用程序的编程思路是：①将要准备输入的位数据移入 74HC595 数据输入端上，方法为送位数据到 SER；②将位数据逐位移入 74HC595，即数据串入，方法为 SCK 产生一上升沿，将 SER 上的数据移入 74HC595 中，数据送入顺序从高到低；③并行输出数据，即数据并出，方法为 RCK 产生一上升沿，将 SER 上已移入数据寄存器中的数据送入输出锁存器。

字符型液晶显示器是一种用 5×7 点阵图形来显示字符的液晶显示器，这类显示器的型号通常为：×××1602,×××2002 等。对于×××1602，其中×××为商标名称，16 代表液晶每行可以显示 16 个字,02 表示可显示两行，即这种显示器可同时显示 32 个字符。

思考与练习

技能训练题

1.用 8 块 8×8 LED 点阵拼成两个 16×16 LED 点阵式电子广告牌，使其一次能显示两个汉字，循环显示自己所在学校的全称。

2.仔细阅读数据手册，实现在 LCD1602 液晶屏上第一行滚动显示"Welcome to China！"。

项目 6 交通灯控制系统的设计与制作

项目教学目标

掌握 TCON 专用寄存器中的 IE1、IT1、IE0、IT0 四位的功能和应用。

掌握专用寄存器 IE 和 IP 的功能和应用。

掌握中断入口地址的概念及中断入口地址处程序的安排。

掌握中断服务程序的编写。

掌握根据需要选择定时计数器的四种工作方式。

掌握专用寄存器 TMOD、TCON、TH1、TL1、TH0、TL0 的功能。

掌握根据需要设置 TMOD 的方法。

掌握根据需要计算计数器初值的方法。

相关操作演示

6.1 带启停键的简易秒表设计

▶目标与要求

通过带启停键的简易秒表的设计,掌握定时/计数器的程序编写方法,熟练掌握子程序的编写与调用。设计要求:用单片机实现简易秒表控制,其中用三个按键分别实现秒表的启动、停止及清零,计时范围为 0~59 min 59 s,并将计时时间在四位数码管上显示出来。

6.1.1 定时/计数器的结构与原理

1. 定时/计数器的结构与工作原理

1) 定时/计数器的结构

定时/计数器的结构框图如图 6-1 所示。AT89C51 单片机内部有两个可编程的 16 位定时/计数器:T0 和 T1。T0 由 TH0 和 TL0 组成,高 8 位存放在 TH0 中,低 8 位存放在 TL0 中。T1 由 TH1 和 TL1 组成,高 8 位存放在 TH1 中,低 8 位存放在 TL1 中。TMOD 寄存器是定时/计数器的工作方式寄存器,用于设置定时/计数器的工作方式和功能;TCON 是定时/计数器的控制寄存器,用于控制 T0、T1 的启动和停止以及设置溢出标志。

2) 定时/计数器的工作原理

16 位的定时/计数器实质上就是一个加 1 计数器,每个定时/计数器都可由软件设置为定时方式或计数方式及其他灵活多样的可控功能方式。定时/计数器属于硬件定时和计数,是单片机中效率高且工作灵活的部件。

计数器的加 1 信号由振荡器的 12 分频信号产生,每经过一个机器周期,计数器加 1,直至计数器溢出,即对机器周期数进行统计。因此,定时器模式时,是对内部机器周期计数,计数值乘以机器周期就是定时时间。计数器模式时,是对单片机外部事件进行计数,脉冲由 T0(P3.4)或 T1(P3.5)引脚输入。

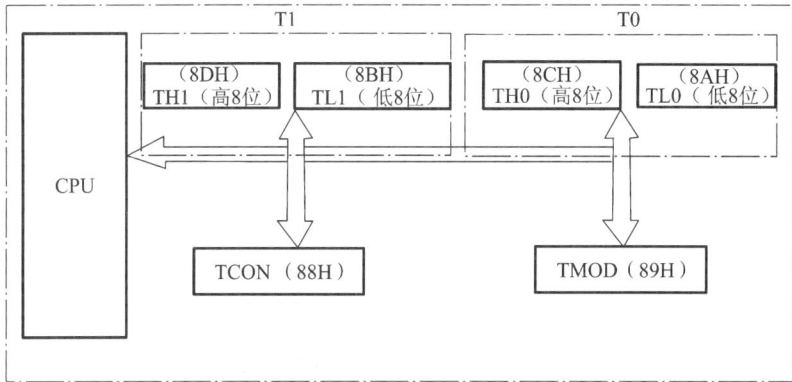

图 6-1　定时/计数器的结构框图

2. 定时/计数器的控制寄存器

AT89C51 单片机的定时/计数器内部包含有两个特殊功能寄存器 TMOD 和 TCON。TMOD 用于设置其工作方式,TCON 用于控制 T0、T1 的启动和停止以及设置溢出标志。

1) TMOD 工作方式寄存器

TMOD 工作方式寄存器用于设置定时/计数器的工作方式,高 4 位用于设置 T1,低 4 位用于设置 T0。TMOD 的结构、位名称和功能如下。

TMOD (89H)	GATE	C/$\overline{T}$	M1	M0	GATE	C/$\overline{T}$	M1	M0
	控制 T1				控制 T0			

GATE:门控位。GATE=0 时,只要用软件使 TCON 中的 TR0 和 TR1 为 1,就可以启动定时/计数器工作;GATE=1 时,用软件使 TR0 或 TR1 为 1,同时外部中断 INT0 或 INT1 为高电平,才能启动定时/计数器工作。

C/$\overline{T}$:定时/计数器功能选择位。C/$\overline{T}$=0 为定时功能;C/$\overline{T}$=1 为计数功能。

M1M0:工作方式选择位。定时/计数器有 4 种工作方式,由 M1M0 进行设置。定时/计数器工作方式如表 6-1 所示。

表 6-1　定时/计数器工作方式

M1	M0	操作方式	功能
0	0	方式 0	13 位计数器
0	1	方式 1	16 位计数器
1	0	方式 2	可自动重装载初值的 8 位计数器
1	1	方式 3	T0 分为 2 个 8 位计数器,T1 停止计数

2) TCON 控制寄存器

TCON 的低 4 位用于控制外部中断,高 4 位用于控制定时/计数器的启动与中断申请。TCON 的结构和功能如下。

TCON (88H)	TF1	TR1	TF0	TR0	IE1	IT1	IE0	IT0

TF1:T1 溢出中断请求标志。当定时/计数器 T1 计数溢出后,由 CPU 内硬件自动置 1,表示向 CPU 请求中断。CPU 响应中断后,硬件自动对其清零。TF1 也可由软件程序查询其状态或由软件置位清零。

TF0:T0 溢出中断请求标志。其意义和功能与 TF1 相似。

TR1:定时/计数器 T1 启动/停止位。TR1＝1,T1 启动;TR1＝0,T1 停止。

TR0:定时/计数器 T0 启动/停止位。TR0＝1,T0 启动;TR0＝0,T0 停止。

6.1.2　定时/计数器的工作方式与初始化

1. 定时/计数器的工作方式

AT89C51 单片机定时/计数器有 4 种工作方式,由 TMOD 中 M1M0 的状态确定。

1) 工作方式 0

当 M1M0＝00 时,定时/计数器工作于方式 0,如图 6-2 所示。在方式 0 下,T0/T1 是 13 位计数器,计数器由 TL0(TL1)低 5 位和 TH0(TH1)的全部 8 位构成,TL0(TL1)的高 3 位没有使用。特别需要注意的是 TL0(TL1)低 5 位计数满时不向 TL0(TL1)的第 6 位进位,而是向 TH0(TH1)进位,13 位计满溢出,TF0(TF1)置 1,最大计数值 $2^{13}＝8192$(计数器初值为 0)。

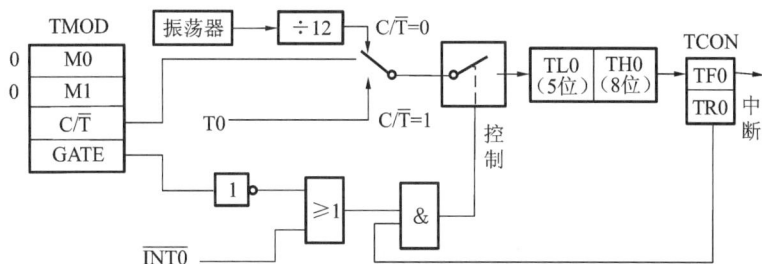

图 6-2　定时/计数器工作方式 0 结构图

如果 $C/\overline{T}＝1$,定时/计数器工作在计数状态,加法计数器对 T1 或 T0 引脚上的外部脉冲计数。计数值由下式确定:

$$N = 8192 - x$$

式中:N 为计数值;x 为 TH0(TH1)、TL0(TL1)的初值。$x＝8191$ 时,N 为最小计数值 1,$x＝0$ 时,N 为最大计数值 8192,即计数范围为 1～8192。

工作方式 0 对定时/计数器高 8 位和低 5 位的初值计算很麻烦,易出错。方式 0 采用 13 位计数器是为了与早期的产品兼容,所以在实际应用中常由 16 位的方式 1 取代。

2) 工作方式 1

当 M1M0＝01 时,定时/计数器工作于方式 1,如图 6-3 所示。在方式 1 下,T0/T1 是 16 位定时/计数器,由 TL0(TL1)作低 8 位,TH0(TH1)作高 8 位。16 位计满溢出时,TF0(TF1)置 1。

在方式 1 时,计数器的计数值由下式确定:

$$N = 2^{16} - x = 65536 - x$$

式中:N 为计数值;x 为 TH0(TH1)、TL0(TL1)的初值。$x＝65535$ 时,N 为最小计数值 1,$x＝0$ 时,N 为最大计数值 65536,即计数范围为 1～65536。

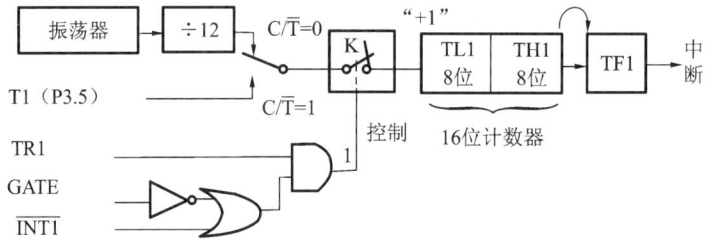

图 6-3　定时/计数器工作方式 1 结构图

在定时/计数器的使用过程中,有一个非常重要的概念,就是定时器的定时时间。所谓定时时间就是指定时计数器从开始工作到计满溢出所花的时间。它由下式确定:

$$定时时间 = (2^{16} - x) \times T$$

式中：T 为机器周期；x 为计数初值。

如果晶体振荡器频率 $f_{osc} = 12\ \text{MHz}$,则 $T = 1\ \mu s$,定时范围为 $1 \sim 65\ \text{ms}$；若晶体振荡器频率 $f_{osc} = 6\ \text{MHz}$,则 $T = 2\ \mu s$,定时范围为 $1 \sim 131\ \text{ms}$。

当单片机晶振确定后,机器周期 T 就确定了,这时的定时时间就只由计数初值 x 决定。在定时计数器开始工作之前,我们向 TH1、TL1(或 TH0、TL0)装入不同的初值,就会得到不同的定时时间。

3) 工作方式 2

当 M1M0 = 10 时,定时/计数器工作于方式 2,如图 6-4 所示。在方式 2 下,T0/T1 是 8 位定时/计数器,能自动恢复定时/计数器初值。TL0(TL1)参与计数,TH0(TH1)装计数初值,当 TL0(TL1)计数溢出时,硬件自动把 TH0(TH1)的值装入 TL0(TL1)作为下一次计数的初值,不需要用指令重新装入计数初值。

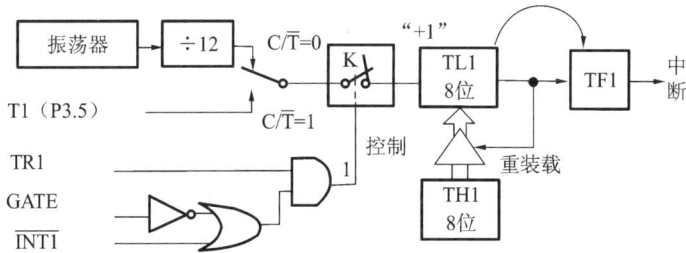

图 6-4　定时/计数器工作方式 2 结构图

方式 2 与方式 0、方式 1 不同,方式 2 仅用 TL0 计数,最大计数值为 $2^8 = 256$。计满溢出后,进位 TF0(TF1),使溢出标志 TF0(TF1) = 1,同时原来装在 TH0(TH1)中的初值自动装入 TL0(TL1)。

在方式 2 时,计数器的计数值由下式确定:

$$N = 2^8 - x = 256 - x$$

式中：N 为计数值；x 为 TH0(TH1)、TL0(TL1)的初值。$x = 255$ 时,N 为最小计数值 1,$x = 0$ 时,N 为最大计数值 256,即计数范围为 $1 \sim 256$。

$$定时时间 = (2^8 - x) \times T$$

式中：T 为机器周期；x 为计数初值。

如果晶体振荡器频率 $f_{osc} = 12\ \text{MHz}$,则 $T = 1\ \mu s$,定时范围为 $1 \sim 256\ \mu s$；若晶体振荡器频率

率 $f_{osc}=6$ MHz，则 $T=2$ μs，定时范围为 $1\sim512$ μs。

方式 2 的优点是定时初值可自动恢复，缺点是计数范围小。因此，方式 2 适用于需要重复定时，而定时范围不大的应用场合，特别适合于用作精确的脉冲信号发生器。

4）工作方式 3

当 M1M0＝11 时，定时/计数器工作于方式 3，方式 3 仅适用于 T0，T1 无方式 3。当 T0工作在方式 3 时，TH0 和 TL0 分成 2 个独立的 8 位计数器。其中，TL0 既可用作定时器，又可用作计数器，并使用原 T0 的所有控制位及其定时器中断标志和中断源。TH0 只能用作定时器，并使用 T1 的控制位 TR1、中断标志 TF1 和中断源。

2. 定时/计数器的初始化步骤

使用定时器包括初始化配置、启动定时器和根据溢出标志完成定时三个阶段的工作，在第三个阶段，CPU 可通过查询和中断两种方式得到定时器是否完成定时的信息。

定时/计数器初始化程序应完成如下工作：

① 对 TMOD 赋值，以确定 T0 和 T1 的工作方式；
② 计算初值，并将其写入 TH0、TL0 或 TH1、TL1；
③ 中断方式时，则对 IE 赋值，开放中断；
④ 使 TR0 或 TR1 置位，启动定时或计数。

6.1.3　0～9 s 简易秒表设计

设计要求：用单片机实现一位数简易秒表控制，计时范围为 0～9 s，并将计时时间在一位数码管上显示出来。

1. 硬件电路设计

硬件电路设计如图 6-5 所示。共阳极数码管公共端接电源，8 个段选端分别与单片机的 P1 口相连。

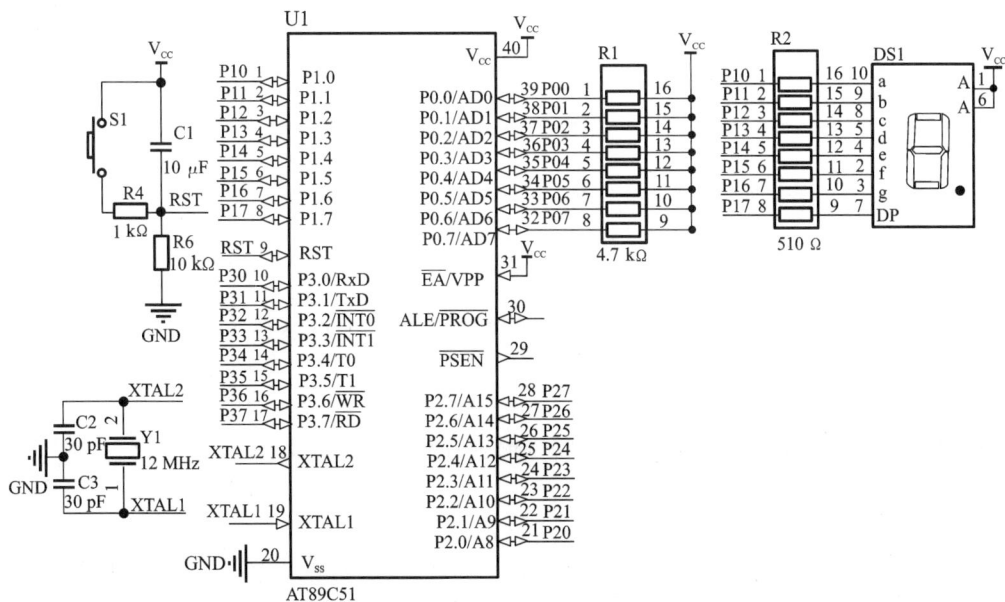

图 6-5　0～9 s 简易秒表电路

2. 软件设计

程序模块功能:主程序(定时器初始化、显示程序),延时子程序(采用定时器 1 工作方式 1 实现 1 s 延时)。参考程序如下。

```
1   //程序:second.c
2   //功能:0~9 s 的简易秒表设计,定时器采用查询方式
3   #include<reg51.h> //包含头文件 reg51.h
4   #define uchar unsigned char
5   #define GPIO_DIG P1 //宏定义
6   unsigned char led[]={0xc0,0xf9,0xa4,0xb0,0x99,0x92,0x82, 0xf8,0x80,0x90};// 0~9
    字形码
7   uchar miao;
8   void delay1s();                      //函数声明
9   void main()
10  {
11      TMOD=0x10;                       //设置 T1 为工作方式 1
12      TH1=(65536-50000)/256;           //对 TH1 赋值,定时时间为 50 ms
13      TL1=(65536-50000)%256;           //对 TL1 赋值
14      TR1=1;                           //启动定时计数器 T1
15      while(1)
16      {
17          GPIO_DIG=led[miao];          //送段码
18          delay1s();                   //调用 1 s 延时函数
19          miao++;                      //秒计数器加 1
20          if(miao==10)                 //秒计数计满,则从 0 开始计数
21          miao=0;
22              }
23      }
24  void delay1s()                       //1 s 延时函数
25  {
26      unsigned char i;
27      for(i=0;i<20;i++)                //设置 20 次循环次数
28      {
29          while(!TF1);                 //查询计数是否溢出,计数溢出 TF1=1,表示定时 50 ms
                                         //时间到
30          TF1=0;                       //将溢出标志位 TF1 清零
31          TH1=(65536-50000)/256;       //重新赋初值
32          TL1=(65536-50000)%256;
33      }
34  }
```

6.1.4 0~59 s 简易秒表设计

设计要求:将计时范围扩展为 0~59 s,并将计时时间在两位数码管上显示出来。

1. 硬件电路设计

0~59 s 简易秒表硬件设计电路如图 6-6 所示。两位一体的共阳极数码管的位选端分别跟单片机的 P2.0 和 P2.1 相连,8 个段选端跟单片机的 P1 口相连,用八同相三态缓冲器 74HC245 驱动。

2. 软件设计

程序模块功能:主程序(定时器初始化、开中断、调用显示子程序)、延时子程序(软件延时)、定时中断子程序(定时器 1 中断函数,定时 50 ms 到,自动执行该函数,判断是否中断 20 次)、显示子程序。

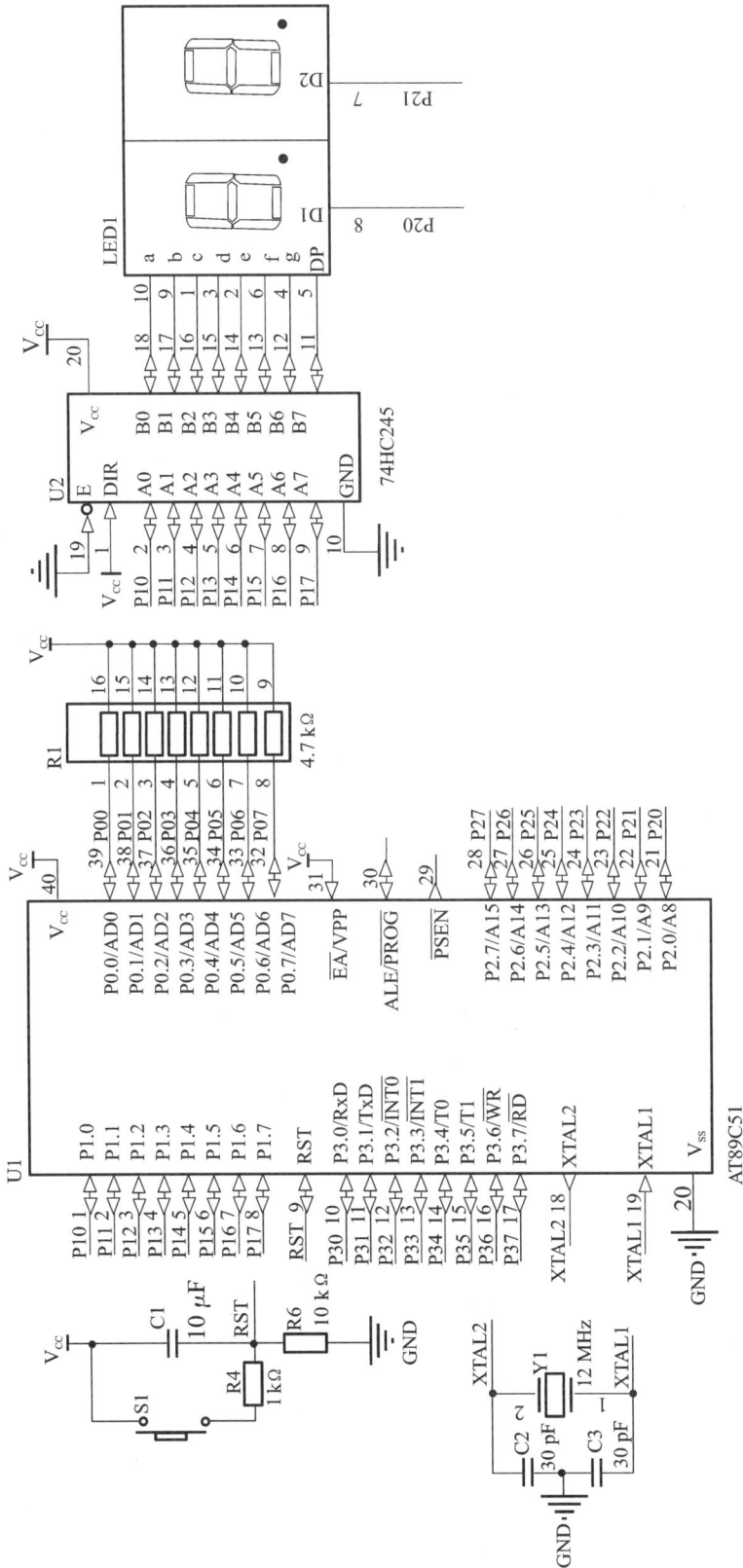

图 6-6　0～59 s 简易秒表硬件设计电路

参考程序如下。

```
1  //程序:59second.c
2  //功能:00~59 s的简易秒表设计,定时器采用中断方式
3  #include〈reg51.h〉
4  unsigned char count=0;        //定义 count 为 50 ms 计数变量,miao 为秒变量
5  unsigned char miao=0;
6  void disp(unsigned char p);   //数码管显示函数声明
7  void delay(unsigned int i);   //延时函数声明
8  void timer_1() interrupt 3    //定时器 1 中断类型号为 3
9  {
10     TH1=(65536-50000)/256;//重新赋初值
11     TL1=(65536-50000)%256;
12     count++;               //中断次数增 1
13     if(count==20)          //中断次数到 20 次吗?
14     {
15        count=0;            //是,1 s 计时到,50 ms 计数变量清零
16        miao++;             //秒变量加 1
17        if(miao==60)        //到 60 s 吗?
18           miao=0;          //是,秒变量清零
19     }
20  }
21  void main()               //主函数
22  {
23     TMOD=0x10;             //定时器 1 工作方式 1
24     TH1=(65536-50000)/256;//50 ms 定时初值
25     TL1=(65536-50000)%256;
26     ET1=1;                 //开定时 1 中断
27     EA=1;                  //开总中断
28     TR1=1;                 //启动定时器
29     while(1)
30     {
31        disp(miao);         //调用显示子函数
32     }
33  }
34  void disp(unsigned char p)
35  {
36     unsigned char led[]={0xc0,0xf9,0xa4, 0xb0, 0x99, 0x92, 0x82, 0xf8,0x80, 0x90, 0x88,
       0x83, 0xc6, 0xa1, 0x86, 0x8e};
38     P2=0x01;               //送位选
39     P1=led[p/10];          //送段选,显示 p 的十位
40     delay(100);            //延时
41
42     P2=0x02;               //送位选
43     P1=led[p%10];          //送段选,显示 p 的个位
44     delay(100);            //延时
45  }
46  void delay(unsigned int i) //延时函数
47  {
48     unsigned int k;
49     for(k=0;k<i;k++);
50  }
```

6.1.5 带启停键的秒表设计

1. 硬件电路设计
带启停键的秒表硬件设计电路如图 6-7 所示。四位一体的共阳极数码管的位选端分别跟

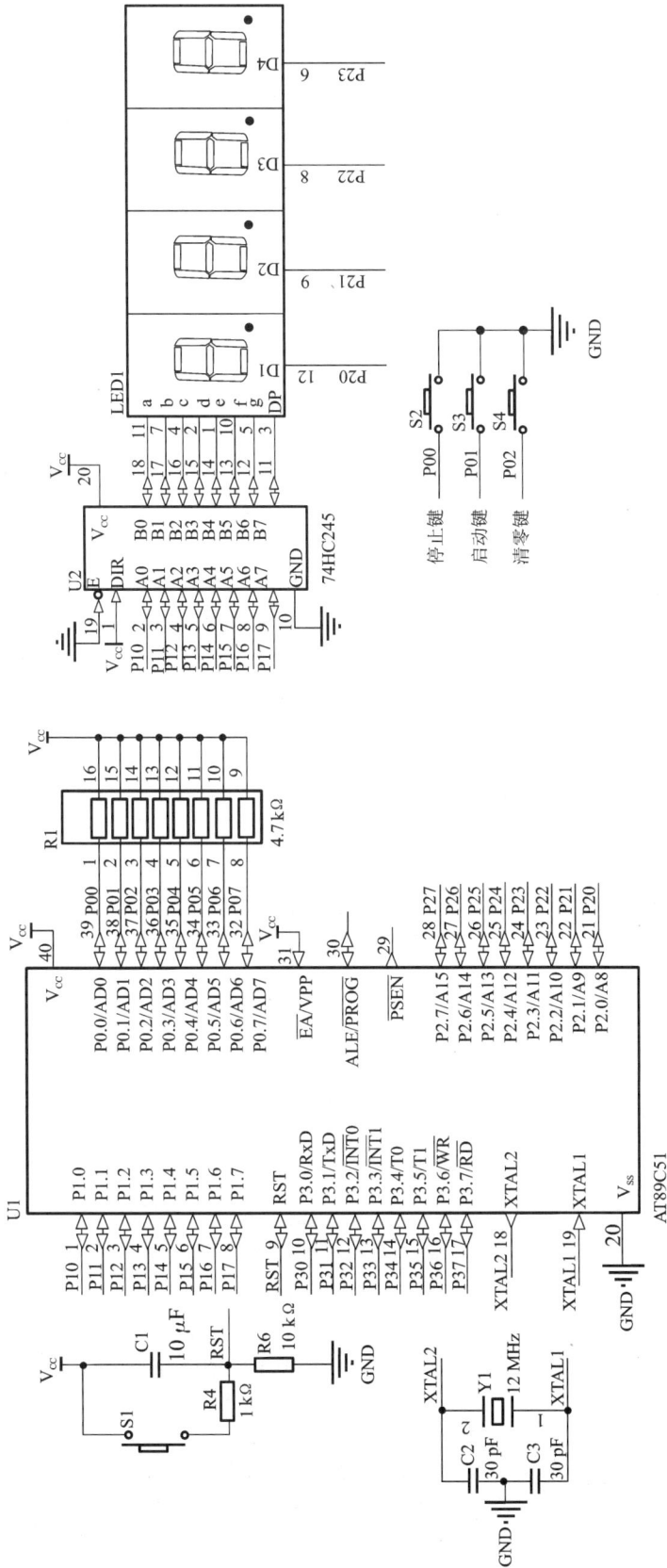

图 6-7　带启停键的秒表硬件设计电路

单片机的 P20、P21、P22、P23 相连,8 个段选端跟单片机的 P1 口相连,用八同相三态缓冲器 74HC245 驱动。停止键 S2、启动键 S3、清零键 S4 分别跟单片机的 P00、P01、P02 相连。

2. 软件设计

程序模块功能:主程序(初始化、调用键盘子函数、调用显示子函数)、定时器初始化子函数、显示子程序(送段位码)、定时器中断服务程序(判断 1 s 到否)、按键子函数(实现启动、停止及清零)。

参考程序如下。

```
1  //程序:second clock.c
2  //功能:带启停键的简易秒表设计,定时器采用中断方式
3  #include〈reg51.h〉
4  #define uchar unsigned char
5  #define uint unsigned int
6  uchar code led[]={0xc0,0xf9,0xa4,0xb0,0x99,0x92,0x82,0xf8,
7      0x80,0x90,0x88,0x83,0xc6,0xa1,0x86,0x8e,0x7f,0xff};    //定义数字 0~F 字形显示码
8  uchar temp;
9  uchar msec,sec,min;                        //定义 msec 为 50 ms 计数变量,sec 为秒变量,
                                              min 为分变量
10  void delay(uint i)
11  {
12      uint k;
13      for(k=0;k<i;k++);
14  }
15  //函数名:timer0
16  //函数功能:定时器 0 中断函数,定时 50 ms 到,自动执行该函数,判断是否中断 20 次
17  void timer0() interrupt 1              //定时器 0 中断类型号为 1
18  {
19      TH0=(65536-50000)/256;            //50 ms 定时初值
20      TL0=(65536-50000)%256;
21      msec++;                            //中断次数增 1
22      if(msec==20)                       //中断次数到 20 次吗?
23        {
24            msec=0;                       //是,1 s 计时到,50 ms 计数单元清零
25            sec++;                        //秒单元加 1
26        }
27      if(sec==60)                        //到 60 s 吗?
28      {
29        sec=0;                           //是,1 min 计时到,秒单元清零
30        min++;                           //分单元加 1
31      }
32      if(min==60)                        //到 60 min 吗?
33        min=0;                           //是,分单元清零
34  }
```

```
35  void initial()
36  {
37      TMOD=0x01;                          //定时器 0 工作方式 1
38      TH0=(65536-50000)/256;              //50 ms 定时初值
39      TL0=(65536-50000)%256;
40      EA=1;                               //开总中断
41      ET0=1;                              //开定时器 0 中断
42      TR0=1;
43  }
44  void display(uchar t1,uchar t2)         //显示子函数
45  {
46      P2=0x01;                            //显示第一个数 t1
47      P1=led[t1/10];
48      delay(100);
49      P2=0x02;
50      P1=led[t1%10]&led[16];
51      delay(100);
52
53      P2=0x04;                            //显示第二个数 t2
54      P1=led[t2/10];
55      delay(100);
56      P2=0x08;
57      P1=led[t2%10];
58      delay(100);
59  }
60  void key()                              //按键子函数
61  {
62      uchar temp;
63      P0=0xff;
64      if(P0!=0xff)                         //判断有无按键按下
65      {
66          delay(100);                     //去抖延时
67          if(P0!=0xff)                     //再次判断有无按键按下
68          {
69              temp=P0;                    //将 P2 口的值读出来
70          }
71      }
72      switch(temp)                        //按键处理
73          {
74              case 0xfe:TR0=0; break;     //按下停止键 S2,停止计数
75              case 0xfd:TR0=1; break;     //按下启动键 S3,启动计数
76              case 0xfb:{
77                      TR0=0;
78                      min=0;
```

```
79                          sec=0;
80                          msec=0;
81                      } break;              //按下复位键 S4,清零
82                  }
83  }
84  void main()                              //主函数
85  {
86      initial();                           //调用定时器 T0 的初始化程序
87      while(1)
88      {
89          key();                           //调用键盘子函数
90          display(min,sec);                //调用显示子函数将 min,sec 的值在数码管
                                             //上显示出来
91      }
92  }
```

小结

本节学习并实践了定时/计数器初始化、初始值计算、TMOD 寄存器的设置、TCON 的设置及应用,实现了简易秒表的设计。

6.2 模拟交通灯控制系统的设计

▶目标与要求

通过模拟交通灯控制系统的设计,掌握定时器和中断系统的综合应用,进一步熟练软、硬件联调方法。设计一个交通灯控制系统,实现功能:①正常通行情况,如表 6-2 所示,东西南北轮流点亮交通灯;②特殊通行情况,东西方向放行 5 s;③紧急通行情况,东西、南北方向均为红灯,持续 10 s,紧急通行情况优先级高于特殊通行情况。

表 6-2 交通灯显示状态

东西方向			南北方向			状态说明
红灯	黄灯	绿灯	红灯	黄灯	绿灯	
灭	灭	亮	亮	灭	灭	东西方向通行,南北方向禁行,55 s
灭	灭	闪烁	亮	灭	灭	东西方向提醒,南北方向禁行,3 s
灭	亮	灭	亮	灭	灭	东西方向警告,南北方向禁行,2 s
亮	灭	灭	灭	灭	亮	东西方向禁行,南北方向通行,55 s
亮	灭	灭	灭	灭	闪烁	东西方向禁行,南北方向提醒,3 s
亮	灭	灭	灭	亮	灭	东西方向禁行,南北方向警告,2 s

6.2.1　中断的概念及处理过程

在日常生活中有很多中断现象,例如:交通灯控制。当交通灯正常运行时,东西方向的绿灯亮,同时南北方向红灯亮,这时东西方向车辆正常通行,南北车辆禁止通行。经过适当的延时后,东西方向黄灯开始闪烁,提示该方向通行状态即将转换,待黄灯闪烁结束后,东西方向的红灯亮,南北绿灯亮,这时东西方向车辆禁止通行,南北方向车辆正常通行。再经过适当延时后,南北方向黄灯闪烁,提示该方向通行状态即将转换,之后重复上述过程。

然而,在有些情况下,当有特殊车辆需要通过该路口时,需要暂停当前交通灯的状态而优先保证特殊车辆通行,当特殊车辆通行后又返回到之前暂停的状态继续控制。这种处理方式就是中断。

单片机的中断是指在单片机的程序正常运行期间,出现某些意外情况需要立即处理(意外情况的来源称为中断源),单片机将停止正在运行的程序并转入处理新情况的程序,处理完毕后又返回原被暂停的程序继续运行。

6.2.2　单片机的中断系统

以 AT89C51 单片机的中断系统为例。

1. 中断源

中断源是指向 CPU 发出中断请求的信号来源,AT89C51 单片机有 5 个中断源,其中 2 个是外部中断源,3 个是内部中断源。中断系统的内部结构图如图 6-8 所示。

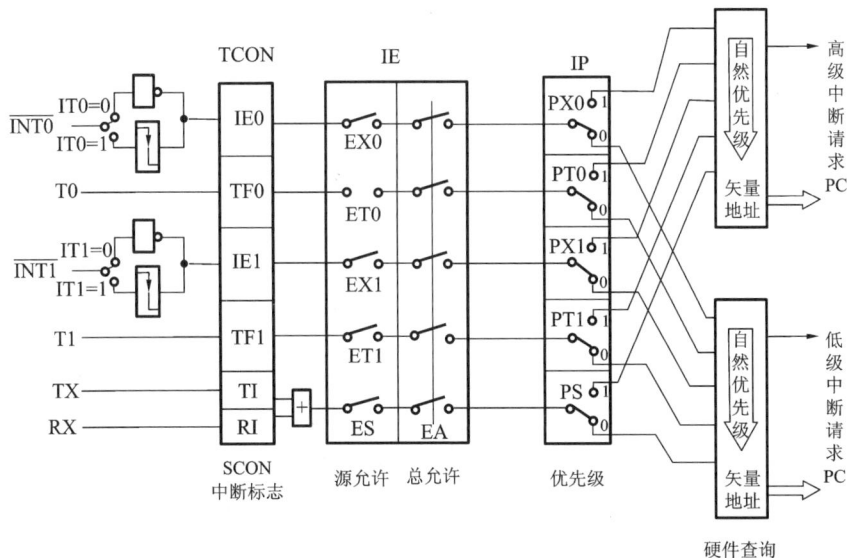

图 6-8　中断系统的内部结构图

$\overline{\text{INT0}}$:外部中断 0,从 P3.2 引脚输入,低电平或下降沿引起中断。

$\overline{\text{INT1}}$:外部中断 1,从 P3.3 引脚输入,低电平或下降沿引起中断。

T0:定时/计数器 T0 中断,由 P3.4 引脚 T0 回零溢出引起中断。

T1:定时/计数器 T1 中断,由 P3.5 引脚 T1 回零溢出引起中断。

串行口中断 TI/RI:串行 I/O 中断,完成一帧字符发送/接收引起。

2．中断控制寄存器

AT89C51 单片机与中断控制相关的特殊功能寄存器有定时/计数控制寄存器 TCON、中断允许控制寄存器 IE、中断优先控制寄存器 IP、串行口控制寄存器 SCON。

1) 定时/计数控制寄存器 TCON

中断请求标志$\overline{INT0}$、$\overline{INT1}$、T0、T1 放在 TCON 中，串行中断请求标志放在 SCON 中。TCON 的结构如表 6-3 所示。

表 6-3　TCON 的结构

TCON	D7	D6	D5	D4	D3	D2	D1	D0
	TF1	TR1	TF0	TR0	IE1	IT1	IE0	IT0
位地址	8FH	8EH	8DH	8CH	8BH	8AH	89H	88H

TF1：T1 溢出中断请求标志，关联定时/计数器 T1。当 T1 计数溢出后，由 CPU 内硬件自动置 1，表示向 CPU 请求中断。CPU 响应该中断后，片内硬件自动对其清零。TF1 也可由软件程序查询其状态或由软件置位清零。

TF0：T0 溢出中断请求标志，关联定时/计数器 T0。其意义和功能与 TF1 相似。

IE1：外部中断$\overline{INT1}$中断请求标志，关联 I/O 口 P3.3。当 P3.3 引脚信号有效时，触发 IE1 置 1，当 CPU 响应该中断后，由片内硬件自动清零（自动清零只适用于边沿触发方式）。

IE0：外部中断$\overline{INT0}$中断请求标志，关联 I/O 口 P3.2。其意义和功能与 IE1 相似。

IT1：外部中断$\overline{INT1}$触发方式控制位。IT1＝1，为边沿触发方式，当 P3.3 引脚出现下降沿脉冲信号时有效；IT1＝0，为电平触发方式，当 P3.3 引脚为低电平信号时有效。IT1 由软件置位或复位。

IT0：外部中断$\overline{INT0}$触发方式控制位。其意义和功能与 IT1 相似。

2) 中断允许控制寄存器 IE

CPU 对中断系统的所有中断以及某个中断源的开放和屏蔽是由中断允许控制寄存器 IE 控制的。开放表示当中断发生后，CPU 将中断当前正在执行的程序，转而执行中断处理程序，待中断处理程序执行完毕后再返回原状态。屏蔽表示 CPU 不会中断当前程序，即忽略中断请求。IE 的状态可通过程序由软件设定。某位设定为 1，相应的中断源中断允许；某位设定为 0，相应的中断源中断屏蔽。CPU 复位时，IE 各位清零，禁止所有中断。IE 的结构如表 6-4 所示。

表 6-4　IE 的结构

IE	D7	D6	D5	D4	D3	D2	D1	D0
	EA	—	—	ES	ET1	EX1	ET0	EX0
位地址	AFH	AEH	ADH	ACH	ABH	AAH	A9H	A8H

EA：中断总控制位。EA＝1，CPU 开放中断，EA＝0，CPU 禁止所有中断。

ES：串行口中断控制位。ES＝1，允许串行口中断，ES＝0，屏蔽串行口中断。

ET1：定时/计数器 T1 中断控制位。ET1＝1，允许 T1 中断，ET1＝0，禁止 T1 中断。

EX1：外部中断 1 中断控制位。EX1＝1，允许外部中断 1 中断，EX1＝0，禁止外部中断 1 中断。

ET0：定时/计数器 T0 中断控制位。ET0＝1，允许 T0 中断，ET0＝0，禁止 T0 中断。

EX0：外部中断 0 中断控制位。EX0＝1，允许外部中断 0 中断，EX0＝0，禁止外部中断 0 中断。

3) 中断优先级控制寄存器 IP

为使 CPU 能及时响应并处理系统发生的所有中断，CPU 可根据引起中断事件的重要性和紧急程度,将中断源分为若干个级别,称作中断优先级。

确认好中断的优先级后,当 CPU 遇到多个中断源同时请求中断时,将先响应优先级最高的中断请求,待高等级中断处理完成后,再依次处理低优先级中断。当 CPU 正在处理某一中断时,如果发生了更高优先级的中断,CPU 将立刻响应优先级更高的中断请求;如果新发生的为同级或较低级的中断请求,CPU 则将先完成当前中断处理,再执行新的中断程序。CPU 停止当前中断程序的处理,执行更高优先级中断的程序处理方式,称为中断嵌套。

AT89C51 单片机有两个中断优先级,即可实现二级中断服务嵌套。每个中断源的中断优先级都由中断优先级控制寄存器 IP 中的相应位状态定义。IP 的状态由软件设定,某位为 1,则相应的中断源为高优先级中断;某位为 0,则相应的中断源为低优先级中断。单片机复位时,IP 各位清零,各中断源处于低优先级中断。IP 的结构如表 6-5 所示。

表 6-5　IP 的结构

IP	D7	D6	D5	D4	D3	D2	D1	D0
	—	—	—	PS	PT1	PX1	PT0	PX0
位地址	BFH	BEH	BDH	BCH	BBH	BAH	B9H	B8H

PT1:定时器 1 优先级控制位。PT1=1 表示定时器 1 为高优先级中断;PT1=0 表示定时器 1 为低优先级中断。

PX1:外部中断 1 优先级控制位。PX1=1 表示外部中断 1 为高优先级中断;PX1=0 表示外部中断 1 为低优先级中断。

PT0:定时器 0 优先级控制位。PT0=1 表示定时器 0 为高优先级中断;PT0=0 表示定时器 0 为低优先级中断。

PX0:外部中断 0 优先级控制位。PX0=1 表示外部中断 0 为高优先级中断;PX0=0 表示外部中断 0 为低优先级中断。

PS:串行口中断优先级控制位。PS=1 表示串行口中断为高优先级中断;PS=0 表示串行口中断为低优先级中断。

综上所述,如果某位被设置为"1",则对应的中断源被设为高优先级;如果某位被清零,则对应的中断源被设定为低优先级。对于同级中断源,系统有默认的优先权顺序,默认的优先权顺序如表 6-6 所示。

表 6-6　同级中断源的优先顺序等级

中断源	优先级顺序
外部中断 0	1
定时/计数器 T0	2
外部中断 1	3
定时/计数器 T1	4
串行口	5

例如:将 T0、外部中断 1 设为高优先级,其他为低优先级,则 IP 的值为 06H;

如果此时 5 个中断请求同时发生,则中断响应的次序为:

定时器 0→外部中断 1→外部中断 0→定时器 1→串行口中断

3. 中断响应处理过程

单片机在进行中断处理时,一般分为四个步骤:中断请求、中断响应、中断处理和中断返回。图 6-9 所示为中断响应处理过程流程图,图 6-9(a)所示为主程序初始化处理过程,图 6-9(b)所示为硬件自动中断处理过程,图 6-9(c)所示为中断响应后的具体处理过程。

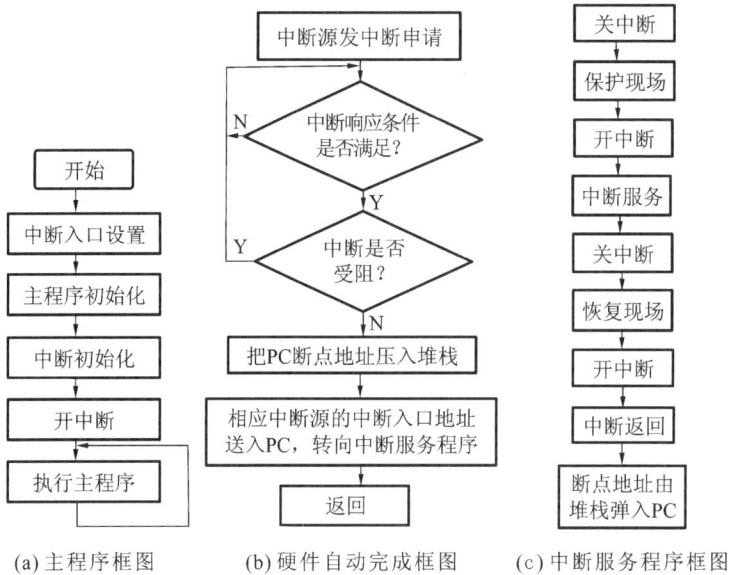

图 6-9 中断响应处理过程流程图

1) 中断请求

当中断源要求 CPU 为它服务时,必须发出一个中断请求信号。为保证该中断得以实现,中断请求标志应保持到 CPU 响应该中断后才取消,CPU 也会不断地及时查询这些中断请求标志,一旦查询到该中断的中断请求标志为 1,就立即响应该中断。

2) 中断响应

(1) 中断响应的条件。MCS-51 单片机中断响应条件是:中断源有中断请求且中断允许。MCS-51单片机工作时在每个机器周期,对所有的中断源按优先级顺序进行检查,如有中断请求,并满足相应条件,则在下一个机器周期响应中断,否则忽略检查结果。须满足的相应条件如下。

① 该中断对应"阀门"(总阀门和分阀门)已打开。

② CPU 此时没有响应同级或更高级的中断。

③ 当前正处于所执行指令的最后一个机器周期。

④ 正在执行的指令不是 RETI 或者访问 IE、IP 的指令。

(2) 中断响应操作。MCS-51 单片机中断响应过程如下。

① 对相应的优先级状态触发器由硬件设置为 1。

② 保护断点。

③ 清除中断请求标志,例如 IE0,IE1,TF0,TF1。

④ 关闭同级中断。在一种中断响应后,同一优先级的中断被暂时屏蔽,待中断返回时再重新打开。

⑤ 将相应中断的入口地址送入 PC。

MCS-51 单片机内部 5 个中断源在内存内部都有其各自对应的中断服务子程序入口地址,如表 6-7 所示。在用 KEIL C51 编写中断服务程序时,MCS-51 单片机中 5 个中断源服务程序入口地址是用关键字 interrupt 加一个 0～4 的代码组成的。

当中断响应后,单片机 CPU 能按中断种类自动跳转到各中断的单元入口地址去执行程序。但实际上在内存中每个中断的 8 个单元难以存放一个完整的中断服务程序,因此用户在使用汇编语言编程时,可在各中断单元地址存放一条无条件跳转指令(LJMP),跳转到执行实际的中断服务程序。

表 6-7   各中断源及中断服务子程序入口地址

中断源名称		对应引脚	中断入口地址	C 语言中断源服务程序入口
外部中断 0		INT0(P3.2)	0003H	0
定时器/计数器 0		T0(P3.4)	000BH	1
外部中断 1		INT1(P3.3)	0013H	2
定时器/计数器 1		T1(P3.5)	001BH	3
串行口中断	串行接收	RXD(P3.0)	0023H	4
	串行发送	TXD(P3.1)		

3)中断处理

中断处理一般包含以下几个部分。

(1)保护现场。所谓保护现场,即在中断响应时,将断点处的有关寄存器的内容(如特殊功能寄存器 ACC、PSW、DPTR 等)压入堆栈中保护起来,以便中断返回时恢复。

(2)执行中断服务程序,完成相应操作。中断服务程序中的操作和功能是中断源请求中断的目的,是 CPU 完成中断处理操作的核心和主体。

(3)恢复现场。与保护现场相对应,中断返回前,应将保护现场时压入堆栈中的相关寄存器中的内容从堆栈中取出,返回原有的寄存器,以便中断返回时继续执行原来的程序不出差错。

4)中断返回

中断服务程序最后一条必须加 RETI 指令,中断才能返回。用 Keil C51 编的程序不需要考虑保护、恢复现场的问题。这也是为什么 C 程序语言对学生来说简单易懂的原因。

6.2.3   中断的 C51 编程

MCS-51 单片机的中断是两级控制,在主程序中,要总中断允许,即 EA=1;然后还要相应的子中断允许。在中断服务程序部分,要正确书写关键字 interrupt 和中断代码(参见表 4-7 中各中断源及中断服务子程序入口地址)。中断服务程序的名字可任意,只要符合 Keil C51 语法即可。

1. 中断函数的定义

在 C 语言程序中,中断函数使用关键词 interrupt 与中断号来定义中断函数,其一般形式如下:

void 中断函数名()interrupt 中断号[using n]

```
{
    声明部分;
    执行部分;
}
```

格式说明:

① 中断函数无返回值,数据类型以 void 表示,也可省略。

② 中断函数名为标识符,一般以中断名称标志,力求简明易懂,如 T0_int()。

③ 中断号为该中断在 IE 寄存器的使能位置,如外部中断 0 的中断号为 0。

④ 选项[using n],指中断函数使用的工作寄存器组号,n=0~3。如果使用[using n]选项,编译器不产生保护和恢复 R0~R7,执行会快一些,这时中断函数及其调用的函数必须使

用不同的工作寄存器,否则会破坏主程序现场。而如果不使用[using n]选项,中断函数和主程序使用同一组寄存器,在中断函数中,编译器会自动产生保护和恢复 R0~R7 现场,执行速度会慢一些。一般情况下,主程序和低优先级中断函数使用同一组寄存器,而高优先级中断可用选项[using n]指定工作寄存器。

2. 中断函数的编写规则

① 不能进行参数传递。如果中断过程包括任何参数声明,编译器将产生一个错误信息。

② 无返回值。如果定义一个返回值将产生编译错误,但如果返回值的类型是默认的整型值,编译器将不能识别出该错误。

③ 在任何情况下不能直接调用中断函数,否则编译器会产生错误。这是因为直接调用中断函数时,硬件寄存器上标志位没有中断请求存在,所以直接调用是不正确的。这是中断函数和其他子函数的区别。

例如:

```
1   void main(void)
2   {
3       EA=1;//开中断
4       ES=1;//允许串口中断
5       ET0=1;//允许定时器 T0 中断
6       EX1=1;//允许外部中断 INT0
7       IT0=1;//外部中断为脉冲触发方式
8       …
9   }
10  void com_isr(void) interrupt 4//串口中断服务程序,4是串口中断服务程序代码
11  {
12      …    //串口程序
13  }
14  void T0_Int() interrupt 1//定时器 T0 中断服务程序,1是 T0 中断服务程序代码
15  {
16      …    //定时器 T0 程序
17  }
18  void Int0_Int() interrupt 0//外部中断 0 中断服务程序,0是 INT0 中断服务程序代码
19  {
20      …    //INT0 程序
21  }
```

6.2.4 模拟交通灯控制系统的设计

1.硬件电路设计

每个交通灯模块内包含绿、黄、红三盏灯,引出三根引线,高电平点亮灯。在不考虑左转弯行驶车辆的情况下,东西两个方向的信号灯显示状态是一样的,所以,每个方向只用 3 个 I/O 口即可控制。南北方向绿灯、黄灯、红灯分别跟单片机的 P1.0、P1.1、P1.2 相连,东西方向绿灯、黄灯、红灯分别跟单片机的 P1.3、P1.4、P1.5 相连。模拟交通灯控制系统电路设计如图 6-10 所示。按键 S1、S2 模拟紧急情况和特殊情况的发生,S1 键接外部中断 0 引脚 P3.2,表示紧急情况;S2 键接外部中断 1 引脚 P3.3,表示特殊情况。

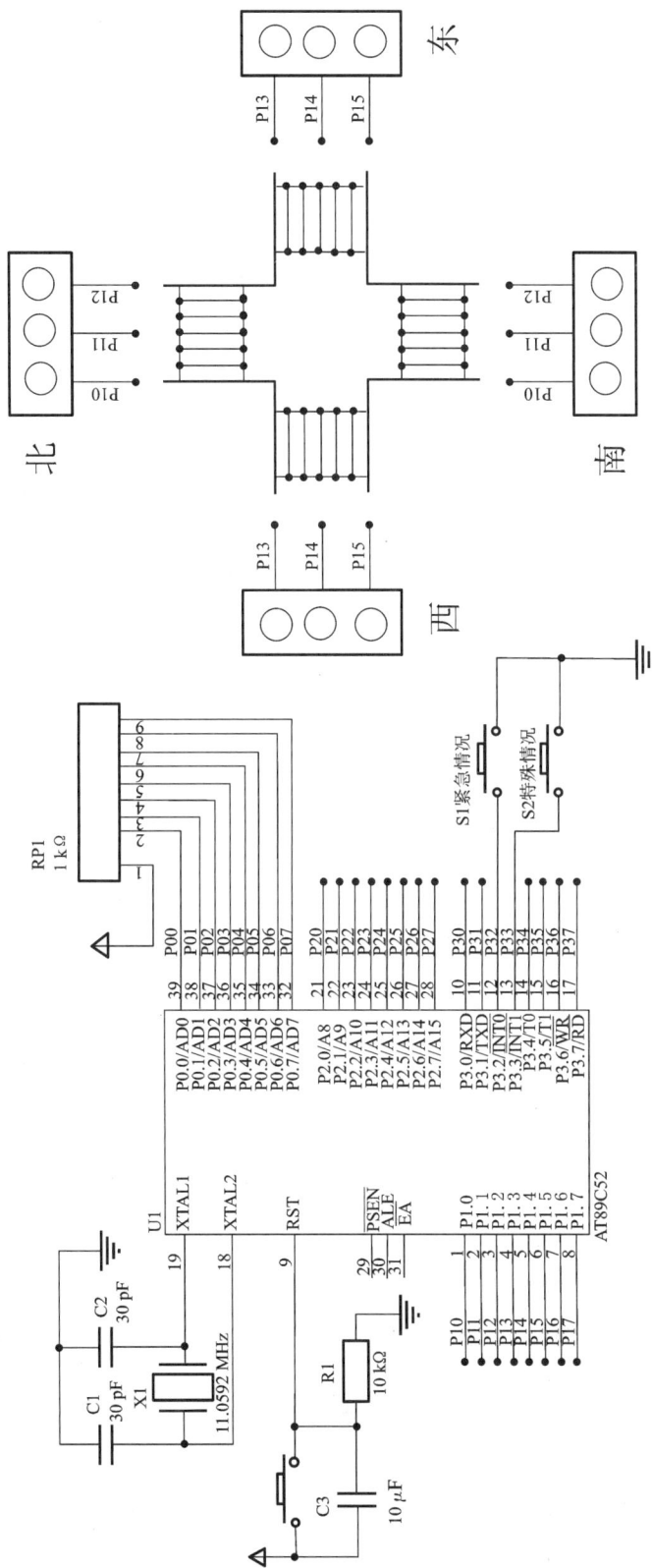

图 6-10　模拟交通灯控制系统电路设计

2. 软件设计

当 I/O 口输出高电平时,对应的交通灯被点亮;反之,当 I/O 口输出低电平时,对应的交通灯熄灭。根据任务要求得到正常情况下端口控制状态如表 6-8 所示。

表 6-8　交通灯端口分配及控制状态

P16、P17	东西方向			南北方向			状态说明
	P15	P14	P13	P12	P11	P10	
无关端	红灯	黄灯	绿灯	红灯	黄灯	绿灯	
00	0	0	1	1	0	0	P1=0x0c,延时 55 s
00	0	0	0、1 交替	1	0	0	P1=0x04,延时 0.5 s P1=0x0c,延时 0.5 s,循环 3 次
00	0	1	0	1	0	0	P1=0x14,延时 2 s
00	1	0	0	0	0	1	P1=0x21,延时 55 s
00	1	0	0	0	0	0、1 交替	P1=0x20,延时 0.5 s P1=0x21,延时 0.5s,循环 3 次
00	1	0	0	0	1	0	P1=0x22,延时 2 s

当 S1、S2 为高电平时,按键未按下,表示为正常情况。当 S1 按下为低电平时,由于 S1 键与外部中断 0 引脚 P3.2 相连,此时即可实现外部中断 0 申请,为紧急情况,东西南北均为红灯,P1=0x24,延时 10 s。当 S2 按下为低电平时,由于 S2 键与外部中断 1 引脚 P3.3 相连,此时即可实现外部中断 1 申请,为特殊情况,东西方向放行,P1=0x0c,延时 5 s。

参考程序如下。

```
1  //程序:traffic light.c
2  //功能:模拟交通灯控制系统
3  #include〈reg51.h〉
4  unsigned char t0,t1;                //定义全局变量,用来保存延时时间循环次数
5  void delay0_5s1()                   //用定时器 T1 工作方式 1 编制 0.5 s 延时程序
6  {
7      for(t0=0;t0<10;t0++)
8      {
9          TH1=(65536-50000)/256;
10         TL1=(65536-50000)/256;
11         TR1=1;
12         while(!TF1);
13         TF1=0;
14     }
15 }
16 void delay_t1(unsigned char t)      //实现 0.5*t 秒延时
17 {
18     for(t1=0;t1<t;t1++)
19     delay0_5s1();
20 }
21 void int_0() interrupt 0            //紧急情况中断
```

```
22  {
23      unsigned char i,j,k,l,m;
24      i＝P1;                    //保护现场
25      j＝t0;
26      k＝t1;
27      l＝TH1;
28      m＝TL1;
29      P1＝0x24;                 //两个方向都是红灯
30      delay_t1(20);            //延时 10 s
31      P1＝i;                    //恢复现场
32      t0＝j;
33      t1＝k;
34      TH1＝l;
35      TL1＝m;
36  }
37  void int_1() interrupt 2     //特殊情况中断
38  {
39      unsigned char i,j,k,l,m;
40      EA＝0;                    //关中断
41      i＝P1;                    //保护现场
42      j＝t0;
43      k＝t1;
44      l＝TH1;
45      m＝TL1;
46      EA＝1;                    //开中断
47      P1＝0x0c;                 //东西方向放行
48      delay_t1(10);            //延时 5 s
49      EA＝0;                    //关中断
50      P1＝i;                    //恢复现场
51      t0＝j;
52      t1＝k;
53      TH1＝l;
54      TL1＝m;
55      EA＝1;
56  }
57  void main()                  //主函数
58  {
59      unsigned char k;
60      TMOD＝0x10;               //定时器 T1 位方式 1
61      EA＝1;                    //开总中断
62      EX0＝1;                   //开外部中断 0
63      IT0＝1;                   //设置外部中断 0 为下降沿触发
64      EX1＝1;                   //开外部中断 1
65      IT1＝1;                   //设置外部中断 1 为下降沿触发
```

```
66        while(1)
67        {
68            P1=0x0c;                      //东西绿灯,南北红灯
69            delay_t1(110);                //延时 55 s
70            for(k=0;k<3;k++)              //东西绿灯闪烁 3 次
71            {
72                P1=0x0c;
73                delay0_5s1();             //延时 0.5 s
74                P1=0x04;
75                delay0_5s1();
76            }
77            P1=0x14;                      //东西黄灯,南北红灯
78            delay_t1(4);                  //延时 4 s
79            P1=0x21;                      //东西红灯,南北绿灯
80            delay_t1(110);                //延时 55 s
81            for(k=0;k<3;k++)              //南北绿灯闪烁 3 次
82            {
83                P1=0x20;
84                delay0_5s1();             //延时 0.5 s
85                P1=0x21;
86                delay0_5s1();
87            }
88            P1=0x22;                      //东西红灯,南北黄灯
89            delay_t1(4);                  //延时 2 s
90        }
91    }
```

小结

通过本节的学习,要学会分析设计任务,掌握中断控制电路的工作原理及控制方法,掌握中断的 C51 编程并能完成交通灯设计。

项 目 总 结

单片机内部有两个可编程的 16 位定时/计数器:T0 和 T1。T0 由 TH0 和 TL0 组成,高 8 位存放在 TH0 中,低 8 位存放在 TL0 中。T1 由 TH1 和 TL1 组成,高 8 位存放在 TH1 中,低 8 位存放在 TL1 中。

TMOD 工作方式寄存器用于设置定时/计数器的工作方式,高 4 位用于设置 T1,低 4 位用于设置 T0。TCON 的低 4 位用于控制外部中断,高 4 位用于控制定时/计数器的启动与中断申请。定时/计数器初始化程序应完成如下工作:

(1)对 TMOD 赋值,以确定 T0 和 T1 的工作方式;

(2)计算初值,并将其写入 TH0、TL0 或 TH1、TL1;

（3）中断方式时,对 IE 赋值,开放中断;

（4）使 TR0 或 TR1 置位,启动定时或计数。

中断源是指向 CPU 发出中断请求的信号来源,AT89C51 单片机有 5 个中断源,其中 2 个是外部中断源,3 个是内部中断源。

单片机在进行中断处理时,一般分为四个步骤:中断请求、中断响应、中断处理和中断返回。MCS-51 单片机中断响应条件是:中断源有中断请求且中断允许。

思考与练习

一、单项选择题

1.51 系列单片机的定时器 T1 用作计数方式时,采用工作方式 2,则工作方式控制字为（　　）。

　　A.0x60　　　　　　　　B.0x02　　　　　　　　C.0x06　　　　　　　　D.0x20

2.51 系列单片机的定时器 T1 用作定时方式时,采用工作方式 1,则工作方式控制字为（　　）。

　　A.0x01　　　　　　　　B.0x05　　　　　　　　C.0x10　　　　　　　　D.0x50

3.51 系列单片机的定时器 T1 用作定时方式时是（　　）。

　　A.对内部时钟频率计数,一个时钟周期加 1

　　B.对内部时钟频率计数,一个机器周期减 1

　　C.对外部时钟频率计数,一个时钟周期加 1

　　D.对外部时钟频率计数,一个机器周期减 1

4.51 系列单片机的定时器 T1 用作计数方式时计数脉冲是（　　）。

　　A.外部计数脉冲由 T1(P3.5)输入　　　　　　B.外部计数脉冲由内部时钟频率提供

　　C.外部计数脉冲由 T0(P3.4)输入　　　　　　D.由外部计数脉冲计数

5.51 系列单片机的定时器 T0 用作定时方式时,采用工作方式 1,则初始化编程为（　　）。

　　A.TMOD=0x01　　　　　　　　　　　　　　B.TMOD=0x50

　　C.TMOD=0x10　　　　　　　　　　　　　　D.TMOD=0x02

6.使 51 系列单片机的定时器 T0 停止计数的语句是（　　）。

　　A.TR0=0;　　　　　　B.TR1=0;　　　　　　C.TR0=1;　　　　　　D.TR1=1;

7.在定时/计数器的计数初值计算中,若设最大计数值为 M,对于工作方式 1 下的 M 值为（　　）。

　　A.$M=2^{13}=8192$　　　　　　　　　　　　B.$M=2^8=256$

　　C.$M=2^4=16$　　　　　　　　　　　　　　D.$M=2^{16}=65536$

8.51 系列单片机在同一级别除串行口外,级别最低的中断源是（　　）。

　　A.外部中断 1　　　　　B.定时器 T0　　　　　C.定时器 T1　　　　　D.串行口

9.当外部中断 0 发出中断请求后,中断响应条件是（　　）。

　　A.ET0=1　　　　　　B.EX0=1　　　　　　C.IE=0x81　　　　　　D.IE=0x61

10.51 系列单片机 CPU 关中断语句是（　　）。

　　A.EA=1;　　　　　　B.ES=1;　　　　　　C.EA=0;　　　　　　D.EX0=1;

二、填空题

1.51 系列单片机的定时/计数器,若只用软件启动,与外部中断无关,应使 TMOD 中的_____。

2.51 系列单片机的 T0 用作计数方式时,用工作方式 1(16 位),则工作方式控制字为_____。

3.51 系列单片机的中断系统由 _____、_____、_____、_____等寄存器组成。

4.51 系列单片机的中断源有 _____、_____、_____、_____、_____。

5.如果定时器控制寄存器 TCON 中的 IT1 和 IT0 位为 0,则外部中断请求信号方式为_____。

6.外部中断 0 的中断类型号为_____。

三、技能训练题

1.可控霓虹灯设计。系统有 8 个发光二极管,在 P3.2 口连接一个按键,通过按键改变霓虹灯的显示方式。要求正常情况下,8 个霓虹灯依次顺序点亮,循环显示,时间间隔 1 s。当按键按下后,8 个霓虹灯同时亮灭一次,时间间隔 0.5 s。按键动作采用外部中断 0 实现。

2.综合运用 51 系列单片机知识设计一个具备校准功能的时钟。具体功能如下:

① 自动计时,由 6 位 LED 显示器显示时、分、秒。时、分、秒之间用小数点隔开;

② 具备校准功能,可以设置当前时间。

3.在本项目 6.2 节的基础上设计制作一个带倒计时功能的交通灯控制系统。

项目 7　远程控制系统的设计与制作

项目教学目标

理解串行通信与并行通信两种通信方式的异同。

掌握串行通信的重要指标：字符帧、波特率。

初步了解 MCS-51 系列单片机串口的使用方法。

熟练掌握 C51 系列单片机串行通信系统的组成、功能。

掌握 C51 系列单片机串行通信实现方法与步骤，完成电路和程序的设计。

设计单片机 A 与单片机 B 互控系统，完成通信过程。

7.1　PC 远程控制单片机系统设计

▶目标与要求

通过彩灯远程控制系统的制作，实现 PC 和单片机之间的通信，学习单片机和 PC 的串口连接方式，单片机和 PC 串口通信协议电平的转换技术，以及单片机和 PC 端数据收发程序的设计方法。

本系统以 PC 作为控制主机，单片机为从机。主、从机双方按照通信协议进行通信。

协议说明：

(1)通过 PC 键盘发出 01H 指令，单片机成功接收 01H 指令后开启彩灯，再发送 01H 给 PC 作为应答信号，PC 收到应答信号后显示在串口助手上。

(2)通过 PC 键盘发出 02H 指令，单片机成功接收 02H 指令后熄灭彩灯，再发送 02H 给 PC 作为应答信号，PC 收到应答信号后显示在串口助手上。

(3) 设置主、从机的波特率为 2400 b/s；帧格式为 10 位，包括 1 位起始位、8 位数据位和 1 位停止位。

7.1.1　串行通信的基础知识

1. 串行通信与并行通信

计算机系统中各部件之间通过数据传输进行通信。在数据通信中，按每次传送的数据位数，通信方式可分为：串行通信和并行通信。图 7-1 为这两种通信方式的电路连接示意图。

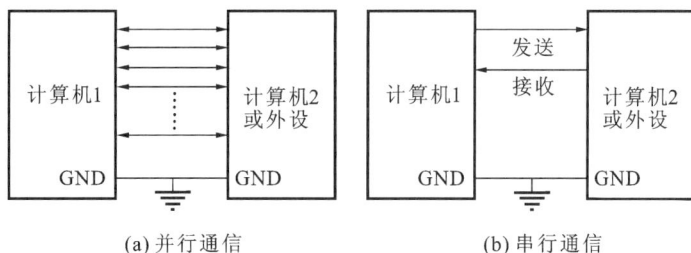

(a) 并行通信　　　　　　　(b) 串行通信

图 7-1　两种通信方式的电路连接示意图

并行通信单次可同时传送一个或多个字节。并行通信速度快,但通信连线数量多、连接复杂,因而成本高,要实现远距离通信难度大。

串行通信采用单根通信线路,将数据按每次一位依次传输,单个数据位占用特定时间周期。串行通信占用的通信线路少,因而电路信号间的串扰可以控制在非常低的水平,且成本低,是当前计算机通信发展的主要方向。

2. 串行通信分类

1) 按照串行数据传送方向分类

按照串行数据传送方向,串行通信可分为单工(simplex)、半双工(half duplex)和全双工(full duplex)三种制式。

单工:通信线的一端是发送器,一端是接收器,数据只能按照一个固定的方向传送,如图 7-2(a)所示。

半双工:系统的每个通信设备都由一个发送器和一个接收器组成,但同一时刻只能有一个站发送,一个站接收,如图 7-2(b)所示。采用半双工方式时,通信系统每一端的发送器和接收器,通过收/发开关转接到通信线上,进行方向的切换,因此,会产生时间延迟。收/发开关实际上是由软件控制的电子开关。

全双工:当数据的发送和接收分流,分别由两根不同的传输线传送时,通信双方都能在同一时刻进行发送和接收操作,这样的传送方式就是全双工制,如图 7-2(c)所示。在全双工方式下,通信系统的每一端都设置了发送器和接收器,因此,能控制数据同时在两个方向上传送。

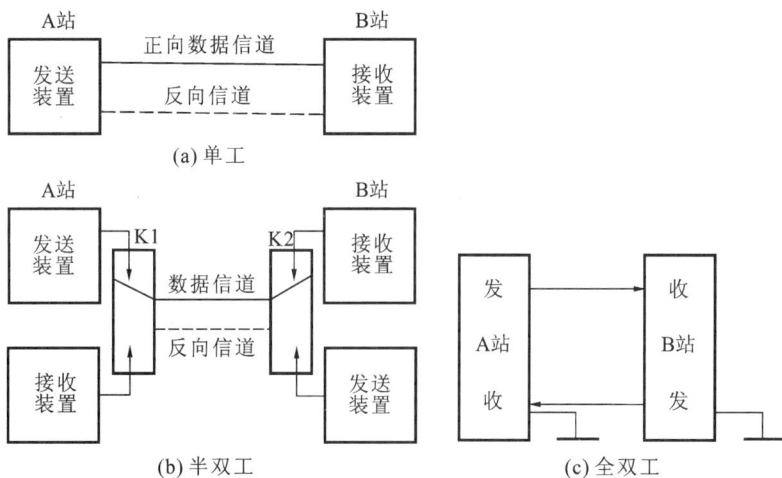

(a) 单工

(b) 半双工　　　　　　(c) 全双工

图 7-2　单工、半双工和全双工三种制式

2) 按照串行数据的时钟控制方式分类

按照串行数据的时钟控制方式,串行通信可分为异步通信和同步通信两类。

（1）异步通信。

在异步通信中,数据通常是以字符为单位组成字符帧传送的。字符帧由发送端一帧一帧地发送,每一帧数据均是低位在前,高位在后,通过传输线被接收端一帧一帧地接收。发送端和接收端可以由各自独立的时钟来控制数据的发送和接收,这两个时钟彼此独立,互不关联。

在异步通信中,接收端是依靠字符帧格式来判断发送端是何时开始发送,何时结束发送的。异步通信的字符帧格式如图 7-3 所示。

图 7-3　异步通信的字符帧格式

① 字符帧。

字符帧也称数据帧,由起始位、数据位、奇偶校验位和停止位四部分组成。

起始位:位于字符帧开头,只占一位,为逻辑低电平,标志传输一个字符的开始,接收方可用起始位使自己的接收时钟与发送方的数据同步。

数据位:数据位紧跟在起始位之后,是通信中的真正有效信息。数据位的位数可以由通信双方共同约定,一般可以是 5 位、7 位或 8 位,标准的 ASCII 码是 0～127(7 位),扩展的 ASCII 码是 0～255(8 位)。传输数据时先传送字符的低位,后传送字符的高位。

奇偶校验位:奇偶校验位仅占一位,用于进行奇校验或偶校验,奇偶校验位不是必须有的。

奇偶校验是一种校验数据传输正确性的方法。根据被传输的一组数据中二进制代码的数位中“1”的个数是奇数或偶数来进行校验。采用奇数的称为奇校验,反之,称为偶校验。采用何种校验是事先规定好的。通常专门设置一个奇偶校验位,用它使这组代码中“1”的个数为奇数或偶数。若用奇校验,则当接收端收到这组代码时,校验“1”的个数是否为奇数,从而确定传输代码的正确性。

停止位:停止位可以是 1 位、1.5 位或 2 位,可以由软件设定。它一定是逻辑 1 电平,标志着传输一个字符的结束。

在异步通信中,两个相邻字符帧之间可以没有间隔,也可以有若干个空闲位,由用户根据需要自定义。

② 波特率。

波特率是异步通信中的另一个重要指标。波特率为每秒钟传送二进制数码的位数,也称比特数,单位为 b/s(位/秒)。波特率用于表征数据传输的速度,波特率越高,数据传输速度越快。但波特率和字符的实际传输速率不同,字符的实际传输速率是每秒内所传字符帧的帧数,和字符帧格式有关。

（2）同步通信。

同步通信把许多字符组成一个信息组,或称为信息帧,每帧的开始用同步字符来指示。由于发送和接收的双方采用同一时钟,所以在传送数据的同时还要传送时钟信号,以便接收方可以用时钟信号来确定每个信息位。

同步通信要求在传输线路上始终保持连续的字符位流,若计算机没有数据传输,则线路上要用专用的“空闲”字符或同步字符填充。

同步通信传送信息的位数几乎不受限制,通常一次通信传的数据有几十到几千个字节,通信效率较高。但它要求在通信中保持精确的同步时钟,所以其发送器和接收器比较复杂,成本也较高,一般用于传送速率要求较高的场合。

7.1.2 单片机的串行通信接口

MCS-51 单片机内部有一个可编程全双工串行接口,可同时发送和接收数据。它有四种工作方式,可供不同场合使用。波特率由软件设置,通过片内的定时/计数器产生。接收、发送均可工作在查询或中断方式。

1. 串行口的结构

MCS-51 单片机的串行口结构如图 7-4 所示,由发送缓冲寄存器 SBUF、发送控制器、发送控制门、接收缓冲寄存器 SBUF、接收控制寄存器、移位寄存器和中断等部分组成。

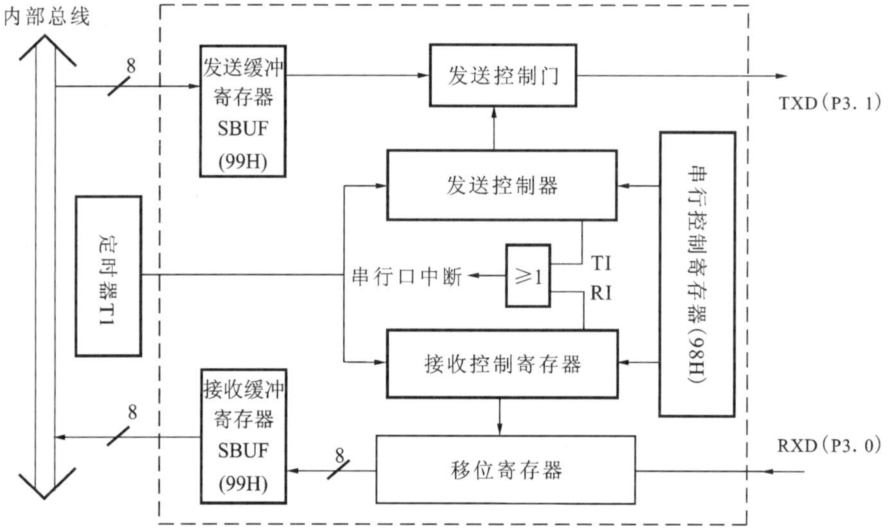

图 7-4 MCS-51 单片机的串行口结构

1) SBUF

SBUF 是两个在物理上独立的接收、发送寄存器,一个用于存放接收到的数据,另一个用于存放待发送的数据,可同时发送和接收数据。两个缓冲器共用一个地址 99H,通过 SBUF 的读、写语句来区别是对接收缓冲器还是对发送缓冲器进行操作。CPU 在写 SBUF 时,操作的是发送缓冲器;读 SBUF 时,就是读接收缓冲器的内容。

2) SCON

SCON 是 MCS-51 系列单片机的一个可位寻址的专用寄存器,用于串行数据通信的控制,字节地址为 98H,位地址为 9FH~98H。其各位的定义如下。

| SM0 | SM1 | SM2 | REN | TB8 | RB8 | TI | RI |

对各位的含义说明如下。

① SM1、SM0:工作方式控制位,用来确定串行口的工作方式,其功能如表 7-1 所示。

表 7-1 串行口的工作方式

SM0	SM1	工作方式	功能	波特率
0	0	方式 0	8 位同步移位寄存器	$f_{osc}/12$
0	1	方式 1	10 位 UART	可变
1	0	方式 2	11 位 UART	$f_{osc}/64$ 或 $f_{osc}/32$
1	1	方式 3	11 位 UART	可变

② SM2：多机通信控制位，用于方式 2 和方式 3 中。

③ REN：允许串行接收位。由软件置位或清零。REN＝1 时，允许接收；REN＝0 时，禁止接收。

④ TB8：发送数据的第 9 位。在方式 2 和方式 3 中，由软件置位或复位。一般可做奇偶校验位。在多机通信中，可作为区别地址帧或数据帧的标志位，一般约定地址帧时 TB8 为 1，数据帧时 TB8 为 0。

⑤ RB8：接收数据的第 9 位。

⑥ TI：发送中断标志位。在方式 0 中，发送完 8 位数据后，由硬件置位；在其他方式中，在发送停止位之初由硬件置位。因此，TI＝1 是发送完一帧数据的标志，其状态既可供软件查询使用，也可请求中断。TI 位必须由软件清零。

⑦ RI：接收中断标志位。在方式 0 中，接收完 8 位数据后，由硬件置位；在其他方式中，当接收到停止位时该位由硬件置位。因此，RI＝1 是接收完一帧数据的标志，其状态既可供软件查询使用，也可请求中断。RI 位也必须由软件清零。

3）PCON

PCON 主要是为 CHMOS 型单片机的电源控制而设置的专用寄存器，字节地址为 87H。其各位的定义如下。

SMOD	/	/	/	GF1	GF0	PD	IDL

与串行通信有关的只有 SMOD 位。SMOD 为波特率选择位。在方式 1、2 和 3 时，串行通信的波特率与 SMOD 有关。当 SMOD＝1 时，通信波特率乘 2，当 SMOD＝0 时，波特率不变。

2. 串行口的工作方式

MCS-51 系列单片机串行口有四种工作方式，由 SCON 中的 SM0、SM1 二位的选择决定。

1）方式 0

当 SCON 中 SM0SM1＝00 时，工作在方式 0。在方式 0 下，串行口作为同步移位寄存器使用，其波特率固定为 $f_{osc}/12$。串行数据从 RXD(P3.0)端输入或输出，同步移位脉冲由 TXD(P3.1)送出。这种方式通常用于扩展 I/O 口。

2）方式 1

当 SCON 中 SM0SM1＝01 时，工作在方式 1。在方式 1 下，一帧为 10 位，其中 1 位起始位，1 位停止位，8 位数据位。数据格式如图 7-5 所示。

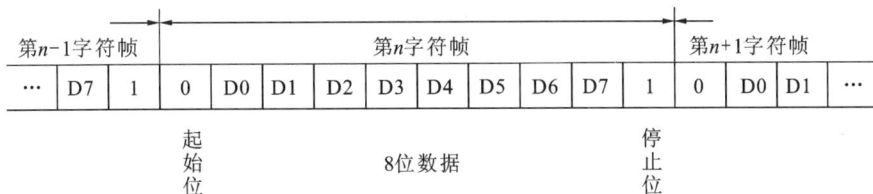

第n-1字符帧		第n字符帧											第n+1字符帧		
…	D7	1	0	D0	D1	D2	D3	D4	D5	D6	D7	1	0	D0	D1	…

起始位　　　　　8位数据　　　　　停止位

图 7-5　方式 1 字符帧格式

发送数据时，数据写入 SBUF，同时启动发送，一帧数据发送结束，置位发送中断标志位 TI。

接收数据时，如 REN＝1 则允许接收。接收完一帧，如 RI＝0 且停止位为 1(或 SM2＝0)，将接收数据装入 SBUF，停止位装入 RB8，并置位 RI；否则丢弃接收数据。

3) 方式 2 和方式 3

当 SCON 中 SM0SM1＝10 时,选择工作方式 2;当 SCON 中 SM0SM1＝11 时,选择工作方式 3。在方式 2 和方式 3 下,一帧数据为 11 位,其中 1 位起始位,1 位停止位,9 位数据位。第 9 位数据位在 TB8/RB8 中,常用作校验位和多机通信标志位。数据格式如图 7-6 所示。

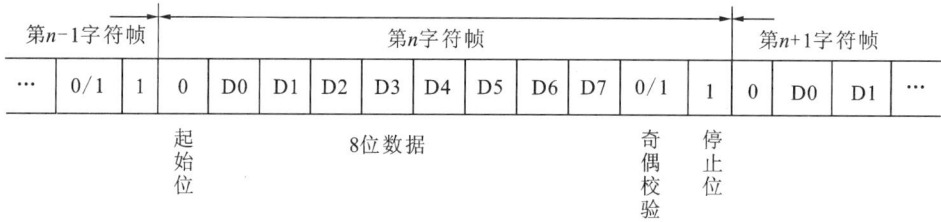

第n-1字符帧				第n字符帧										第n+1字符帧		
…	0/1	1	0	D0	D1	D2	D3	D4	D5	D6	D7	0/1	1	0	D0	D1 …

起始位 — 8位数据 — 奇偶校验 停止位

图 7-6 方式 2 和方式 3 下字符帧格式

3. 波特率设置

MCS-51 系列单片机的串口有四种工作方式,其中方式 0 和方式 2 的波特率是固定的,方式 1 和方式 3 的波特率可变,由定时器 T1 的溢出率决定。

1) 方式 0 和方式 2 的波特率

在方式 0 中,波特率为时钟频率的 1/12,即 $f_{osc}/12$,固定不变。在方式 2 中,波特率取决于 PCON 中的 SMOD 值,当 SMOD＝0 时,波特率为 $f_{osc}/64$;当 SMOD＝1 时,波特率为 $f_{osc}/32$。即波特率 $=\dfrac{2^{SMOD}}{64}\cdot f_{osc}$。

2) 方式 1 和方式 3 的波特率

方式 1 和方式 3 的波特率 $=\dfrac{2^{SMOD}}{32}\times$ 定时器 1 的溢出率

其中,定时器 1 的溢出率取决于单片机定时器 1 的计数速率和定时器的预置值。计数速率与 TMOD 寄存器中的 C/$\overline{T}$ 位有关,当 C/$\overline{T}$＝0 时,计数速率为 $f_{osc}/12$;当 C/$\overline{T}$＝1 时,计数速率为外部输入时钟频率。

实际上,当定时器 T1 作波特率发生器使用时,通常是工作在方式 2 下,即作为一个自动重装载的 8 位定时器,此时 TL1 作计数用,自动重装载的值在 TH1 内。若计数的预置值(初始值)为 x,那么每过 256－x 个机器周期,定时器溢出一次。为了避免溢出而产生不必要的中断,此时应禁止 T1 中断。溢出周期为 $12\times(256-x)/f_{osc}$,溢出率为溢出周期的倒数。

所以方式 1 和方式 3 的波特率可表示为

$$波特率=\frac{2^{SMOD}}{32}\times\frac{f_{osc}}{12\times(256-x)}$$

由此可得初值计算公式为

$$x=256-\frac{2^{SMOD}}{32}\times\frac{f_{osc}}{12\times 波特率}$$

表 7-2 所示为常用的波特率及获得方法。

表 7-2 常用的波特率及获得方法

波 特 率	f_{osc}/MHz	SMOD	定时器 1		
			C/$\overline{T}$	方式	初始值
方式 0:1 Mb/s	12	×	×	×	×
方式 2:375 Kb/s	12	1	×	×	×
方式 1,3:62.5 Kb/s	12	1	0	2	FFH

波　特　率	f_{osc}/MHz	SMOD	定时器1		
			$C/\overline{T}$	方式	初始值
方式 1、3:19.2 Kb/s	11.0592	1	0	2	FDH
方式 1、3:9.6 Kb/s	11.0592	0	0	2	FDH
方式 1、3:4.8 Kb/s	11.0592	0	0	2	FAH
方式 1、3:2.4 Kb/s	11.0592	0	0	2	F4H
方式 1、3:1.2 Kb/s	11.0592	0	0	2	E8H
方式 1、3:137.5 Kb/s	11.986	0	0	2	1DH
方式 1、3:110 b/s	6	0	0	2	72H
方式 1、3:110 b/s	12	0	0	1	FEEBH

7.1.3　串行通信总线标准及其接口

RS-232C 总线是目前广泛使用的串行通信接口（"RS-232C"中的"C"表示 RS-232 的版本）。它是 1970 年由美国电子工业协会（EIA）联合贝尔系统、调制解调器厂家及计算机终端生产厂家共同制定的用于串行通信的标准。它的全名是"数据终端设备（DTE）和数据通信设备（DCE）之间串行二进制数据交换接口技术标准"，该标准规定采用 25 个脚的 DB-25 连接器，对连接器的每个引脚的信号内容加以规定，还对各种信号的电平加以规定。RS-232C 标准总线为 25 根，可采用标准的 DB-25 和 DB-9 的 D 型插头，图 7-7 所示为 DB-9 连接器的引脚分布。目前大部分台式计算机上一般保留了两个 DB-9 插头，作为多功能 I/O 卡或主板上 COM1 和 COM2 两个串行接口的连接器。

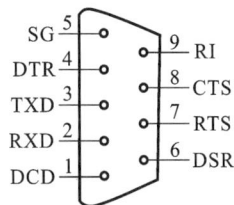

图 7-7　DB-9 连接器的引脚分布

1. 接口的信号内容

实际上 RS-232C 的 25 条引线中有许多是很少使用的，在计算机与终端通信时一般只使用 9 条线。RS-232C 最常用的 9 条引脚的信号内容如表 7-3 所示。

表 7-3　RS-232C 最常用的 9 条引脚信号

引脚	名称	功能	引脚	名称	功能
1	DCD	载波检测	6	DSR	数据准备完成
2	RXD	发送数据	7	RTS	发送请求
3	TXD	接收数据	8	CTS	发送清除
4	DTR	数据终端准备完成	9	RI	振铃指示
5	SG(GND)	信号地线			

2. 接口的电气特性

在 RS-232C 中，任何一条信号线的电压均为负逻辑关系，即逻辑"1"：$-5\sim-15$ V，逻辑"0"：$+5\sim+15$ V。噪声容限为 2 V，即要求接收器能识别低至 $+3$ V 的信号作为逻辑"0"，高到 -3 V 的信号作为逻辑"1"。因此，RS-232C 不能和 TTL 电平直接相连，否则将使 TTL 电路烧坏。RS-232C 和 TTL 电平之间必须进行电平转换，常用的电平转换集成电路为 MAX232，其典型应用如图 7-8 所示。

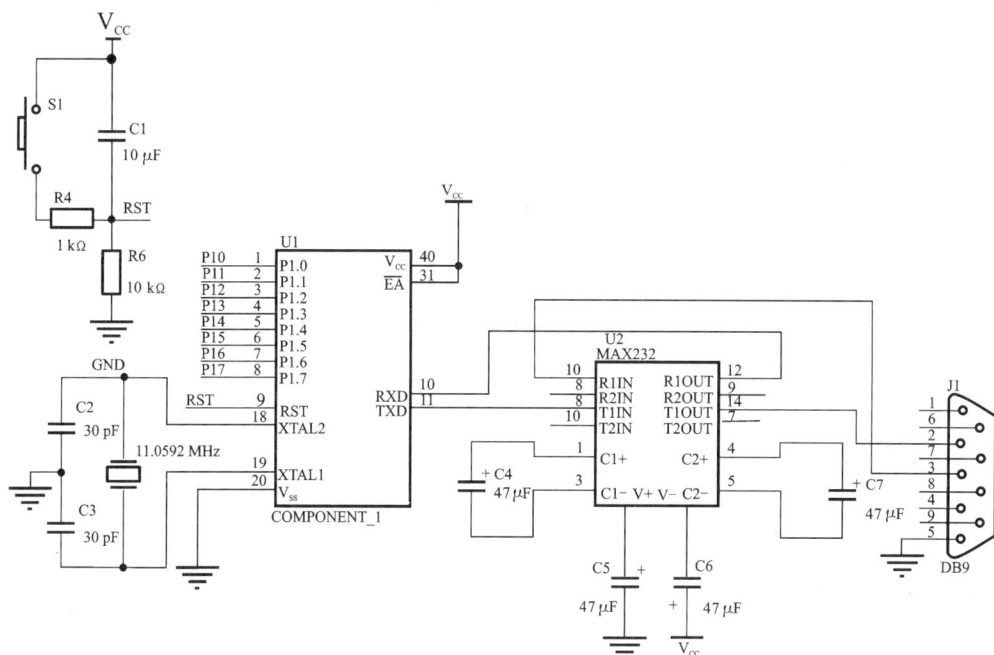

图 7-8　MAX232 典型应用电路图

7.1.4　彩灯远程控制系统的设计

1. 硬件电路设计

彩灯远程控制系统从机硬件电路如图 7-9 所示,元器件清单如表 7-4 所示。

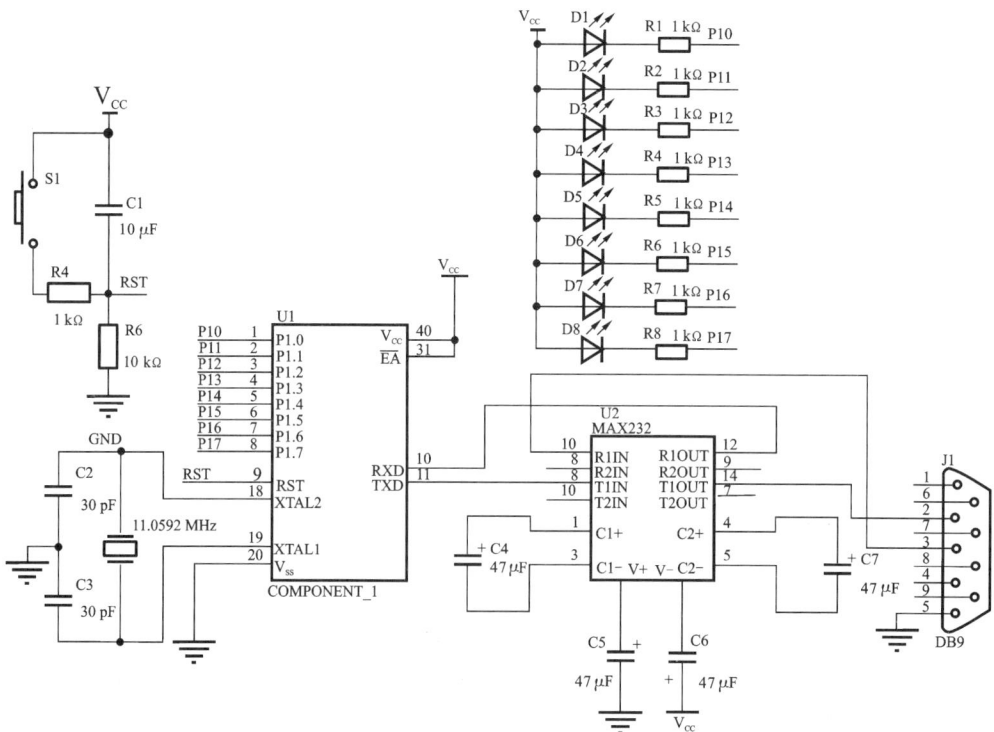

图 7-9　彩灯远程控制系统从机硬件电路

表 7-4　彩灯远程控制系统元器件清单

元器件名称	参数	数量	元器件名称	参数	数量
IC 插座	DIP40	1	PC		1
单片机	89C51	1	电平转换芯片	MAX232	1
晶体振荡器	11.0592 MHz	1	瓷片电容	30 pF	2
发光二极管	LED	8	电阻	1 kΩ	9
电阻	10 kΩ	1	按键	四脚按键	1
IC 插座	DIP16	1	电解电容	10 μF	1
电解电容	47 μF	4	串口	DB9	1

2. 软件设计

本系统主机 PC 端安装"串口调试助手"应用软件,只需根据需要设定好波特率等参数就可以直接使用。单片机控制端程序采用 C 语言编写,单片机串口通信参考程序如下。

```
1   //程序:LED serial.c
2   //功能:彩灯远程控制系统从机串口通信
3   #include〈reg51.h〉
4   #define uint unsigned int
5   #defineuchar unsigned char
6   void ledrun();
7   void ledstop();
8   uint flag＝0;
9   void delay(uint i)
10  {
11      uint j,k;
12      for(j＝0;j＜100;j＋＋)
13          for(k＝0;k＜i;k＋＋);
14  }
15  void main()
16  {
17      TMOD＝0x20;              //设置定时器 1 方式 2
18      TH1＝0xf4;
19      TL1＝0xf4;               //设置串行口波特率为 2400 b/s
20      SCON＝0x50;              //串行口方式 1,允许接收
21      TR1＝1;
22      EA＝1;                   //开总中断允许位
23      ES＝1;                   //开串行口中断
24      P1＝0xaa;
25      while(1)
```

```
26        {
27        if(flag==1)
28            ledrun();
29        if(flag==2)
30            ledstop();
31        }
32    }
33    void ledrun()
34    {
35        uchar led[]={0x00,0x01,0x03,0x0f,0x1f,0x3f,0x5f,0xff};
36        uchar i;
37        for(i=0;i<8;i++)
38        {
39            P1=led[i];                //控制 P1 端口发光二极管点亮
40            delay(100);
41        }
42    }
43    void ledstop()
44    {
45        P1=0xff;
46    }
47    void serial() interrupt 4
48    {
49        EA=0;                    //关中断
50        if(RI==1)                //接收到数据
51        {
52            RI=0;                //软件清除中断标志位
53            if(SBUF==0x01)        //判断是否为彩灯运行命令
54            {
55                flag=1;            //设置彩灯运行标志
56                SBUF=0x01;        //将收到的 10H 命令回发给主机
57                while(!TI);        //查询发送
58                TI=0;            //发送成功,由软件清零
59            }
60            if(SBUF==0x02)        //判断是否为彩灯停止命令
61            {
62                flag=2;            //设置彩灯停止标志
63                SBUF=0x02;        //将收到的 11H 命令回发给主机
```

```
64              while(!TI);        //查询发送
65              TI＝0;             //发送成功。由软件清零
66          }
67      }
68      EA＝1;                     //开中断
69  }
```

3. 调试并运行程序

（1）在 Keil C51 μVision 中对源程序编译、链接后，下载到单片机。

（2）将安装有"串口调试助手"应用程序的 PC 与单片机从机的串口通信线路连接好。

（3）设置 PC"串口调试助手"参数，如图 7-10 所示。

图 7-10　PC"串口调试助手"参数设置

（4）在 PC"串口调试助手"中输入十六进制命令"01"并发送，注意观察"串口调试助手"是否接收到握手信号"01"以及彩灯的状态。

（5）继续在 PC"串口调试助手"中输入十六进制命令"02"并发送，注意观察"串口调试助手"是否接收到握手信号"02"以及彩灯的状态。

7.1.5　SPI 总线

SPI 是串行外设接口（serial peripheral interface）的缩写，是由摩托罗拉公司开发的全双工同步串行总线，该总线大量用于与 EEPROM、ADC、FRAM 和显示驱动器之类的慢速外设

器件通信。

  SPI 是一种高速的、全双工同步通信总线,且在芯片的管脚上只占用四根线,它以主从方式工作。这种模式通常有一个主设备和一个或多个从设备,需要至少四根传输线:SDI(数据输入)、SDO(数据输出)、SCLK(时钟)、CS(片选)。特殊场景下,如果主机无须接收从机回传的数据,可省略 SDI,即三根线也可以完成 SPI 通信。

  SPI 传输串行数据时首先传输最高位,波特率可高达 5 Mb/s,具体速度取决于硬件。AVR Atmeg 16 位单片机中就集成了 SPI 通信接口。

小结

  通过彩灯远程控制系统的设计与实现,我们学习了串行通信的基本概念,掌握了如何实现 C51 单片机的串行通信及其与 PC 的连接方法。

7.2 按键控制双机通信系统设计

▶目标与要求

  实现两个 51 系列单片机之间的串行通信,单片机 A 设有一个发送键,按下一次按键,单片机 A 将连在 P1 口的拨码开关的数据发送给单片机 B,单片机 B 收到数据后将其在两位共阳极数码管上显示出来。

7.2.1 查询方式串行通信程序设计

  查询方式是一种程序直接控制方式。在单片机串行通信过程中,CPU 通过程序主动查询通信协议(串行数据缓冲器 SBUF)、串行通信标志位、外部设备等方式来触发串行通信。查询方式控制简单,但系统效率相对较低,适用于简单程序设计。这里以双机通信程序设计为例说明其应用。

  编程实现两 C51 系列单片机的短距离串行通信,使单片机 A 驱动单片机 B 的 P2 口外接 LED 依次点亮。其中主机 A 的通信设计过程如下。

  (1) 通信双方的硬件连接如图 7-11 所示,主机串口输出 TXD 与从机串口输入 RXD 相连。

  (2) 建立通信双方的软件通信协议(暂不考虑)。

  (3) 双机通信主机 A 的通信设置:输出采用串口查询方式,系统晶振为 11.0592 MHz;通信采用方式 1,波特率设计为 9600 b/s;定时/计数器采用定时器 1 方式 2,自动重装方式,计算初值为

$$x=256-\frac{2^0}{32}\times\frac{11.0592\times10^6}{12\times9600}=253=\text{FDH}$$

  即定时器初值为 FDH,波特率不加倍,设定 PCON=00H。

  (4) CPU 查询输出中断标志位 TI,将移位点亮 LED 驱动码逐次存入 SBUF,通过串行口输出。图 7-12 所示为主机程序流程图。

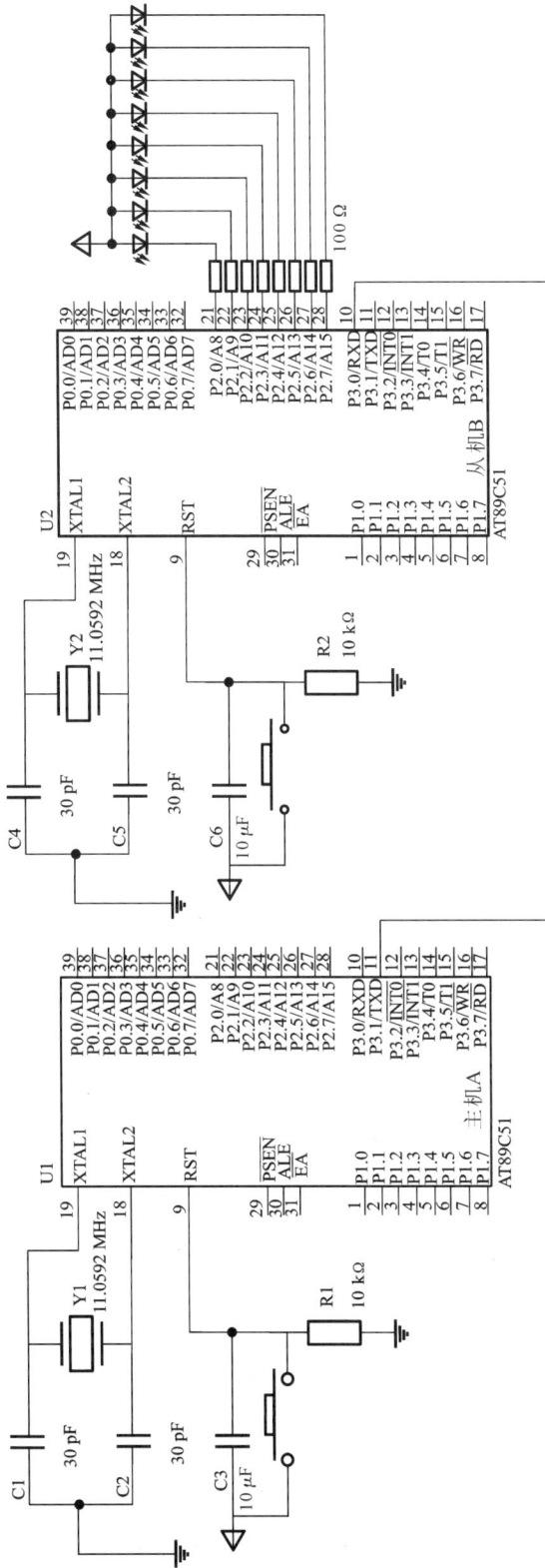

图 7-11 双机通信电路连接图

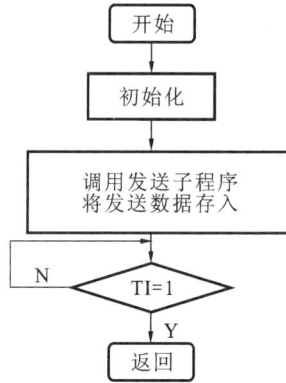

图 7-12　主机程序流程图

（5）编写主机 A 的通信程序如下。

```
1   //程序:A serial.c
2   //功能:主机 A 发送数据,查询方式
3   #include<reg51.h>
4   void master(void);
5   /**************** 串口初始化主程序****************/
6   main()
7   {
8       SCON= 0x40;                //串口方式 1,不允许接收
9       TMOD= 0x20;                //定时器方式 2
10      TH1= 0xfd;                 //波特率 9600 b/s
11      TL1= 0xfd;
12      PCON= 0x00;                //波特率不加倍
13      TR1= 1;                    //启动定时器
14      while(1)
15          master();              //调用发送子程序
16  }
17  /**************** 主机 A 发送子程序****************/
18  void master(void)
19  {
20      unsigned char kk,k;
21      unsigned int i,j;
22      while(1)
23      {
24          kk= 0xfe;              //点亮一只 LED 灯
25          for(k=0;k<8;k++)
26          {
```

27	SBUF＝kk;	//发送数据
28	kk＝kk＜＜1;	//移位
29	while(TI!＝1);	//等待发送完成
30	TI＝0;	//清零发送完成标志位
31	for(j＝0;j＜1250;j＋＋)	//延时
32	for(i＝0;i＜20;i＋＋);	
33	}	
34	}	
35	}	

7.2.2 中断方式串行通信程序设计

在单片机串行通信应用中,发送方采用查询方式发送数据,接收方往往采用中断方式接收数据以提高 CPU 的工作效率。从机在接收到主机发送的数据后执行串口中断响应,PC 进入串口中断子程序,数据接收完毕返回。仍以前面的"实现单片机 A 驱动单片机 B 的 P2 口外接 LED 依次点亮"为例来说明。此例中从机 B 的通信设计如下。

(1) 从机 B 的通信设置:接收采用串口中断方式,系统晶振为 11.0592 MHz;通信采用方式 1,波特率设计为 9600 b/s;定时/计数器采用定时器 1 方式 2,自动重装方式,计算初值为

$$x＝256-\frac{2^0}{32}×\frac{11.0592×10^6}{12×9600}＝253＝FDH$$

允许串口接收,打开总中断和串口中断使能。

(2) 在串口中断子程序中,关闭串口中断,接收数据并发送到 P2 口显示,清零接收完成标志位,打开串口中断。从机接收程序流程图如图 7-13 所示。

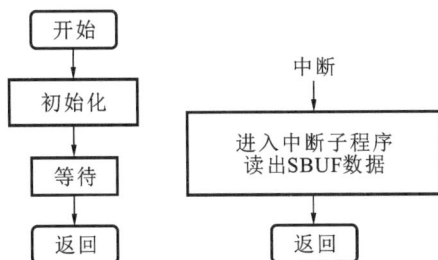

图 7-13 从机接收程序流程图

(3) 编写从机 B 的通信程序如下。

1	//程序:B serial.c
2	//功能:从机 B 接收数据送 P2 口显示,中断方式
3	#include(reg51.h)
4	/**************** 主程序****************/
5	void main(void)
6	{
7	P2＝0x00

```
8       SCON= 0x50;                  //串口方式 1,允许串口接收
9       TMOD= 0x20;                  //定时器方式 2
10      TH1= 0xfd;                   //波特率 9600 b/s
11      TL1= 0xfd;
12      PCON= 0x00;                  //波特率不加倍
13      TR1= 1;                      //启动定时器
14      RI= 0;                       //清零接收标志位
15      EA= 1;                       //开总中断使能
16      ES= 1;                       //开串口中断使能
17      while(1);                    //等待
18  }
19  /***************中断子程序***************/
20  void serial(void) interrupt 4
21  {
22      unsigned char receiver;
23      ES= 0;                       //串口中断关闭
24      receiver = SBUF;             //读取接收数据
25      P2= receiver;                //送 P2 口显示
26      RI= 0;                       //清零接收完成标志位
27      ES= 1;                       //开串口中断使能
28  }
```

在串口通信中有时为了确保通信的成功、有效,通信双方除了在硬件上连接外,在软件中还会建立一定的通信协议。比如通信过程的发送方需要知道什么时候发送信息,发什么信息,发送的信息对方是否收到,如何通知结束;通信过程的接收方则需要知道对方是否发出信息,发的是什么,收到的信息是否正确,如何判断结束等。诸如此类的通信双方的软件协议往往需要通过程序来实现。

7.2.3　按键控制双机通信系统设计

1. 硬件电路设计

双机互控系统的硬件电路原理图如图 7-14 所示。单片机 A 的 P0.0 口接有一个按键,P1口接一个 8 位的拨码开关进行数据输入,共阳极数码管的段选端通过 74LS245 接单片机 B 的P1 口,位选端通过 74LS04 进行取反后接单片机 B 的 P2.0 和 P2.1 口。单片机 A 的 RXD 与单片机 B 的 TXD 相连,单片机 A 的 TXD 与单片机 B 的 RXD 相连,在实际电路中,这两块单片机还必须共地。

2. 软件设计

串口初始化利用串口方式 1 实现单片机之间的双机通信,主频 11.0592 MHz,波特率2400 b/s,采用定时器 1 方式 2,自动重装方式,定时器初值为 0xf4,波特率不加倍。系统主机设计一个发送控制按键(P0.0 口),按下一次,则启动一次主动通信流程。

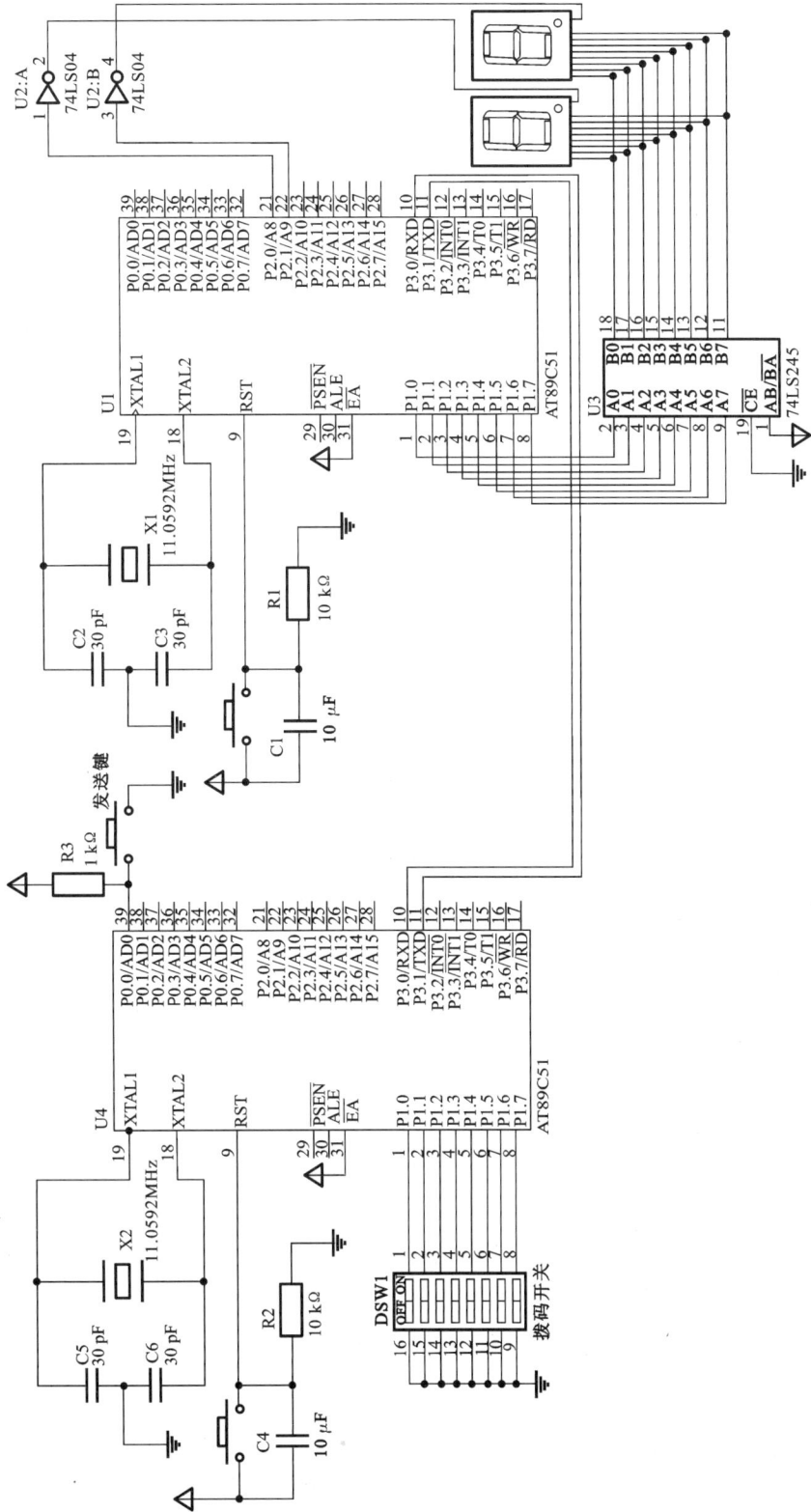

图 7-14 双机互控系统的硬件电路原理图

单片机 A 的通信程序如下。

```
1   //程序:MCU A.c
2   //功能:单片机 A 通信程序
3   #include<reg51.h>
4   sbit key= P0^0;                              //发送键位定义
5   void delay10ms(unsigned int c);              //延时函数声明
6   void init_UART (void);                       //串口通信初始化函数声明
7   //主机发送主程序,按下一次按键则进行一次完整的通信过程
8   void main()
9   {
10      init_UART ( );
11      while(1)
12      {
13          if(key== 0)                          //第一次检测到按键按下
14          {
15              delay10ms(1);                    ///延时 10 ms 左右去抖
16              if(key== 0)
17              {
18                  SBUF= P1;
19                  while(!TI);
20                  TI= 0;
21                  while(!key);                 //有键释放,跳出 while 循环
22                  delay10ms(1);                //延时 10 ms 左右去抖
23                  while(!key);                 //再次判断是否有键释放
24              }
25          }
26      }
27  }
28  //串口初始化程序:晶振 11.0592 MHz,波特率 2400 b/s
29  void init_UART (void)
30  {
31      TMOD= 0x20;                              //定时器方式 2
32      TH1= 0xf4;                               //波特率 2400 b/s
33      TL1= 0xf4;
34      TR1= 1;                                  //启动定时器
35      SCON= 0x40;                              //串口方式 1
36  }
37  //函数名:delay10ms
38  //函数功能:延时函数,延时 10ms* c
39  void delay10ms(unsigned int c)
40  {
41      unsigned int a,b;
42      for(;c>0;c--)
43          for(b=38;b>0;b--)
44              for(a=130;a>0;a--);
45  }
```

单片机 B 的通信程序如下。

```
1   //程序:MCU B.c
2   //功能:单片机 B 通信程序
3   #include〈reg51.h〉
4   unsigned char code tab[]={0xc0,0xf9,0xa4,0xb0,0x99,0x92,0x82,0xf8,0x80,0x90,0x88,
    0x83,0xc6,0xa1,0x86,0x8e};        //0~F 的字形码
5   void init_UART (void);            //串口通信初始化函数声明
6   unsigned char receive;            //定义接收数据变量
7   void disp();                      //显示函数声明
8   void main()                       //主函数
9   {
10      init_UART();                  //串口初始化
11      while(1)
12          disp();                   //调用显示函数
13  }
14  void ser() interrupt 4            //串口中断服务程序
15  {
16      RI=0;                         //清零 RI
17      receive=SBUF;                 //将接收到的数据存放在 receive 变量中
18  }
19  void init_UART (void)             //串口初始化程序,晶振 11.0592 MHz,波特率 2400 b/s
20  {
21      TMOD=0x20;                    //定时器方式 2
22      TH1=0xf4;                     //波特率 2400 b/s
23      TL1=0xf4;
24      TR1=1;                        //启动定时器
25      SCON=0x50;                    //串口方式 1,允许接收
26      ES=1;                         //开串行口中断
27      EA=1;                         //开总中断
28  }
29  void disp()                       //显示函数
30  {
31      unsigned char j;
32      P2=0xfe;                      //送位选
33      P1=tab[receive/16];           //将 receive 的高四位分离出来送段选
34      for(j=0;j<200;j++);           //延时
35      P2=0xff;
36      P2=0xfd;                      //送位选
37      P1=tab[receive%16];           //将 receive 的低四位分离出来送段选
38      for(j=0;j<200;j++);           //延时
39      P2=0xff;
40  }
```

7.2.4 单片机的多机通信设计

C51系列单片机串行口的方式2和方式3有一个专门的应用领域,即多机通信。这一功能通常采用主从式多机通信方式,设置一台主机和多台从机,如图7-15所示。主机发送的信息可以传送到各个从机或者指定的从机,从机发送的信息可以被主机接收,从机之间不能进行通信。

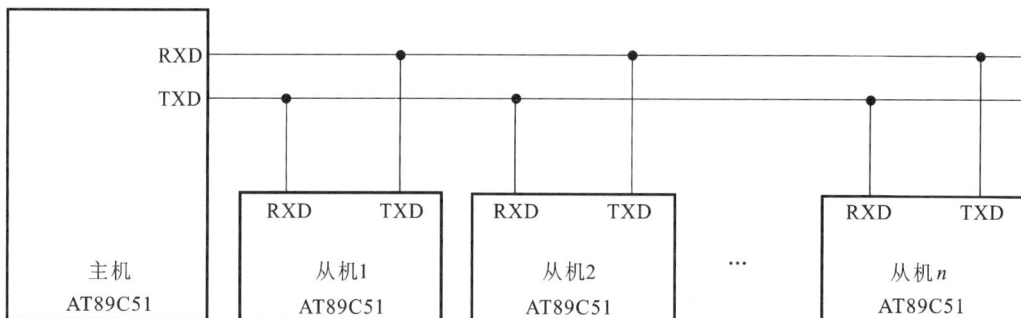

图 7-15 多机通信连接示意图

首先要给各从机定义地址编号,如1、2、…、n等。在主机发送数据给某个从机之前必须先发送一个地址字节,选择从机。编程实现多机通信的过程如下。

(1)主机发送一帧地址信息,建立与所需从机的联络。软件置主机 TB8＝1,表示发送的数据是地址帧。

(2)从机初始化设置 SM2＝1,处于准备接收一帧地址信息的状态。

(3)各从机接收地址信息,因 RB8＝1,置中断标志位 RI＝1。执行中断程序,首先判断主机发送的地址信息与自己的地址是否相符。对于地址相符的从机,清零 SM2,让 SM2＝0,表示接收随后主机发来的信息。对于地址不符的其他从机,保持 SM2＝1 的状态,表示对随后主机发来的信息不予理睬,直到发送新一帧地址信息。

(4)主机发送控制指令和数据信息给被寻址的从机。主机清零 TB8,让 TB8＝0,表示发送控制指令和数据。对于未被寻址的从机,SM2＝1,RB8＝0,不会接收数据。被寻址的从机串口中断接收数据,待接收到结束码后,置 SM2＝1,返回主程序。

▢ 小结

通过本节的学习,进一步熟悉了单片机串行通信的基本原理,串口结构及工作方式;通过软件设计和 Proteus 仿真掌握 C51 系列单片机串行通信的内部资源以及通信系统的设计方法;通过学习能够逐步利用单片机的串口资源开发双机通信及多机通信系统的功能与应用。

项 目 总 结

计算机系统常用的通信方式主要有并行通信和串行通信。并行通信速度快,但通信连线数量多、连接复杂,因而成本高,要实现远距离通信难度大。串行通信采用单根通信线路,将数据按每次一位依次传输,单个数据位占用特定时间周期。串行通信占用的通信线路少,因而电路信号间的串扰可以控制在非常低的水平,且成本低,是当前计算机通信发展的主要方向。

C51 单片机的串行接口是一个全双工异步通信接口,能同时进行发送和接收。其帧格式和波特率可通过软件编程设置。

串行通信的过程分为发送数据和接收数据,具体过程如下。

① 发送数据的过程。CPU 发送数据时,将数据并行写入发送缓冲器 SBUF 中,同时启动数据由 TXD(P3.1)引脚串行发送,当一帧数据发送完毕时,由硬件自动将发送中断标志位 TI 置位,向 CPU 发出中断请求。CPU 响应中断后,用软件清除 TI,同时进入下一帧的数据发送。

② 接收数据的过程。在进行通信时,设置 CPU 允许接收(REN＝1),外部数据通过 RXD(P3.0)引脚串行输入,一帧接收完毕送入缓存器 SBUF 中,同时将接收中断标志位 RI 置位,向 CPU 发出中断请求。CPU 响应中断后,用软件清除 RI,同时读取数据,进入下一帧的数据接收。

思考与练习

一、单项选择题

1.51 系列单片机的串行口是(   )。

A. 单工　　　　　　B. 全双工　　　　　C. 半双工　　　　　　D. 并行口

2. 串行口是单片机的(   )。

A. 内部资源　　　　　　　　　　B. 外部资源

C. 输入设备　　　　　　　　　　D. 输出设备

3. 单片机和 PC 接口时,往往要采用 RS-232 接口芯片,其主要作用是(   )。

A. 提高传输距离　　　　　　　　B. 提高传输速率

C. 进行电平转换　　　　　　　　D. 提高驱动能力

4. 单片机输出信号为(   )电平。

A. RS-232C　　　B. TTL　　　　　C. RS-449　　　　　D. RS-232

5. 串行口的控制寄存器为(   )。

A. SMOD　　　B. SCON　　　　C. SBUF　　　　D. PCON

6. 当采用中断方式进行串行数据的发送时,发送完一帧数据后,TI 标志要(   )。

A. 自动清零　　　　　　　　　　B. 硬件清零

C. 软件清零　　　　　　　　　　D. 软、硬件清零均可

7. 当采用 T1 作为串行口波特率发生器使用时,通常定时器工作在方式(   )。

A. 0　　　　　B. 1　　　　　C. 2　　　　　　D. 3

8. 当设置串行口为工作方式 2 时,采用语句(   )。

A. SCON＝0x80;　　　　　　　B. PCON＝0x80;

C. SCON＝0x10;　　　　　　　D. PCON＝0x10;

9. 串行口工作在方式 0 时,其波特率(   )。

A. 取决于定时器 T1 的溢出率

B. 取决于 PCON 中的 SMOD 位

C. 取决于时钟频率

D. 取决于 PCON 中的 SMOD 位和定时器 T1 的溢出率

10. 串行口工作在方式 1 时,其波特率(　　　)。

A. 取决于定时器 T1 的溢出率

B. 取决于 PCON 中的 SMOD 位

C. 取决于时钟频率

D. 取决于 PCON 中的 SMOD 位和定时器 T1 的溢出率

二、技能训练题

1. 编程实现甲、乙两个单片机进行点对点通信,甲机每隔 1 s 发送一次"B"字符,乙机接收到以后,在 LED 上显示出来。

2. 试用查询法编写 AT89C51 单片机串行口在方式 2 下的接收程序。设波特率为 $f_{osc}/32$,接收数据块长 20,接收后存于 databuf 数组中,采用奇偶校验,放在接收数据的第 9 位。

项目 8　数字电压表的设计与制作

项目教学目标

了解模拟信号与数字信号的基本概念。

掌握 A/D 与 D/A 转换的基础知识。

掌握 IAP15W4K58S4 内部自带的 A/D 与 D/A 转换器。

掌握 A/D 与 D/A 转换器的程序设计方法。

掌握简易数字电压表的设计与制作。

熟悉 I²C 总线的基础知识和 PCF8591 芯片的功能。

相关操作演示

8.1　简易数字电压表的设计与制作

▶目标与要求

通过简易数字电压表的设计,熟练掌握 51 系列单片机 A/D 转换技术,熟悉模拟信号的采集和输出数据的显示方法。设计要求:采用 IAP15W4K58S4 单片机内部的 A/D 转换器采集 0～5 V 连续可变的模拟电压信号,并通过 4 位数码管实时显示该电压值(0.000～5.000 V)。

8.1.1　模拟信号与数字信号

1. 模拟信号与数字信号简介

模拟信号是指用连续变化的物理量所表达的信息,如温度、湿度、压力、长度、电流、电压等,我们通常把模拟信号称为连续信号。实际中的各种物理量,如摄像机拍下的图像、录音机录下的声音、车间控制室所记录的压力、转速、湿度等都是模拟信号。电学上的模拟信号主要是指幅度和相位都连续的电信号,此信号可以被模拟电路进行各种运算。

近百年以来,无论是有线相连的电话,还是无线发送的广播电视,很长的时间内都是用模拟信号来传递信号的。模拟信号在传输过程中,接收方接收到的信息与发送方发送的信息完全相同,且由于信号在时间上是连续的,理论上信号的复现能力应该更好,然而,在实际使用过程中,经常出现模拟电视画面有雪花点、模拟电话时常无法清晰通话等现象。这是因为信号在传递过程中,由于线路阻抗等原因,信号幅度会产生衰减,同时传输线路附近其他电气设备也会给传输线路带来电磁干扰等。这些干扰很容易引起信号失真,严重影响通信质量。对此,人们想了许多办法,但是这些办法都不能从根本上解决干扰的问题。对于模拟信号来说,由于无法从已失真的信号较准确地推知出原来不失真的信号,因此这些办法很难有效,有的甚至越弄越糟。

　　数字信号是指信号的幅度变化在时间上是离散的信号。在电路中,数字信号是在模拟信号的基础上经过采样、量化和编码而形成的。具体地说,采样就是把输入的模拟信号按适当的时间间隔得到各个时刻的样本值;量化是把经采样测得的各个时刻的值用二进制码来表示。在计算机中,数字信号的大小常用有限位的二进制数表示。由于数字信号是用两种物理状态来表示 0 和 1,故其抗干扰的能力比模拟信号的强很多。在现代技术的信号处理中,数字信号发挥的作用越来越大,几乎复杂的信号处理都离不开数字信号。数字信号具有以下特点:抗干扰能力强、无噪声积累;便于加密处理;便于存储、处理和交换;设备便于集成化、微型化。

　　模拟信号的数字化需要三个步骤:抽样、量化和编码。抽样的过程实际上是模拟信号离散化的过程,是用每隔一定时间抽取的信号序列代替在时间上连续的信号。量化是用有限个幅度值近似原来连续变化的幅度值,把模拟信号的连续幅度变为有限数量的有一定间隔的离散值。编码则是按照一定的规律,把量化后的值用二进制数字表示,然后转换成二值或多值的数字信号流。

2. A/D 转换原理及主要技术指标

　　将连续变化的模拟信号转换为数字信号的技术称为 A/D 转换。A/D 转换的基本过程如下。

　　(1)采样与保持:将输入 A/D 转换器的模拟量转换成离散量的过程称为采样。由于后续的量化过程需要一定的时间 T,对于随时间变化的模拟输入信号,要求瞬时采样值在时间 T 内保持不变,这样才能保证转换的正确性和转换精度,这个过程就是采样保持。在相邻的两次采样中,A/D 转换输出保持前一时刻的值,A/D 转换后的输出是一条阶梯曲线。

　　(2)量化与编码:采样输出的离散量转换为相应的数字量称为量化。将离散幅值经过量化以后变为二进制数字的过程称为编码。数字量最低位(最小有效位 LSB,least significant bit)对应的模拟电压称为一个量化单位,如果模拟电压小于此值,则不能转换为相应的数字量。LSB 表示 A/D 转换器的分辨能力。

　　为了实现输出数字信号近似于输入模拟信号的指标,必须有足够大的采样频率和转换位数。采样频率越大,采样后的信号越接近输入信号,采样频率一般选择大于 5～10 倍模拟信号的最高频率。A/D 转换器的位数越多,转换后的数字量也越接近于模拟量。

　　在单片机中,一般采用 A/D 转换器来实现 A/D 转换。根据 A/D 转换器的原理可将 A/D 转换器分成两大类。一类是直接型 A/D 转换器,将输入的电压信号直接转换成数字代码,不经过中间任何变量;另一类是间接型 A/D 转换器,将输入的电压信号转变成某种中间量(时间、频率、脉冲宽度等),然后再将这个中间量变成数字代码输出。

　　尽管 A/D 转换器的种类很多,但目前广泛应用的主要有三种类型:逐次逼近式 A/D 转换器、双积分式 A/D 转换器、V/F 变换式 A/D 转换器。另外,近些年有一种新型的 ∑-Δ 型 A/D 转换器异军突起,在仪器中得到了广泛的应用。

　　A/D 转换的主要技术指标如下。

　　(1)分辨率:使输出数字量变化一个相邻数码所需输入模拟电压的变化量。

　　(2)量化误差:A/D 转换器的有限位数对模拟量进行量化而引起的误差。一个分辨率有限的 A/D 转换器的阶梯状转换特性曲线与具有无限分辨率的 A/D 转换器的转换特性曲线(直线)之间的最大偏差即是量化误差。

　　(3)偏移误差:输入信号为零时,输出信号不为零的值,又称为零值误差。

　　(4)满刻度误差:满刻度输出数码所对应的实际输入电压与理想输入电压之差,又称为增益误差。

（5）线性度：转换器实际的转换特性与理想直线的最大偏差，线性度有时又称为非线性度。

（6）绝对精度：在一个转换器中，任何数码所对应的实际模拟输入与理论模拟输入之差的最大值。

（7）转换速率：能够重复进行数据转换的速度，即每秒转换的次数。

3. D/A 转换原理及主要技术指标

D/A 转换器有很多类型，这里介绍一种典型的 T 型电阻网络 D/A 转换器的转换原理，图 8-1 所示为 T 型电阻网络 D/A 转换器。

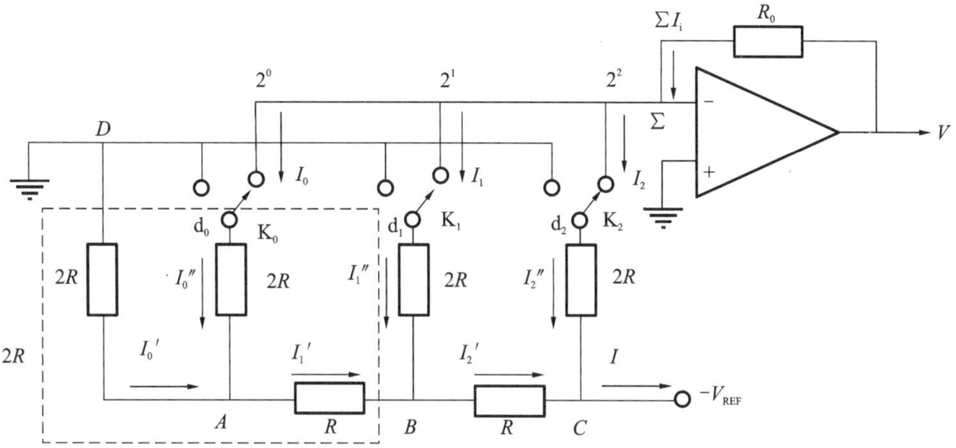

图 8-1　T 型电阻网络 D/A 转换器

由图 8-1 可知，运放两个输入端为"虚地"，电位都约为 0，所以无论开关在 0 还是 1，最后两个 $2R$ 都是并联得 R，和电阻 R 串联又为 $2R$。依此类推，到最前端，相当于两个 $2R$ 的电阻并联，所以电流 $I = V_{REF}/R$，$I_2 = I/2$，$I_1 = I/2 \times I/2$，由此追溯到 $I_0 = I/8$。由于 V 只与 V_{REF} 有关，因此 $V = V_{REF}/8$。

D/A 转换器的主要技术指标如下。

（1）分辨率：模拟输出电压可能被分离的等级数。

（2）转换误差：实际输出的模拟量与理论输出的模拟量之间的差别。

（3）建立时间：当输入数字量变化时，输出电压变换到相应稳定电压值所需时间。

（4）转换速率：大信号工作状态下模拟电压的变化率。

（5）温度系数：在输入不变的情况下，输出模拟电压随温度变化产生的变化量。

8.1.2　IAP15W4K58S4 内部自带 A/D 与 D/A 转换器介绍

1. IAP15W4K58S4 内部 A/D 转换器的结构

IAP15W4K58S4 单片机的 A/D 转换器由多路选择开关、比较器、逐次比较寄存器、10 位 D/A 转换器、转换结果寄存器 ADC_RES 和 ADC_RESL 以及 A/D 转换器控制寄存器 ADC_CONTR 构成，如图 8-2 所示。该 A/D 转换器是典型的 SAR 结构，这种结构是一种典型的闭环反馈系统。其前端提供了一个 8 通道的模拟多路复用开关，还包含一个比较器和 D/A 转换器，通过逐次比较逻辑，从最高有效位 MSB 开始，顺序地对每一个输入电压与内置 D/A 转换器输出进行比较。

2. A/D 转换器相关寄存器

IAP15W4K58S4 内部 A/D 转换的相关寄存器有 P1ASF、ADC_CONTR、ADC_RES、

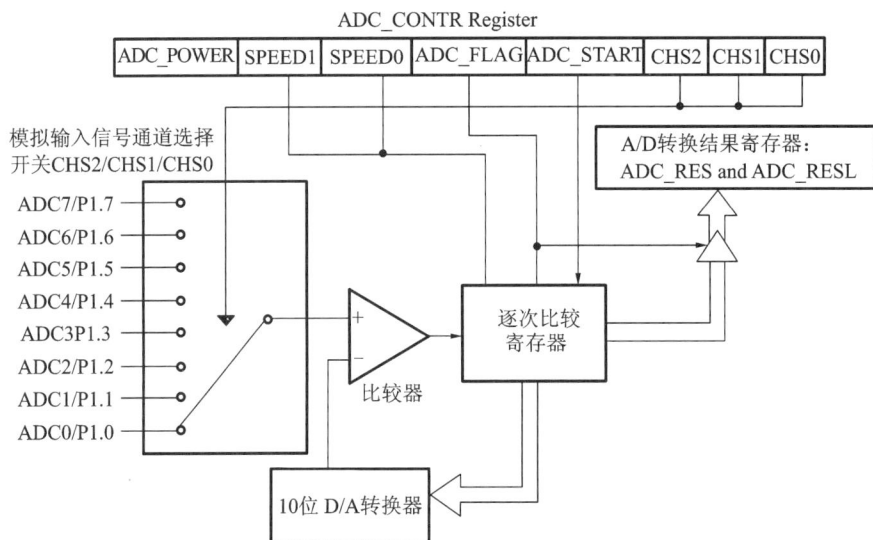

图 8-2 IAP15W4K58S4 内部 A/D 转换器结构

ADC_RESL、AUXR1、IP 和 IE 等。各寄存器的功能如下。

1) P1 口模拟功能寄存器——P1ASF

单片机 P1 口的功能选择,可通过设置专用寄存器 P1ASF 来实现。当 P1ASF 中的相应 I/O 口置 1 时,该位被设置为 A/D 模拟输入通道;当 P1ASF 中的相应 I/O 口置 0 时,该位作为通用 I/O 口使用。该寄存器的格式如表 8-1 所示。

表 8-1 专用寄存器 P1ASF 的位

地址	D7	D6	D5	D4	D3	D2	D1	D0
0x9d	P17ASF	P16ASF	P15ASF	P14ASF	P13ASF	P12ASF	P11ASF	P10ASF

例如:

sfr P1_ASF=0x9d;//定义专用寄存器,将端口地址为 0x9d 的专用寄存器定义为 P1_ASF,即 A/D 转换器模拟功能控制寄存器

2) 模数转换控制寄存器——ADC_CONTR

A/D 转换器模块的上电、转换速度、模拟输入通道的选择、启动模数转换及转换状态等都可通过此寄存器进行配置。该寄存器的格式如表 8-2 所示。

表 8-2 模数转换控制寄存器 ADC_CONTR 的位

地址	D7	D6	D5	D4	D3	D2	D1	D0
0xbc	ADC_POWER	SPEED1	SPEED0	ADC_FLAG	ADC_START	CHS2	CHS1	CHS0

各位的功能如下。

ADC_POWER:A/D 转换器电源控制位。置 1 时,打开 A/D 转换器电源;置 0 时,关闭 A/D 转换器电源。

SPEED1 和 SPEED0:模数转换速度控制位。其功能如表 8-3 所示。

表 8-3 模数转换速度控制位功能

SPEED1	SPEED0	A/D 转换所需时间
1	1	90 个时钟周期转换 1 次
1	0	180 个时钟周期转换 1 次
0	1	360 个时钟周期转换 1 次
0	0	540 个时钟周期转换 1 次

ADC_FLAG:模数转换完成标志位。当 A/D 转换完成时,该位置 1。ADC_FLAG 只能由软件清零。

ADC_START:模数转换启动控制位。该位置 1 时,启动 A/D 转换;A/D 转换完成时,该位自动清零。

CHS2、CHS1 和 CHS0:模拟输入通道选择控制位。其功能如表 8-4 所示。

表 8-4　模拟输入通道选择控制位功能

CHS2	CHS1	CHS0	模拟输入通道选择
0	0	0	选择 P1.0 作为 A/D 输入通道
0	0	1	选择 P1.1 作为 A/D 输入通道
0	1	0	选择 P1.2 作为 A/D 输入通道
0	1	1	选择 P1.3 作为 A/D 输入通道
1	0	0	选择 P1.4 作为 A/D 输入通道
1	0	1	选择 P1.5 作为 A/D 输入通道
1	1	0	选择 P1.6 作为 A/D 输入通道
1	1	1	选择 P1.7 作为 A/D 输入通道

3)A/D 转换结果寄存器——ADC_RES 和 ADC_RESL

该寄存器用于保存 A/D 转换的结果。

4)辅助寄存器 1——AUXR1

AUXR1 的格式如表 8-5 所示。

表 8-5　辅助寄存器 AUXR1 的位

地址	D7	D6	D5	D4	D3	D2	D1	D0
0xa2	—	PCA_P4	SPI_P4	S2_P4	GF2	ADRJ	—	DPS

ADRJ 位是 A/D 转换结果寄存器的数据格式调整控制位。当该位为 0 时,10 位 A/D 转换结果的高 8 位放置在 ADC_RES 中,低 2 位放置在 ADC_RESL 的低 2 位中。当该位为 1 时,10 位 A/D 转换结果的低 8 位放置在 ADC_RESL 中,高 2 位放置在 ADC_RES 的低 2 位中。系统复位时,ADRJ 为 0。

5)A/D 转换中断寄存器

A/D 转换中断控制位是中断允许寄存器 IE 的 EA 位和 EADC 位,IE 寄存器的格式如表 8-6 所示。

表 8-6　中断允许寄存器 IE 的位

地址	D7	D6	D5	D4	D3	D2	D1	D0
0xa8	EA	ELVD	EADC	ES	ET1	EX1	ET0	EX0

当 EA＝1 时,CPU 开放中断;当 EA＝0 时,CPU 关闭中断。EADC 是 A/D 转换中断允许位,当 EADC＝1 时,允许 A/D 转换中断;当 EADC＝0 时,禁止 A/D 转换中断。

8.1.3　简易数字电压表的设计与制作

1. 硬件电路设计

一个简单的数字电压表电路包括单片机、时钟电路、复位电路、变阻器构成的模拟电压输入电路和四位八段数码管构成的显示电路。模拟电压信号由 P1.0 口输入,四位数码管采用动态显示的方式显示测量的电压值。P0.0～P0.3 控制数码管的位选码,P2 口控制段码。设计的电路如图 8-3 所示。

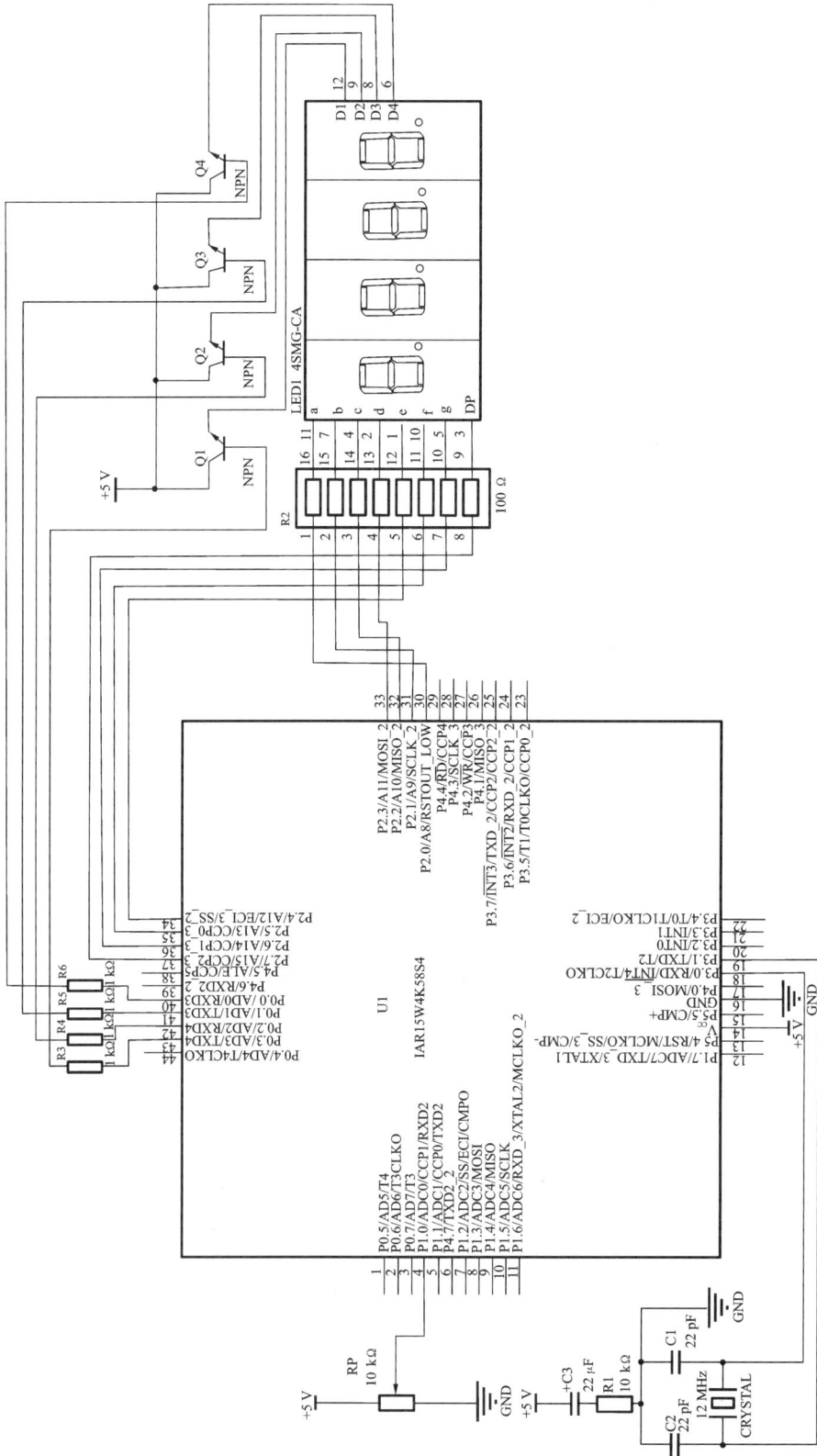

图 8-3 数字电压表的硬件电路图

2. 软件设计

本程序主要包括三个模块,分别是:主函数模块、数据处理模块及动态显示模块。主函数模块的功能是启动单片机内部的 A/D 转换器进行 A/D 转换并读取转换结果,A/D 转换的结果是一个 8 位二进制数。数据处理模块的功能是将 A/D 转换的 8 位二进制数转换成 0.000～5.000 的字符。动态显示模块的功能是在 4 个 LED 数码管上显示电压值。

源程序如下。

```
1   //程序:voltage.c
2   //功能:0～5 V 连续可变模拟电压的测量,并将结果显示在四位八段数码管上
3   #include <reg51.h>
4   #define uint unsigned int
5   #define uchar unsigned char
6   uchar code SEGTAB[] = {0xc0,0xf9,0xa4,0xb0,0x99,0x92,0x83,0xf8,0x80,0x98};
7                                          //定义共阳极数码管显示字形码
8   #define SEGDATA P2                     //定义数码管段选信号数据接口
9   #define SEGSELTP0                      //定义数码管位选信号数据接口
10  //以下声明各个与 A/D 转换器有关的 SFR
11  sfr P1_ASF = 0x9d;
12  sfr ADC_CONTR = 0xbc;
13  sfr ADC_RES = 0xbd;
14  sfr ADC_RESL = 0xbe;
15  #define ADC_POWER 0x80                 //A/D 转换器电源控制
16  #define ADC_FLAG 0x10                  //模数转换完成标志
17  #define ADC_START 0x08                 //A/D 转换器启动控制
18  #define ADC_SPEED 0x00                 //模数转换速度控制
19  unsigned char disp[4] = {0,0,0,0};     //存储 4 个数码管对应的显示值
20  //函数功能:实现毫秒级延时
21  void delay_ms(uint ms)
22  {
23      uint i,j;
24      for(;ms > 0;ms--)
25      {
26          for(i = 0;i < 7;i++)
27              for(j = 0;j < 210;j++);
28      }
29  }
30  //函数功能:初始化 A/D 转换器
31  void ADC_initiate()
32  {
33      P1_ASF = 0xff;
34      ADC_RES = 0;
35      ADC_CONTR = ADC_POWER | ADC_SPEED;
36      delay_ms(1);
```

```
37  }
38  //函数功能:获取 A/D 转换器的结果
39  unsigned char ADC_IAR15W4K(unsigned char ch)
40  {
41      ADC_RES = 0;
42      ADC_CONTR |= ch;
43      delay_ms(1);
44      ADC_CONTR |= ADC_START;
45      while(!(ADC_CONTR & ADC_FLAG));
46      ADC_CONTR &= (~ ADC_START);
47      return(ADC_RES);
48  }
49  //函数功能:将 A/D 转换器的 8 位数据转换为实际电压值
50  void data_process(unsigned char value)
51  {
52      unsigned int temp;
53      temp = value*196;
54      disp[3] = temp/10000;
55      disp[2] = (temp/1000)%10;
56      disp[1] = (temp/100)%10;
57      disp[0] = (temp/10)%10;
58  }
59  //函数功能:将全局数组变量的值动态显示在 4 个数码管上
60  void seg_display(void)
61  {
62      unsigned char i,scan;
63      scan = 1;
64      for(i = 0;i<4;i++)
65      {
66          SEGDATA = 0xff;
67          SEGSELT = ~scan;
68          SEGDATA = SEGTAB[disp[i]];
69          delay_ms(5);
70          scan = scan << 1;             //位选码左移一位
71      }
72  }
73  void main(void)
74  {
75      unsigned char voltage;
76      ADC_initiate();                   //A/D转换器初始化
77      delay_ms(10);
78      while(1)
79      {
80          voltage = ADC_IAR15W4K(0);    //测量 0 通道的电压
```

```
81              data_process(voltage);          //数据处理
82              seg_display();                  //数据显示
83              delay_ms(10);
84      }
85  }
```

小结

本节通过设计与制作一个简单的数字电压表,能够使学生掌握 A/D 转换在单片机中的应用,初步熟悉模拟信号的采集与输出数据的显示的编程与调试方法。

8.2　可调光台灯的设计与制作

▶目标与要求

通过可调光台灯的设计,掌握 D/A 转换芯片在智能电子系统中的硬件和软件设计方法,更好地掌握 I^2C 总线的使用和编程。设计要求:单片机的 P2.6 和 P2.7 口与 PCF8591 芯片 I^2C 总线连接,P2.0 和 P2.1 口连接两个独立式按键,控制输出电压的增大与减小,输出电压的范围为 0~5 V。PCF8591 的输出端通过限流电阻接一个发光二极管,调节输出电压的大小可调节 LED 灯的亮度。

8.2.1　I^2C 总线

I^2C(Inter-Integrated Circuit)总线是由飞利浦公司开发的两线式串行总线,用于连接微控制器及其外围设备,是微电子通信控制领域广泛采用的一种总线标准。I^2C 总线由 SDA(串行数据线)和 SCL(串行时钟线)两根线构成,可在 CPU 与被控 IC 之间、IC 与 IC 之间进行发送和接收数据的双线传输,总线上的任何器件都是具有 I^2C 总线的从器件。

I^2C 总线在传送数据过程中共有三种类型信号:开始信号、结束信号和应答信号。

开始信号:SCL 为高电平时,SDA 由高电平向低电平跳变,开始传送数据。

结束信号:SCL 为高电平时,SDA 由低电平向高电平跳变,结束传送数据。

应答信号:接收数据的 IC 在接收到 8 位数据后,向发送数据的 IC 发出特定的低电平脉冲,表示已收到数据。CPU 向受控单元发出一个信号后,等待受控单元发出一个应答信号,CPU 接收到应答信号后,根据实际情况作出是否继续传递信号的判断。若未收到应答信号,则判断为受控单元出现故障。

这些信号中,开始信号是必需的,结束信号和应答信号都可以不要。I^2C 总线时序图如图 8-4 所示。

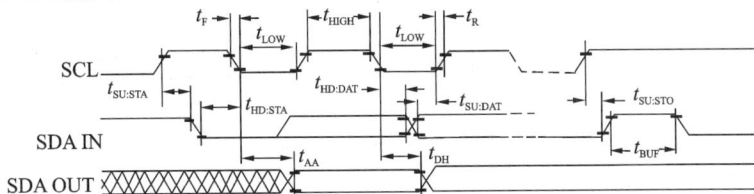

图 8-4　I^2C 总线时序图

I²C 总线是不同的 IC 或模块之间的双向两线式通信。其相关特性如下。

1) 位传输

一个数据位在每一个时钟脉冲期间传输。数据线上的数据必须在时钟脉冲的高电平期间保持稳定,这个数据线上的改变将被当作控制信号。位传输时序图如图 8-5 所示。

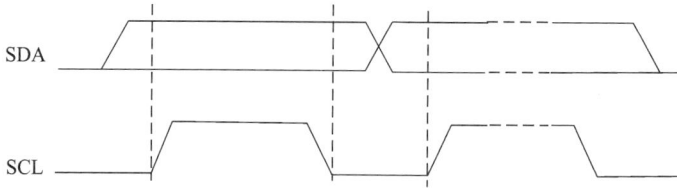

图 8-5　位传输时序图

2) 开始或停止条件

数据线和时钟线在总线不忙时保持高电平。在时钟线为高电平时,数据线上的一个由高到低的变化被定义为开始条件。时钟线为高电平时,数据线上的一个由低到高的变化被定义为停止条件。开始和停止的条件定义时序图如图 8-6 所示。

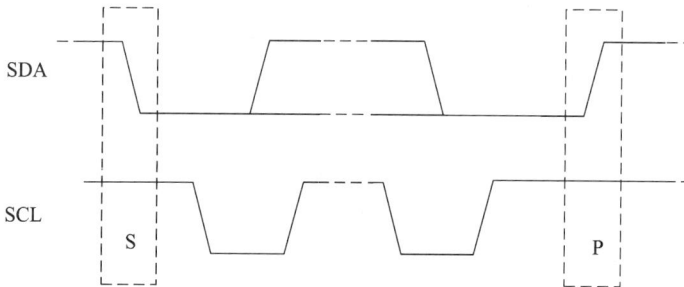

图 8-6　开始和停止的条件定义时序图

3) 主设备与从设备

系统中的所有外围器件都具有一个 7 位的"从器件专用地址码",其中高 4 位为器件类型,由生产厂家制定,低 3 位为器件引脚定义地址,由使用者定义。主控器件通过地址码建立多机通信的机制,因此 I²C 总线省去了外围器件的片选线,这样无论总线上挂接多少个器件,其系统仍然为简约的二线结构。终端挂载在总线上,有主端和从端之分,主端必须是带有 CPU 的逻辑模块,如图 8-7 所示,在同一总线上同一时刻使能有一个主端,可以有多个从端,从端的数量受地址空间和总线的最大电容 400 pF 的限制。

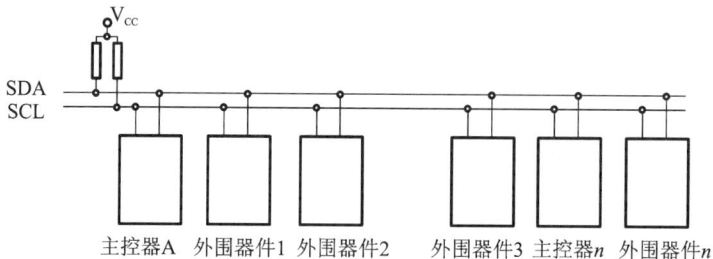

图 8-7　具有多主机的 I²C 总线的系统结构

4) 应答

发送器每发送完一个字节,就在第 9 个时钟脉冲期间释放数据线,由接收器反馈一个应答信号。应答信号为低电平时,规定为有效应答位(ACK),表示接收器已经成功地接收了该字节;应答信号为高电平时,规定为非应答位(NACK),一般表示接收器接收该字节没有成功。对反馈有效应答位 ACK 的要求是,接收器在第 9 个时钟脉冲之前的低电平期间将 SDA 线拉低,并且确保在该时钟的高电平期间为稳定的低电平。如果接收器是主控器,则在它收到最后一个字节后,发送一个 NACK 信号,以通知被控发送器结束数据发送,并释放 SDA 线,以便主控接收器发送一个停止信号 P。I²C 总线应答时序图如图 8-8 所示。

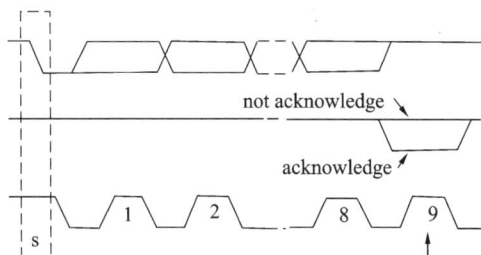

图 8-8　I²C 总线应答时序图

5) I²C 总线协议

在开始条件后一个有效的硬件地址必须发送至 PCF8591。读写位定义了以后单个或多个字节数据传输的方向。在写模式,数据传输通过发送下一个数据传输的停止条件或开始条件来结束。写模式的总线协议和读模式的总线协议如图 8-9 和图 8-10 所示。

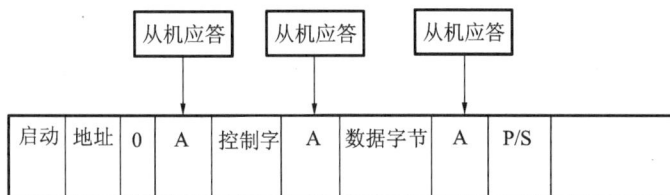

图 8-9　写模式的总线协议

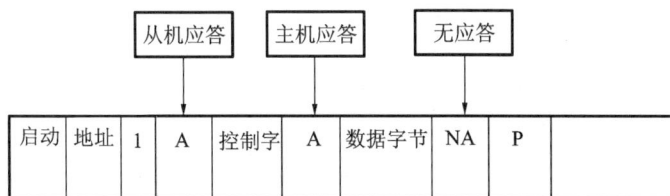

图 8-10　读模式的总线协议

8.2.2　PCF8591 芯片介绍

PCF8591 芯片是一个单片集成、单独供电、低功耗的 8 位 CMOS 数据获取器件,具有 4 个模拟输入、1 个模拟输出和 1 个串行 I²C 总线接口,其功能包括多路模拟输入、内置跟踪保持、8 位模数转换和 8 位数模转换。PCF8591 芯片的 3 个地址引脚 A0、A1 和 A2 可用于硬件地址编程,允许在同一个 I²C 总线上接入 8 个 PCF8591 器件,而无须额外的硬件。在 PCF8591 器件上输入或输出的地址、控制和数据信号都是通过双线双向 I²C 总线以串行的方式进行传输,最大转化速率由 I²C 总线的最大速率决定。

1. PCF8591 芯片的特性

PCF8591 芯片的特性如下。

① 单独供电；

② 操作电压范围为 2.5 ～ 6 V；

③ 低待机电流；

④ 通过 I^2C 总线串行输入/输出；

⑤ 通过 3 个硬件地址引脚寻址；

⑥ 采样速率由 I^2C 总线速率决定；

⑦ 4 个模拟输入可编程为单端型或差分输入；

⑧ 自动增量频道选择；

⑨ 模拟电压范围从 V_{SS} 到 V_{DD}；

⑩ 内置跟踪保持电路；

⑪ 8 位逐次逼近 A/D 转换器；

⑫ 通过 1 路模拟输出实现 DAC 增益。

2. PCF8591 芯片的引脚

PCF8591 芯片引脚如图 8-11 所示,引脚功能如下。

AIN0～AIN3:模拟信号输入端。

A0～A2:引脚地址端。

V_{DD}、V_{SS}:电源端(2.5～6 V)。

SDA、SCL:I^2C 总线的数据线、时钟线。

OSC:外部时钟输入端,内部时钟输出端。

EXT:内部、外部时钟选择线,使用内部时钟时 EXT 接地。

AGND:模拟信号地。

AOUT:D/A 转换输出端。

V_{REF}:基准电源端。

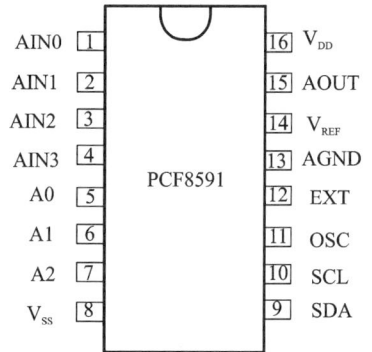

图 8-11 PCF8591 芯片引脚图

3. PCF8591 芯片的内部结构

PCF8591 芯片的内部结构如图 8-12 所示。

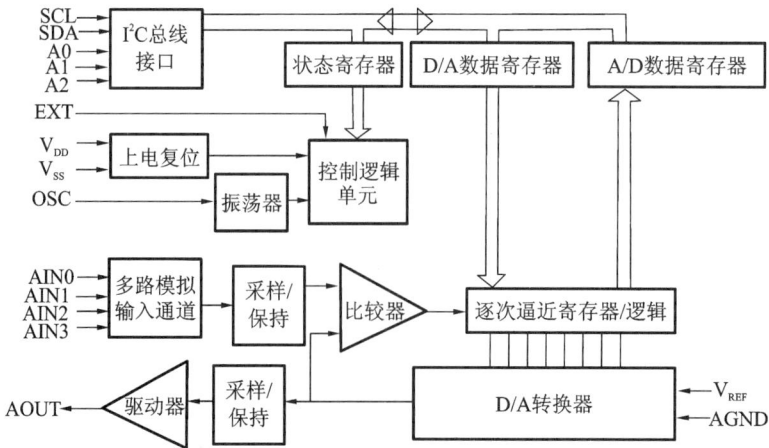

图 8-12 PCF8591 芯片的内部结构图

8.2.3　PCF8591 的 D/A 转换及程序设计

PCF8591 的关键性单元是 D/A 转换器。该器件进行 D/A 转换是通过 I^2C 总线的写入方式来操作完成的,其数据操作格式为:

S	SLAW	A	CONBYT	A	data1	A	data2	A	……	data n	A	P

其中 S 位为 I^2C 总线的启动信号位,SLAW 为主控器件发送的 PCF8591 地址选择字节,CONBYT 为主控器件发送的 PCF8591 控制字节,data1~data n 为待转换的二进制数字,A 为一个字节传送完毕由 PCF8591 产生的应答信号,P 为主机发送的 I^2C 总线停止信号位。根据 I^2C 总线的操作时序,可以编写出 PCF8591 的 D/A 转换程序。编写程序的基本步骤如下。

1. 时钟和数据转换

SDA 线上的数据仅仅在 SCL 为低电平时才能改变。如果数据在 SCL 高电平期间发生改变,表示定义开始或者停止两种状态。输出数据可利用串行输出字节函数 IICSendByte() 来实现。参考程序如下:

```
1    //函数功能:发送一个字节
2    //形式参数:要发送的数据
3    void IICSendByte(unsigned char ch)
4    {
5        unsigned char idata n=8;          //向 SDA 上发送一个字节数据,共八位
6        while(n——)
7        {
8            if((ch&0x80)==0x80)           //若要发送的数据最高位为 1 则发送位为 1
9            {
10               SDA=1;                    //传送位为 1
11               SCL=1;
12               delayNOP();
13               SCL=0;
14           }
15           else
16           {
17               SDA=0;                    //否则传送位为 0
18               SCL=1;
19               delayNOP();
20               SCL=0;
21           }
22           ch=ch<<1;                     //数据左移一位
23       }
24   }
```

2. 开始状态

SCL 处于高电平时,SDA 从高电平转向低电平,表示一个开始状态。可利用开始函数 IIC_start()实现一个开始操作。参考程序如下:

```
1   //函数功能:启动 I²C 总线,即发送 I²C 起始条件
2   void IIC_start()
3   {
4       SDA=1;              //时钟保持高,数据线从高到低一次跳变,I²C 通信开始
5       SCL=1;
6       delayNOP();         //起始条件建立时间大于 4.7 μs
7       SDA=0;
8       delayNOP();         //起始条件锁住时间大于 4 μs
9       SCL=0;              //钳住 I²C 总线,准备发送或接收数据
10  }
```

3. 停止状态

SCL 处于高电平时,SDA 从低电平转向高电平,表示一个停止状态。可利用停止函数 IIC_stop()实现一个停止操作。参考程序如下:

```
1   //函数功能:停止 I²C 总线数据传送
2   void IIC_stop()
3   {
4       SDA=0;              //时钟保持高,数据线从低到高一次跳变,I²C 通信停止
5       SCL=1;
6       delayNOP();
7       SDA=1;
8       delayNOP();
9   }
```

4. 确认应答

PCF8591 在收到每个地址或者数据码之后,置 SDA 为低电平作为确认应答。可利用应答函数 check_ACK()实现一个应答。参考程序如下:

```
1   //函数功能:主机应答位检查,迫使数据传输过程结束
2   void check_ACK()
3   {
4       SDA=1;              //将 I/O 设置成输入,必须先向端口写 1
5       SCL=1;
6       F0=0;
7       if(SDA==1)F0=1;     //若 SDA=1,表明非应答,置位非应答标志 F0
8       SCL=0;
9   }
```

5. D/A 转换程序设计

PCF8591 的 D/A 转换程序如下：

```
1   //函数功能:PCF8591 的 D/A 转换程序
2   //形式参数:control 为控制字,wdata 为要转换的数字量
3   void DAC_PCF8591(unsigned char controlbyte,unsigned char wdata)
4   {
5       IIC_start();                    //启动 I²C
6       IICSendByte(PCF8591_WRITE);     //发送地址位
7       check_ACK();                    //检查应答位
8       if(F0==1)
9       {
10          SystemError=1;
11          //return;                   //若非应答,表明器件错误或已坏,置位错误标志位
12      }
13      IICSendByte(controlbyte&0x77);  //Control byte
14      check_ACK();                    //检查应答位
15      if(F0==1)
16      {
17          SystemError=1;
18          //return;                   //若非应答,表明器件错误或已坏,置位错误标志位
19      }
20      IICSendByte(wdata);             //data byte
21      check_ACK();                    //检查应答位
22      if(F0==1)
23      {
24          SystemError=1;
25          //return;                   //若非应答,表明器件错误或已坏,置位错误标志位
26      }
27      IIC_stop();                     //全部发送完则停止
28      delayNOP();
29      delayNOP();
30      delayNOP();
31      delayNOP();
32  }
```

8.2.4　PCF8591 的 A/D 转换及程序设计

PCF8591 的 A/D 转换器采用逐次逼近的转换技术,在 A/D 转换周期内使用片上 D/A 转换器和高增益的比较器。一个 A/D 转换周期总是开始于发送一个有效模式地址给 PCF8591,然后 A/D 转换周期在应答时钟脉冲的后沿触发,所选通道的输入电压采样保存在芯片中并被转换为对应的 8 位二进制码。其转换程序如下:

```
1   //函数功能:主机给从机发送应答位
2   void slave_ACK()
3   {
4       SDA=0;
5       SCL=1;
6       delayNOP();
7       SDA=1;
8       SCL=0;
9   }
10  //函数功能:主机给从机发送非应答位,迫使数据传输过程结束
11  void slave_NOACK()
12  {
13      SDA=1;
14      SCL=1;
15      delayNOP();
16      SDA=0;
17      SCL=0;
18  }
19  //函数功能:接收一个字节数据
20  //返回值: 返回接收数据
21  unsigned char IICReceiveByte()
22  {
23      unsigned char idata n=8;        //从 SDA 线上读取一个字节的数据,共八位
24      unsigned char tdata;
25      while(n--)
26      {
27          SDA=1;
28          SCL=1;
29          tdata=tdata<<1;             //左移一位,或_crol_(temp,1)
30          if(SDA==1)
31              tdata=tdata|0x01;       //若接收到的位为 1,则数据的最后一位置 1
32          else
33              tdata=tdata&0xfe;       //否则数据的最后一位清零
34          SCL=0;
35      }
36      return (tdata);
37  }
38  //函数名:ADC_PCF8591()
39  //函数功能:读取 PCF8591 的 A/D 转换结果
40  //形式参数:controlbyte 为控制字(控制字的 D1 和 D0 位表示通道号)
41  //返回值:转换后的数字值
```

```
42    unsigned char ADC_PCF8591(unsigned char controlbyte)
43    {
44        unsigned char idata receive_da,i=0;
45        IIC_start();                    //启动信号
46        IICSendByte(PCF8591_WRITE);     //发送器件总地址(写)
47        check_ACK();
48        if(F0==1)
49        {
50            SystemError=1;
51            return 0;
52        }
53        IICSendByte(controlbyte);       //写入控制字
54        check_ACK();
55        if(F0==1)
56        {
57            SystemError=1;
58            return 0;
59        }
60        IIC_start();                    //重新发送开始命令
61        IICSendByte(PCF8591_READ);      //发送器件总地址(读)
62        check_ACK();
63        if(F0==1)
64        {
65            SystemError=1;
66            return 0;
67        }
68        receive_da=IICReceiveByte();
69        slave_ACK();                    //收到一个字节后发送一个应答位
70        slave_NOACK();                  //收到最后一个字节后发送一个非应答位
71        IIC_stop();
72        return(receive_da);
73    }
```

举一反三:请用上述程序设计一个基于 PCF8591 的数字电压表。

8.2.5　可调光台灯的设计与制作

1. 硬件电路设计

可调光台灯的硬件电路设计如图 8-13 所示,单片机的 P2.6、P2.7 口分别与 PCF8591 芯片的 SCL、SDA 相连,实现单片机与 PCF8591 的 I^2C 总线连接,P2.0、P2.1 连接两个独立式按键 S1、S2,控制输出电压的增大与减小,从而控制台灯的亮度。

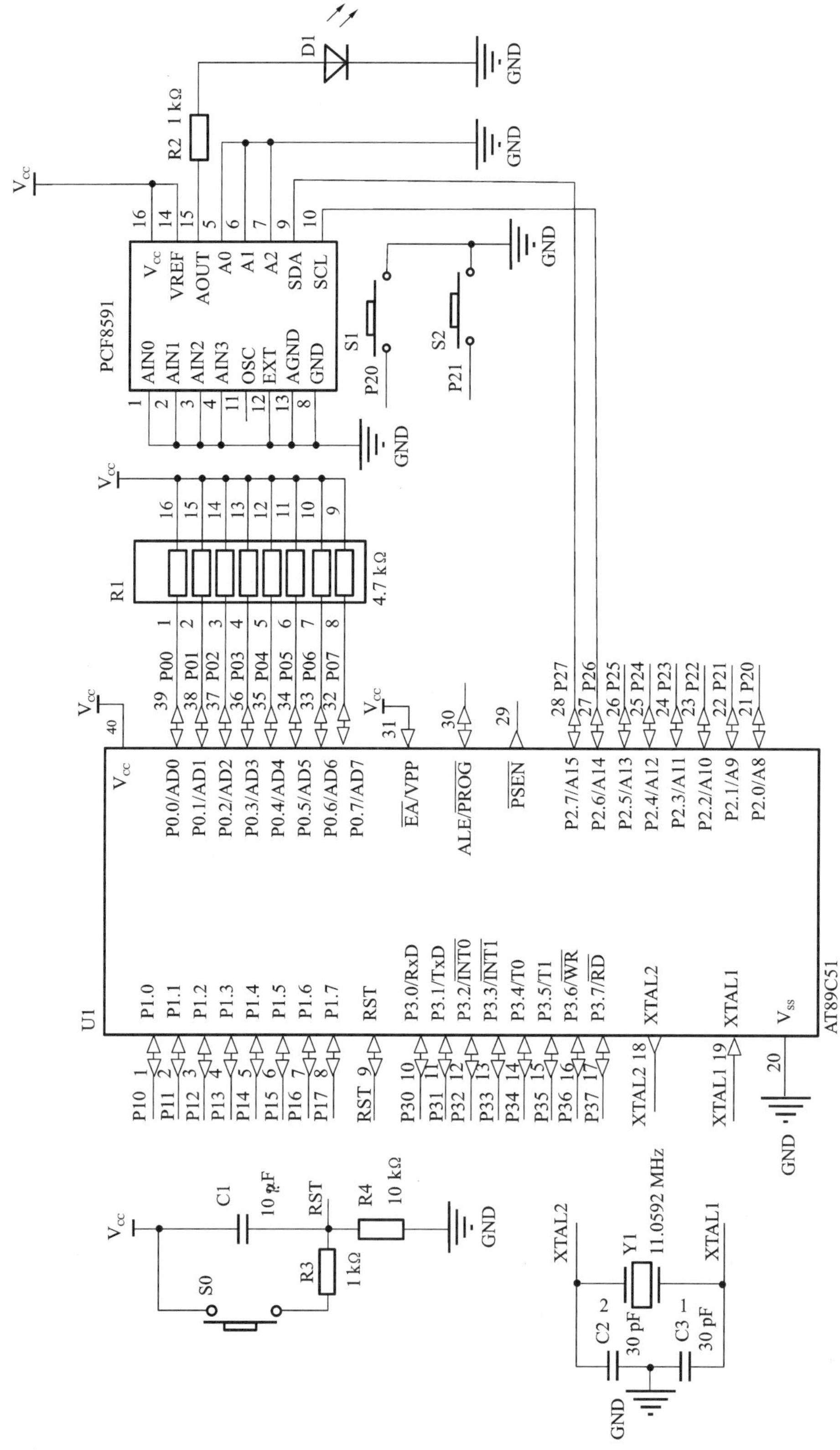

图 8-13　可调光台灯的硬件电路图

2. 软件设计

用 PCF8591 芯片产生输出电压的步骤为：首先从 AOUT 端口输出 2.5 V 的电压，当按下 P2.0 口连接的按键 S1 时，电压增大 0.1 V，输出电压最大可以达到 5 V；按 P2.1 口连接的按键 S2 时，电压减小 0.1 V，输出电压最小可以达到 0 V。设计的程序如下。

```
1   //程序:adjust lamp.c
2   //功能:可调光台灯控制程序
3   #include〈reg51.h〉                      //包含头文件 reg51.h,定义 51 单片机中的专用寄存器
4   #include＜intrins.h＞                    //包含头文件 intrins.h,代码中引用了 _nop_()函数
5   sbit SDA＝P2^7;                         //P2.7 定义为 I²C 数据线
6   sbit SCL＝P2^6;                         //P2.6 定义为 I²C 时钟线
7   sbit S1＝P2^0;                          //P2.0 控制按键,亮度增加
8   sbit S2＝P2^1;                          //P2.1 控制按键,亮度减小
9   #define delayNOP(); {_nop_(); _nop_(); _nop_();}
10  bit bdata SystemError;                  //从机错误标志位
11  //PCF8591 专用变量定义
12  #define PCF8591_WRITE 0x90
13  #define PCF8591_READ 0x91
14  //函数功能:启动 I²C 总线,即发送 I²C 起始条件
15  void IIC_start()
16  {
17      SDA＝1;//时钟保持高,数据线从高到低一次跳变,I²C 通信开始
18      SCL＝1;
19      delayNOP();                         //起始条件建立时间大于 4.7 μs
20      SDA＝0;
21      delayNOP();                         //起始条件锁住时间大于 4 μs
22      SCL＝0;                             //钳住 I²C 总线,准备发送或接收数据
23  }
24  //函数功能:停止 I²C 总线数据传送
25  void IIC_stop()
26  {
27      SDA＝0;//时钟保持高,数据线从低到高一次跳变,I²C 通信停止
28      SCL＝1;
29      delayNOP();
30      SDA＝1;
31      delayNOP();
32  }
33  //函数功能:主机应答位检查,迫使数据传输过程结束
34  void check_ACK()
35  {
36      SDA＝1;                             //将 I/O 设置成输入,必须先向端口写 1
37      SCL＝1;
38      F0＝0;
```

```
39        if(SDA==1)F0=1;           //若 SDA=1,表明非应答,置位非应答标志 F0
40        SCL=0;
41    }
42  //函数功能:发送一个字节
43  //形式参数:要发送的数据
44  void IICSendByte(unsigned char ch)
45  {
46      unsigned char idata n=8;    //向 SDA 上发送一个字节数据,共八位
47      while(n--)
48      {
49          if((ch&0x80)==0x80)     //若要发送的数据最高位为 1 则发送位为 1
50          {
51              SDA=1;              //传送位为 1
52              SCL=1;
53              delayNOP();
54              SCL=0;
55          }
56          else
57          {
58              SDA=0;              //否则传送位为 0
59              SCL=1;
60              delayNOP();
61              SCL=0;
62          }
63          ch=ch<<1;               //数据左移一位
64      }
65  }
66  //函数功能:PCF8591 的 D/A 转换程序
67  //形式参数:control 为控制字,wdata 为要转换的数字量
68  void DAC_PCF8591(unsigned char controlbyte,unsigned char wdata)
69  {
70      IIC_start();                //启动 I²C
71      IICSendByte(PCF8591_WRITE); //发送地址位
72      check_ACK();                //检查应答位
73      if(F0==1)
74      {
75          SystemError=1;
76          //return;         //若非应答,表明器件错误或已坏,置位错误标志位 SystemError
77      }
78      IICSendByte(controlbyte&0x77); //Control byte
79      check_ACK();                //检查应答位
80      if(F0==1)
81      {
82          SystemError=1;
```

```
83          //return;        //若非应答,表明器件错误或已坏,置位错误标志位 SystemError
84      }
85      IICSendByte(wdata);        //data byte
86      check_ACK();               //检查应答位
87
88      if(F0==1)
89      {
90          SystemError=1;
91          //return;        //若非应答,表明器件错误或已坏,置位错误标志位 SystemError
92      }
93      IIC_stop();                //全部发送完则停止
94      delayNOP();
95      delayNOP();
96      delayNOP();
97      delayNOP();
98  }
99  //函数功能:采用定时器 T1 延时 t ms,采用工作方式 1,定时器初值为 64536
100  //形式参数:延时毫秒数
101  void delay_ms(unsigned char t)
102  {
103      unsigned char i;
104      TMOD=0x10;             //设置 T1 为工作方式 1
105      for(i=0;i<t;i++)
106      {
107          TH1=0xfc;         //置定时器初值 0xfc18=64536
108          TL1=0x18;
109          TR1=1;            //启动定时器 1
110          while(!TF1);      //查询计数是否溢出,即 1 ms 定时时间到,TF1=1
111          TF1=0;            //1 ms 定时时间到,将定时器溢出标志位 TF1 清零
112      }
113  }
114  void delay1ms(unsigned char c)
115  {
116      unsigned char a,b;
117      for(;c>0;c--)
118          for(b=13;b>0;b--)
119              for(a=38;a>0;a--);
120  }
121  void main()                  //主函数
122  {
123      unsigned char voltage;   //输出电压寄存器,0 对应 0.0 V,255 对应+5.0 V
124                               //每次按下加减 5,对应 0.1 V 电压变化
125      voltage=125;
126      while(1)
```

```
127        {
128            DAC_PCF8591(0x40,voltage); //控制字为 0100 0000,允许模拟量输出
129            delay_ms(1);
130            if(S1==0)                //按键 S1 按下
131            {
132                delay1ms(1);
133                if(S1==0)
134                {
135                    if(voltage==255) voltage=125;
136                    else voltage+=5;
137                    while(!S1);      //松手检测
138                    delay1ms(1);
139                    while(!S1);
140                }
141            }
142            if(S2==0)                //按键 S2 按下
143            {
144                delay1ms(1);
145                if(S2==0)
146                {
147                    if(voltage==0) voltage=125;
148                    else voltage-=5;
149                    while(!S2);      //松手检测
150                    delay1ms(1);
151                    while(!S2);
152                }
153            }
154        }
155 }
```

◻ 小结

本节的设计与制作,使学生能够在系统中采用 D/A 转换技术,掌握数模转换中芯片与单片机之间的接口技术,为综合应用各种传感器与控制器奠定坚实的基础。

项 目 总 结

模拟信号是指用连续变化的物理量所表达的信息,数字信号是指信号的幅度变化在时间上是离散的信号。模拟信号的数字化需要三个步骤:抽样、量化和编码。

A/D 转换的主要技术指标为:分辨率、量化误差、偏移误差、满刻度误差、线性度、绝对精度、转换速率。

D/A 转换的主要技术指标为:分辨率、转换误差、建立时间、转换速率、温度系数。

IAP15W4K58S4 内部有 8 路 10 位高速 A/D 转换器,采用逐次比较型 A/D 转换,精度可达 10 位,内部相关寄存器有 P1ASF、ADC_CONTR、ADC_RES 和 ADC_RESL、AUXR1、IP、IE 等。

I²C 总线是一种两线式串行总线,用于连接微控制器及其外围设备。它是由数据线 SDA 和时钟线 SCL 构成的串行总线,可发送和接收数据。I²C 总线在传送数据过程中共有三种类型的信号:开始信号、结束信号和应答信号。

PCF8591 芯片是一个单片集成、单独供电、低功耗的 8 位 CMOS 数据获取器件,具有 4 个模拟输入、1 个模拟输出和 1 个串行 I²C 总线接口,其功能包括多路模拟输入、内置跟踪保持、8 位模数转换和 8 位数模转换。

思考与练习

一、单项选择题

1.A/D 转换的精度由(　　)确定。

A. A/D 转换位数　　　B. 转换时间　　　C. 转换方式　　　D. 查询方法

2.A/D 转换结束通常采用(　　)方式编程。

A. 中断方式　　　　　　　　　　B. 查询方式

C. 延时等待方式　　　　　　　　D. 中断、查询和延时等待

3.IAP15W4K58S4 芯片内部的 A/D 转换为(　　)。

A. 16 位　　　　　B. 12 位　　　　　C. 10 位　　　　　D. 8 位

4.PCF8591 芯片是(　　)A/D 和 D/A 芯片。

A. 串行　　　　　B. 并行　　　　　C. 通用　　　　　D. 专用

二、填空题

1. 模拟量转换为数字量的过程是通过 ＿＿＿＿＿＿、＿＿＿＿＿＿ 和 ＿＿＿＿＿＿这三个步骤完成的。

2. A/D 转换器的参数指标有 ＿＿＿＿＿＿、＿＿＿＿＿＿、＿＿＿＿＿＿、＿＿＿＿＿＿、＿＿＿＿＿＿、＿＿＿＿＿＿。

3. D/A 转换器的参数指标有 ＿＿＿＿＿＿、＿＿＿＿＿＿、＿＿＿＿＿＿、＿＿＿＿＿＿。

三、技能训练题

采用 PCF8591 芯片,设计一个正弦波发生器。

项目9　单片机应用系统综合设计

项目教学目标

本项目通过数字式温度计的设计与制作、电子台历的设计与制作、巡航小车的设计与制作让读者掌握单片机与外围接口芯片常用的1线/2线串行接口的用法、图形液晶显示器的驱动与使用、传感器与单片机的电路连接与编程方法以及电动机的驱动。通过上述三个综合任务的设计与开发,让读者学习和领会单片机应用系统的设计、开发和调试的思路、技巧和方法。

9.1　数字式温度计的设计与制作

▶目标与要求

通过数字温度计的设计与制作,掌握单片机应用系统的开发流程、设计方法;掌握单片机软、硬件设计及调试方法。

基于AT89C51单片机的数字温度计的设计要求如下。

(1) 测温范围$-30\sim100$ ℃,测温误差不超过±5 ℃。

(2) 正确显示测量温度。

(3) 能设置温度上、下限,越限后能产生报警信号。

(4) 成品的体积和质量尽可能小,成本低。

9.1.1　系统方案论证与选择

单片机应用系统的开发流程如下。

(1) 单片机应用系统总体方案的确定。

(2) 系统硬件电路设计。

(3) 系统软件设计。

(4) 软、硬件联调。

温度测量的方案有很多种,温度传感器可以采用传统的分立式传感器(例如热电阻)、模拟集成传感器AD590以及新兴的智能型传感器DS18B20等。温度显示部分可以采用数码管显示,也可以采用LCD显示。具体方案如下。

(1) 设计方案1的框图如图9-1所示。

(2) 设计方案2的框图如图9-2所示。

(3) 方案论证与选择。

方案 1 采用铜热电阻传感器,在−50～150 ℃范围内铜电阻的阻值和温度之间接近线性关系,价格也比较便宜,但是测温数据必须要经过 A/D 转换后才能送给单片机,电路设计比较复杂,数据处理和程序设计也比较复杂。显示部分采用 LCD 显示,显示效果比较好,但是价格比较贵,电路也比较复杂。报警部分可采用发光二极管和蜂鸣器进行声光报警。

图 9-1　设计方案 1 框图

方案 2 采用 DS18B20 数字温度传感器,不需要 A/D 转换,电路设计简单,体积小,占用单片机 I/O 口少,程序设计简单,开发周期短。显示部分采用 LED 数码管显示,效果不如 LCD 显示,但是电路设计简单,价格便宜。报警部分也采用发光二极管和蜂鸣器进行声光报警。

图 9-2　设计方案 2 框图

综合上述两个方案的优缺点,可以优先选择方案 2。显示部分可以根据用户需求灵活选择,本方案选择 LED 数码管显示。

9.1.2　系统硬件电路设计

1. DS18B20 温度传感器简介

DS18B20 是 DALLAS 公司生产的 1-Wire 数字温度传感器,即单总线器件,全部的传感元件及转换电路都集成在一个形如三极管的集成电路内。用它来组成一个测温系统,具有线路简单,体积小的特点,在一根通信线上,可以挂多个这样的数字温度计。DS18B20 产品具有如下的特点。

① 独特的单线接口,仅需一个 I/O 口即可实现通信。

② 每个 DS18B20 器件上都有一个独一无二的 64 位序列号。

③ 传感元件及转换电路都集成在一个形如三极管的集成电路内,实际应用中不需要外部任何元器件即可实现测温。

④ 测量温度范围在−55～125 ℃之间;在−10～85 ℃范围内误差为±0.5 ℃。

⑤ 数字温度计的可编程分辨率为 9～12 位。对应的可分辨温度分别为 0.5 ℃、0.25 ℃、0.125 ℃、0.0625 ℃,可实现高精度测量。

⑥ 12 位分辨率时温度值转换为数字量所需的时间不超过 750 ms;9 位分辨率时温度值转换为数字量所需的时间不超过 93.75 ms。用户可以根据需要选择合适的分辨率。

⑦ 内部有温度上、下限报警设置。

⑧ 可通过数据线供电,供电范围为 3.0～5.5 V。

2. DS18B20 温度传感器的外形及管脚

DS18B20 的外形及管脚说明分别如图 9-3 和表 9-1 所示。

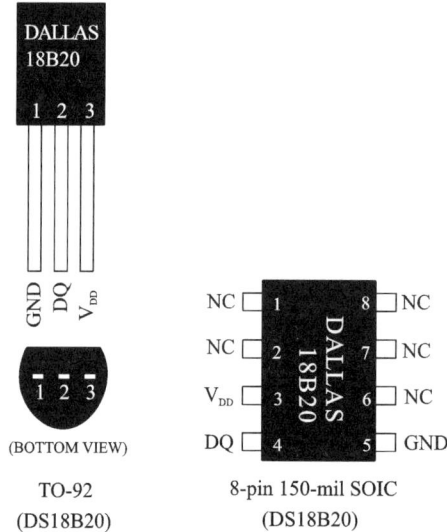

图 9-3 DS18B20 外形封装图

表 9-1 DS18B20 管脚及说明

TO-9 封装	8 引脚 SOIC 封装	符号	说　　明
1	5	GND	接地
2	4	DQ	数据输入/输出引脚
3	3	V_{DD}	可选的 V_{DD} 引脚;工作与寄生电源模式时 V_{DD} 必须接地

3. DS18B20 的内部结构

DS18B20 的内部结构如图 9-4 所示。它主要由 64 位光刻 ROM、温度传感器、温度报警触发器、高速缓存器、8 位 CRC 产生器、寄生电源、电源探测、存储器和控制逻辑等部分组成。

1) 64 位光刻 ROM

64 位光刻 ROM 是出厂前已被刻好的,它可以看作是该 DS18B20 的地址序列号,每一个 DS18B20 都有一个唯一的序列号。64 位地址序列号的构成如下:

8 位 CRC 校验码	48 位产品序列号	8 位产品类型号

开始 8 位(28H)是产品类型号,接着的 48 位代表自身的序列号,最后 8 位是前面 56 位的 CRC(循环冗余)校验码。由于不同的器件的地址序列号各不一样,多个 DS18B20 可以采用一线进行通信。主机根据 ROM 的前 56 位计算 CRC 值,与存入 DS18B20 中的 CRC 值进行比

较，以判断主机收到的 ROM 数据是否正确，识别不同的 DS18B20。

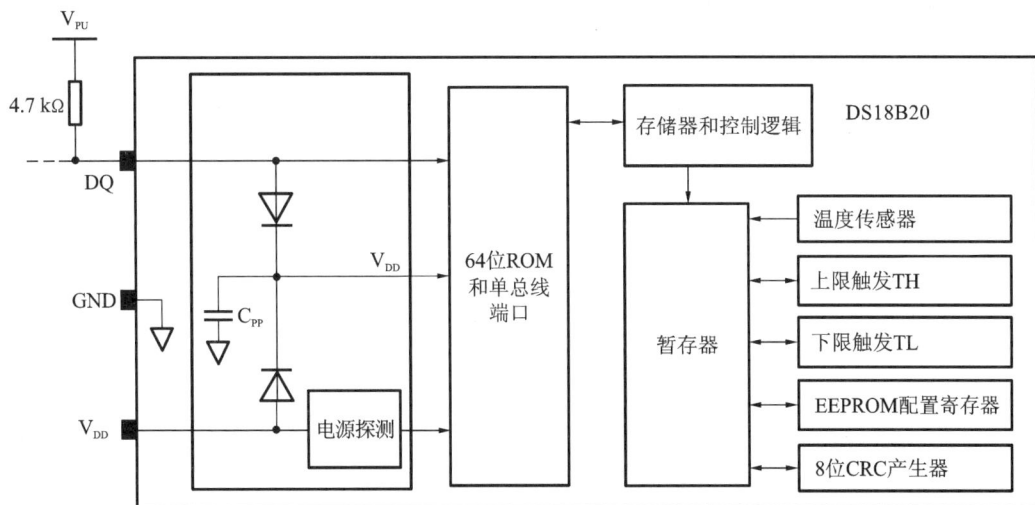

图 9-4　DS18B20 内部结构

2）温度传感器

DS18B20 中的温度传感器可以完成温度测量，数据保存在高速暂存器的第 0 个和第 1 个字节里面。以 12 位分辨率为例，数据存储格式如表 9-2 所示。

表 9-2　DS18B20 温度数据存储格式

LS Byte	bit 7	bit 6	bit 5	bit 4	bit 3	bit 2	bit 1	bit 0
	2^3	2^2	2^1	2^0	2^{-1}	2^{-2}	2^{-3}	2^{-4}
MS Byte	bit 15	bit 14	bit 13	bit 12	bit 11	bit 10	bit 9	bit 8
	S	S	S	S	S	2^6	2^5	2^4

第 1 个字节的高 5 位为符号位，正温度时为 0，负温度时为 1，第 0 个字节的低 4 位为小数位。12 位分辨率时为 0.0625。

DS18B20 温度数据格式如表 9-3 所示。正温度时只需要用测得的数据乘以 0.0625 即可以得到实际的测量温度，例如＋125 ℃时 DS18B20 对应的数字输出值为 07d0。负温度时需要将测得的值取反加 1 后再乘以 0.0625 才可以得到实际的测量温度，例如－10.125 ℃对应的数字输出值为 ff5e。

表 9-3　DS18B20 温度数据

温度值/℃	数字输出（二进制）	数字输出（十六进制）
＋125	0000011111010000	07d0
＋85	0000010101010000	0550
＋25.0625	0000000110010001	0191
＋10.125	0000000010100010	00a2
＋0.5	0000000000001000	0008
0	0000000000000000	0000

续表

温度值/℃	数字输出(二进制)	数字输出(十六进制)
−0.5	1111111111111000	fff8
−10.125	1111111101011110	ff5e
−25.0625	1111111001101111	fe6f
−55	1111110010010000	fc90

注:开机复位时,温度寄存器的值是+85℃(0550H)。

3)高速暂存器

高速暂存器由 9 个字节组成,具体分配如表 9-4 所示。温度传感器接收到温度转换命令后,将转换成二进制的数据以二进制补码的形式保存在第 0 和第 1 个字节。第 2 和第 3 个字节为温度上、下限设定值,由用户自己设置。第 4 个字节为配置寄存器,其格式如下:

TM	R1	R0	1	1	1	1	1

TM 为测试模式位,用于设置是工作模式还是测试模式,出厂时默认初始值为 0,用户不要改动。R1 和 R0 用于设置分辨率,具体设置如表 9-5 所示。(出厂时默认设置为 11)

表 9-4   DS18B20 高速暂存器结构

序号	寄存器名称	作　　用
0	温度低字节	以 16 位补码形式存放
1	温度高字节	
2	TH/用户字节 1	存放温度上限值
3	HL/用户字节 2	存放温度下限值
4	配置寄存器	配置工作模式
5、6、7	保留	保留
8	CRC 值	CRC 校验码

表 9-5   DS18B20 分辨率设置与温度转换时间

R1	R0	分辨率/位	温度最大转换时间/ms
0	0	9	93.75
0	1	10	187.5
1	0	11	375
1	1	12	750

4. DS18B20 的工作原理与数据寄存器

DS18B20 的测温原理如图 9-5 所示。低温度系数晶振的振荡频率受温度的影响很小,用于产生固定频率的脉冲信号送给减法计数器 1,高温度系数晶振的振荡频率随温度变化会明显改变,所产生的信号作为减法计数器 2 的脉冲输入。每次测量前,首先将−55 ℃所对应的基数值分别置入减法计数器 1 和温度寄存器中。减法计数器 1 对低温度系数晶振产生的脉冲信号进行减法计数,当减法计数器 1 的预置值减到 0 时,温度寄存器的值将加 1,然后减法计数器 1 重新装入预置值,重新开始计数。减法计数器 2 对高温度系数晶振产生的脉冲信号进行减法计数,一直到减法计数器 2 计数到 0 时,停止对温度寄存器值的累加,此时温度寄存器中的数值即为所测温度值。图中的斜率累加器用于补偿和修正测温过程中的非线性误差,提高测量精度。其输出用于修正减法计数器的预置值,一直到计数器 2 等于 0 为止。

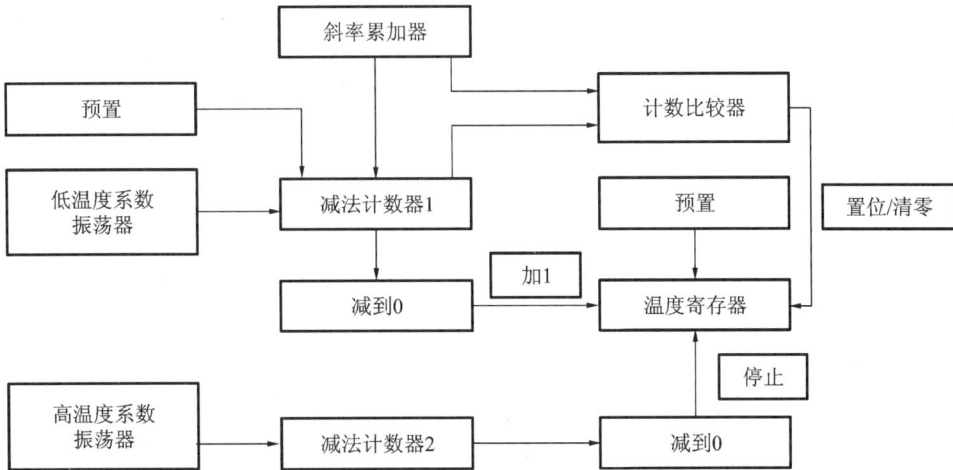

图 9-5　DS18B20 的测温原理图

5. DS18B20 的工作指令表

DS18B20 的指令有 ROM 指令和功能指令两大类。

当单片机检测到 DS18B20 的应答脉冲后,便可发出 ROM 操作指令。ROM 操作指令共有 5 类,如表 9-6 所示。

表 9-6　ROM 指令表

指 令 类 型	指令代码	功　　　能
读 ROM	33H	读取激光 ROM 中的 64 位序列号,只能用于总线上单个 DS18B20 器件的情况,总线上有多个器件时会发生数据冲突
匹配 ROM	55H	发出此指令后发送 64 位 ROM 序列号,只有序列号完全匹配的 DS18B20 才能响应后面的内存操作指令,其他不匹配的将等待复位脉冲
跳过 ROM	CCH	无须提供 64 位 ROM 序列号,直接发送功能指令,只能用于单片 DS18B20
搜索 ROM	F0H	识别出总线上 DS18B20 的数量及序列号
报警搜索	ECH	流程和搜索 ROM 指令相同,只有满足报警条件的从机才对该指令作出响应。只有在最近一次测温后遇到符合报警条件的,DS18B20 才会响应这条指令

在成功执行 ROM 操作指令后,才可使用功能指令。功能指令共有 6 种,如表 9-7 所示。

表 9-7　功能指令表

指 令 类 型	指令代码	功　　　能
温度转换	44H	启动温度转换操作,产生的温度转换结果数据以 2 个字节的形式被存储在高速暂存器中
读暂存器	BEH	读取暂存器内容,从字节 0～字节 8,共 9 个字节,主机可随时发起复位脉冲,停止此操作,通常只需读前 5 个字节
写暂存器	4EH	发出向内部 RAM 的 2、3、4 字节写上、下限温度数据和配置寄存器命令,紧跟该命令之后,传送对应的 3 个字节的数据
复制暂存器	48H	把 TH,TL 和配置寄存器(第 2、3、4 字节)的内容复制到 EEPROM 中
重调 EEPROM 暂存器	B8H	将存储在 EEPROM 中的温度报警触发值和配置寄存器值重新复制到暂存器中,此操作在 DS18B20 加电时自动执行
读供电方式	B4H	读 DS18B20 的供电模式。寄生供电时 DS18B20 发送"0",外接电源供电时 DS18B20 发送"1"

6. DS18B20 的工作时序

One-Wire 总线是 DALLAS 公司研制开发的一种协议。它由一个总线主节点、一个或多个从节点组成系统,通过一根信号线对从芯片进行数据的读取。因此其协议对时序的要求比较严格,对读、写和应答时序都有明确的时间要求。在 DS18B20 的 DQ 上有复位脉冲、应答脉冲、写 0、写 1、读 0、读 1 这 6 种信号类型。除了应答脉冲外,其他都由主机产生,数据位的读和写是通过读、写时序实现的。

1) 初始化时序

初始化时序包括主机发出的复位脉冲和从机发出的应答脉冲,如图 9-6 所示。

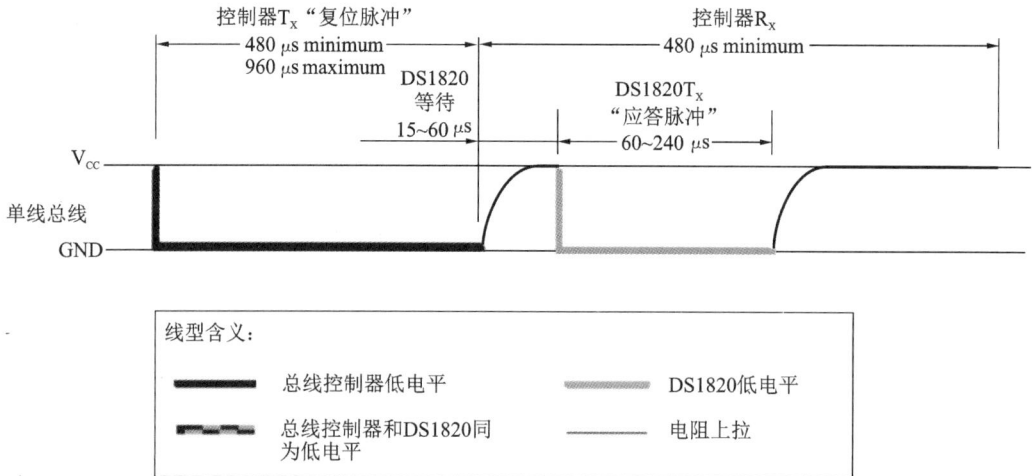

图 9-6　初始化时序

其过程描述如下。

① 主机先将总线置高电平 1。

② 延时(该时间要求不是很严格,但是要尽可能短一点)。

③ 主机拉低单总线到低电平 0,延时至少 480 μs(时间范围 480～960 μs)。

④ 主机释放总线,会产生一由低电平跳变为高电平的上升沿。

⑤ 延时 15～60 µs。

⑥ 单总线器件 DS18B20 通过拉低总线 60～240 µs 来产生应答脉冲。

⑦ 若 CPU 读到数据线上的低电平 0,说明 DS18B20 在线,还要进行延时,其延时的时间从发出高电平算起(第④步的时间算起)最少要 480 µs。

⑧ 将数据线再次拉到高电平 1 后结束。

⑨ 主机就可以开始对从机进行 ROM 命令和功能命令操作。

2) 写时序

写时序包含写"1"和写"0"两个时序,如图 9-7 所示。

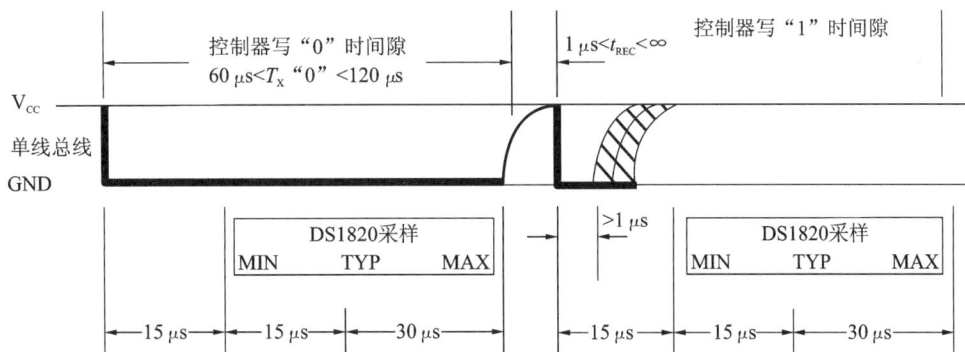

图 9-7 写时序

其过程描述如下。

① 主机拉低数据线为低电平 0。

② 延时不超过 15 µs。

③ 按从低位到高位的顺序发送数据(一次只发送一位),写 1 时主机将总线拉高为高电平 1,写 0 时保持原来的低电平不变。

④ 延时时间为 60 µs。

⑤ 将数据线拉高到高电平 1。

⑥ 重复步骤①～⑤,直到发送完整的一个字节。

⑦ 最后将数据线拉高到 1。

3) 读时序

读时序包含读"0"和读"1"两个时序,如图 9-8 所示。单总线器件仅在主机发出读时序时才向主机传输数据,当主机向单总线器件发出读数据命令后,必须马上产生读时序,以便单总线器件能传输数据。读时序过程描述如下。

① 主机将数据线拉高到高电平 1。

② 延时 2 µs。

③ 主机将数据线拉低到低电平 0。

④ 延时 6 µs。

⑤ 主机将数据线拉高到高电平 1。

⑥ 延时 4 µs。

⑦ 读数据线的状态位,并进行数据处理。

⑧ 延时 30 µs。

⑨ 重复步骤①~⑧,直到读取完一个字节。

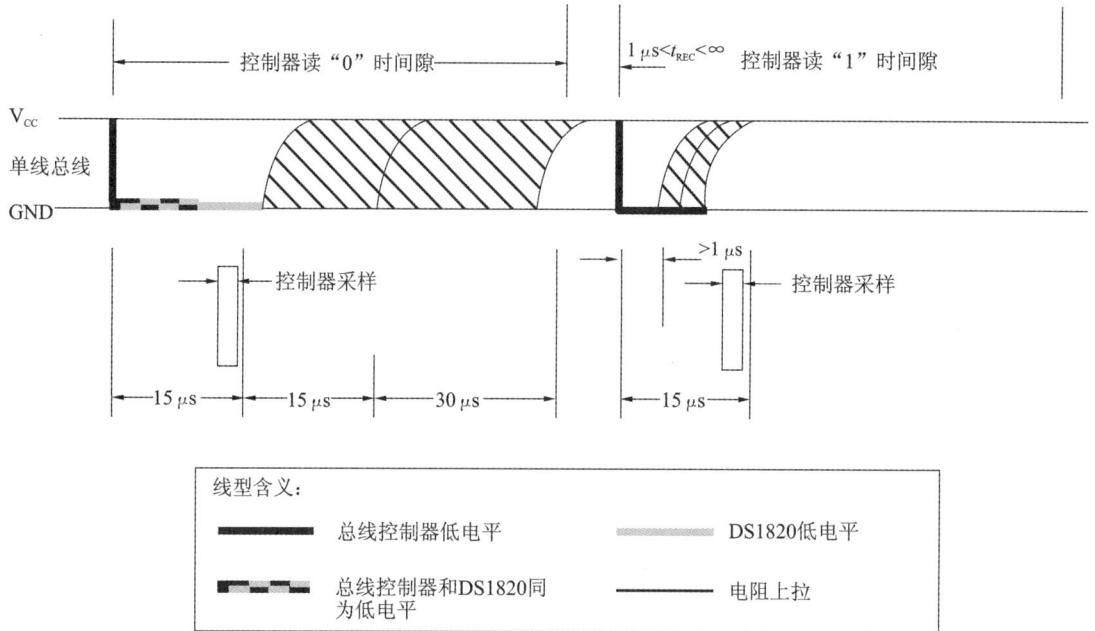

图 9-8　读时序

7. DS18B20 的应用电路设计

DS18B20 测温系统具有系统简单、测温精度高、连接方便、占用口线少等优点。下面介绍 DS18B20 几个不同应用方式下的测温电路图。

1) DS18B20 寄生电源供电方式电路图

如图 9-9 所示,在寄生电源供电方式下,DS18B20 在信号线 DQ 处于高电平期间把能量储存在内部电容里,在 DQ 处于低电平期间消耗电容上的电能进行工作,直到高电平到来再给寄生电源(电容)充电。寄生电源供电可以使电路更加简洁,仅用一根 I/O 线即可实现测温。当几个温度传感器挂在同一根 I/O 线上进行多点测温时,只靠 4.7 kΩ 上拉电阻就无法提供足够的能量,会造成无法正常工作或者引起误差。

因此,图 9-9 所示电路只适合在单一温度传感器测温情况下使用,不适合应用在电池供电系统中。

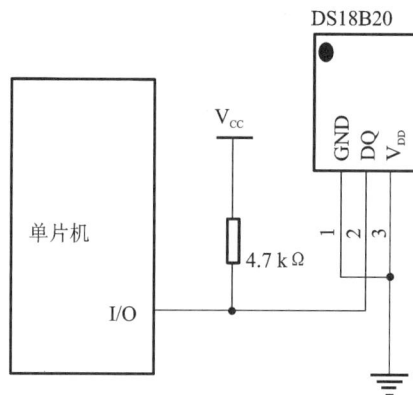

图 9-9　DS18B20 寄生电源供电方式

2）DS18B20 寄生电源强上拉供电方式电路图

如图 9-10 所示，为了使 DS18B20 在温度转换中获得足够的电流供应，当进行温度转换或复制到 EEPROM 操作时，必须在最多 10 μs 内把 I/O 线转换到强上拉状态，用 MOSFET 把 I/O 线直接拉到 V_{CC} 就可提供足够的电流。此方式适合多点测温应用，缺点是要多占用一根 I/O 线进行强上拉切换。

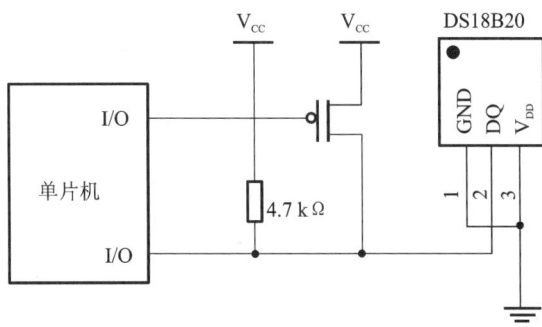

图 9-10 DS18B20 寄生电源强上拉供电电路图

3）DS18B20 的外部电源供电方式

DS18B20 的外部电源供电方式如图 9-11 所示。在外部电源供电方式下，DS18B20 由 V_{DD} 引脚直接接入外部电源，不存在电源电流不足的问题，工作稳定可靠，抗干扰能力强，可以保证转换精度，同时可以在总线上挂接多个 DS18B20 传感器，组成多点测温系统，如图 9-12 所示。

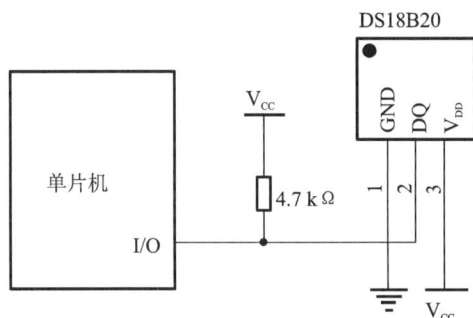

图 9-11 外部供电方式的单点测温电路图

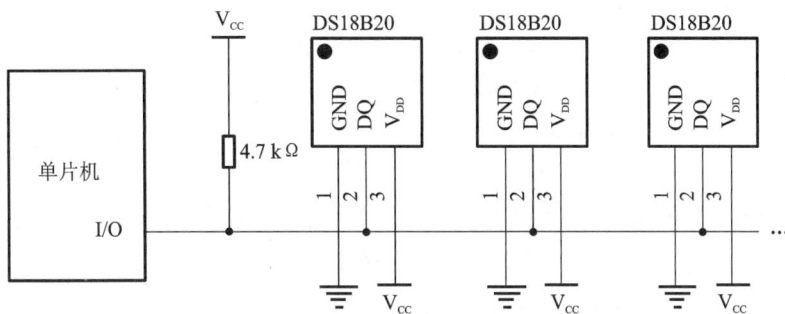

图 9-12 外部供电方式的多点测温电路图

8. 数字温度计电路设计

数字温度计电路设计原理图如图 9-13 所示。其主要包括参数设置、参数设置指示、温度检测、温度显示及越限报警部分。

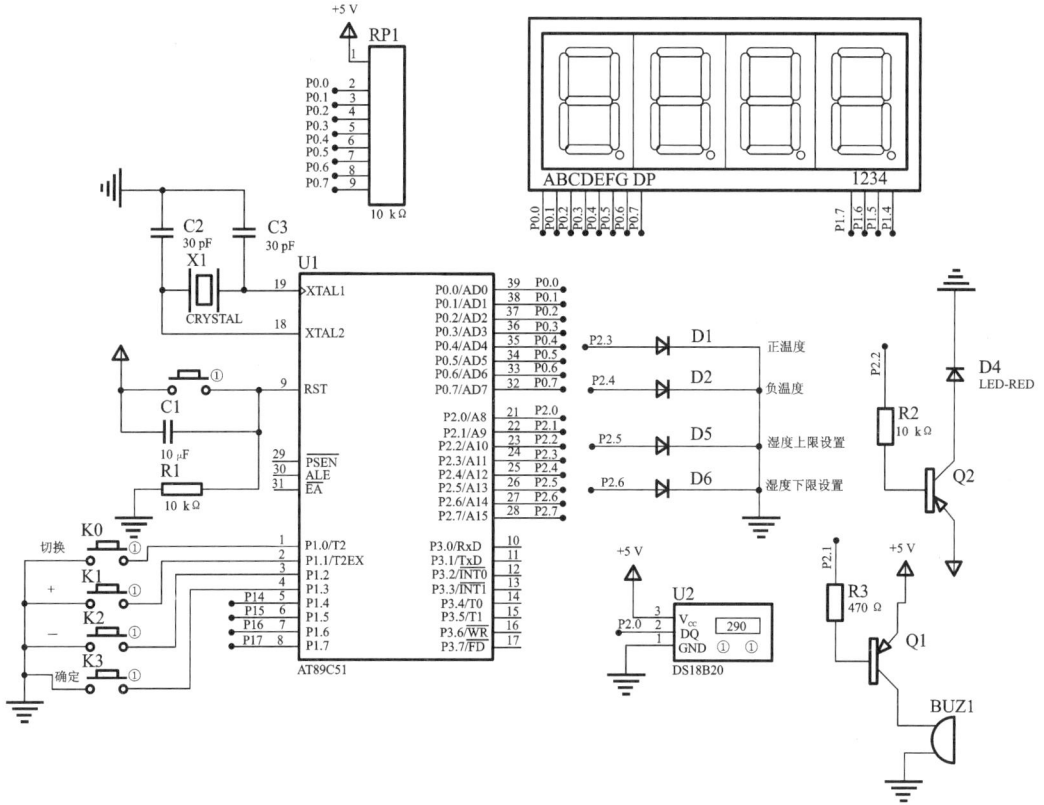

图 9-13　数字温度计电路设计原理图

9.1.3　系统软件设计

1. 软件设计流程

在设计单片机系统软件之前,首先要对整个系统的软件进行总体设计和整体规划,明确软件设计需要完成的任务,确定输入输出的类型、数据传输的方式、数据处理流程。然后确定软件的结构,它对单片机系统的性能起着举足轻重的作用。将软件划分为若干个相对独立的单元,每个单元完成不同的任务,根据这些单元之间的相互关系来协调软件结构。最后根据软件的结构设计系统的流程图,编写程序,并进行仿真调试。具体流程如图 9-14 所示。

2. 程序设计流程图

系统总体流程如图 9-15 所示,数字温度计设计主要完成温度检测及采集,温度上、下限设计,温度显示和报警几个步骤。根据总体流程可以将程序分为以下几个模块:DS18B20初始化、单总线数据读写、温度采集及数据处理、参数设置(键盘扫描)、温度显示、报警处理等。

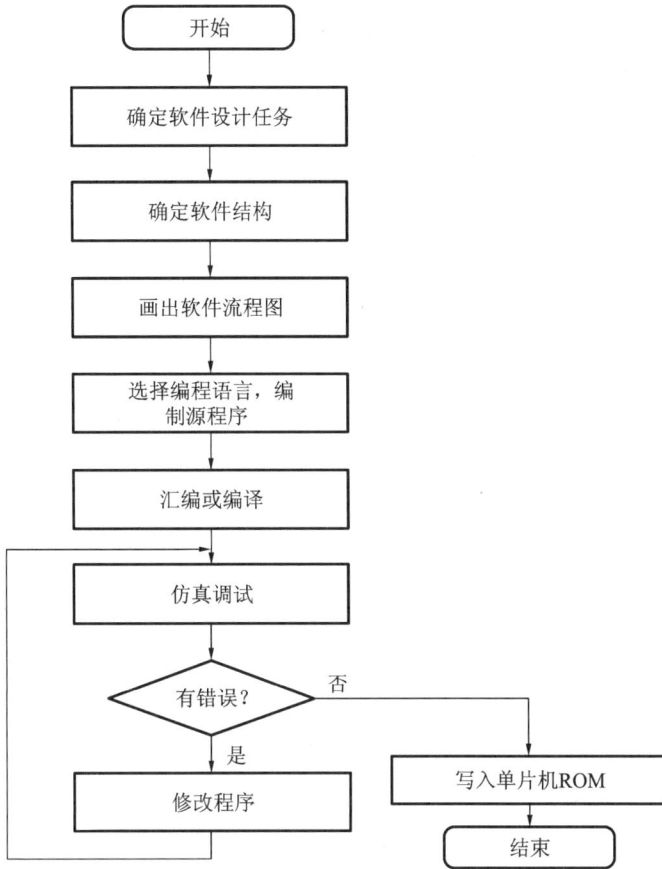

图 9-14　软件设计流程图

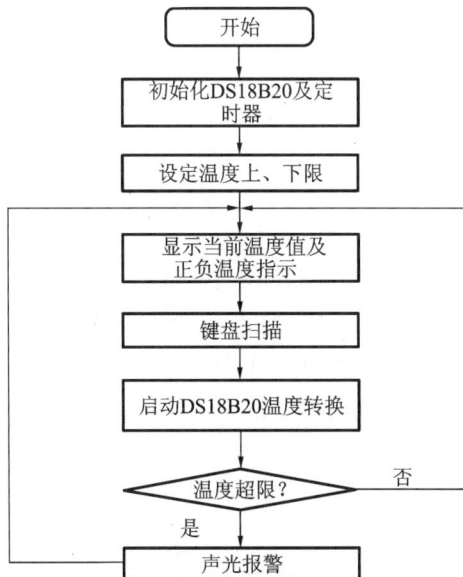

图 9-15　系统总体流程图

1) 主程序

主程序的主要功能是负责温度的实时采集及报警显示,温度测量 1 s 进行一次。具体流程如图 9-16 所示。

2) DS18B20 初始化子程序

DS18B20 初始化部分需要按照单总线初始化时序编写,主要包括复位和应答两部分。当单片机发出复位脉冲后,在规定时间内收到 DS18B20 反馈的低电平应答信号,说明初始化成功。

3) 键盘扫描子程序

键盘扫描子程序主要完成温度上、下限参数设置,系统设置了四个按键:温度上、下限切换按键,加 1 按键,减 1 按键及确认按键。温度下限参数设置流程图如图 9-17 所示。

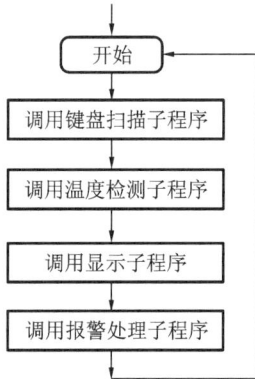

图 9-16   主程序流程图

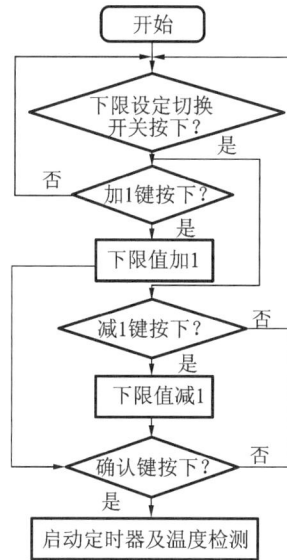

图9-17   温度下限参数设置流程图

4) 温度转换及处理子程序

DS18B20 温度转换及处理子程序主要完成温度采集及数据处理工作,如图 9-18 所示。DS18B20 初始化后,发送启动转换指令,要等待 DS18B20 转换完毕才能读取数据。发送读取命令时需要重新初始化 DS18B20,读取温度值时,首先读到的是低字节,然后是高字节。根据 DS18B20 的数据存储格式,需要对数据处理后才能送 LED 显示。默认设置下它的分辨率是 0.0625,将 2 个字节合并为 1 个数据,乘以 0.0625 之后,就可以得到真实的十进制温度值。

5) 温度显示子程序

温度显示采用 LED 数码管显示,通过定时中断的方式进行动态扫描,本设计采用定时器 0,工作方式 1,10 ms 中断一次,显示采集到的温度值。当温度为负值时,需要显示负温度,同时负温度指示灯亮。

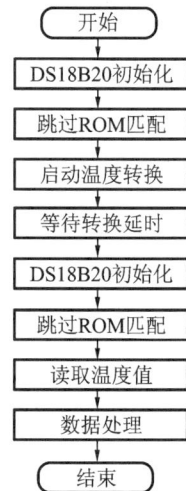

图 9-18   温度转换及处理流程图

3. 程序设计

系统的完整程序设计如下。

```
1   //程序:digital thermometer.c
2   //功能:数字式温度计,DS18B20
3   #include<reg52.h>
4   #include <intrins.h>
5   #define  uchar  unsigned  char
6   #define  uint  unsigned  int
7   sbit  DQ = P2^0;  //DS18B20 接入口
8   uchar code table[]= {0x3f,0x06,0x5b,0x4f,0x66,0x6d,0x7d,0x07,0x7f,0x6f,0x40};
                                    //共阴极字形码
9   int temp;                       //温度值
10  int m,n,j;                      //中间变量
11  uchar data buf[4];              //字形显示中间变量
12  int alarmH=300;                 //初始报警值
13  int alarmL=100;
14  //定义开关的接入口
15  sbit  k0=P1^0;                  //切换
16  sbit  k1=P1^1;                  //+
17  sbit  k2=P1^2;                  //-
18  sbit  k3=P1^3;                  //确认
19  sbit  bell=P2^1;                //蜂鸣器
20  sbit  HLight=P2^3;              //正温度指示灯
21  sbit  LLight=P2^4;              //负温度指示灯
22  sbit  warn=P2^2;                //报警指示灯
23  sbit  Red=P2^5;                 //温度上限设置指示灯
24  sbit  Green=P2^6;               //温度下限设置指示灯
25  bit replace_set=0;              //温度上下限设置切换变量
26  bit Flag=0;                     //设置标志
27  //函数的声明区
28  void key_set();
29  void delay(uint);
30  void key_scan();
31  void Show();
32  //函数的定义区
33  /* 延时子函数*/
34  void delay(uint i)
35  {
36      while(i--);
37  }
38  //DS18B20 温度传感器所需函数,分为初始化、读字节、写字节、读取温度 4 个函数
39  void Init_DS18B20(void)        //传感器初始化
40  {
41      uchar x=0;
42      DQ = 1;                     //DQ 复位
43      //delay(10);                //稍作延时
```

```
44      _nop_ ();
45      DQ = 0;                      //单片机将 DQ 拉低
46      delay(70);                   //精确延时 大于 480μs //700μs
47      DQ = 1;                      //拉高总线
48      delay(15); //
49      x = DQ;                      //稍作延时后 如果 x=0 则初始化成功,x=1 则初始化失败
50      delay(35);                   //DS18B20 应答延时不小于 480μs
51  }
52  uchar Read_OneChar(void)         //读一个字节
53  {
54      uchar i;
55      uchar temp = 0;
56      for (i=0;i<8;i++)
57      {
58          DQ=1;
59          _nop_ ();
60          DQ = 0;                  //给脉冲信号
61          _nop_ ();
62          _nop_ ();
63          DQ = 1;
64          _nop_ ();
65          temp>>=1;                //给脉冲信号
66          if(DQ)
67              temp|=0x80;
68          delay(5);
69      }
70      return(temp);
71  }
72  void Write_OneChar(uchar dat)     //写一个字节
73  {
74      uchar i;
75      for (i=0; i<8; i++)
76      {
77          DQ = 0;                  //拉低总线
78          _nop_ ();                //至少延迟 1μs
79          DQ=dat&0x01;
80          delay(6);
81          DQ=1;
82          dat>>=1;
83      }
84  }
85  int ReadTemperature(void)         //读取温度
86  {
87      uchar TemperatureL=0;
88      uchar TemperatureH=0;
89      int t=0;
90      float tt=0;
```

```
91      Init_DS18B20();              //DS18B20 初始化
92      Write_OneChar(0xcc);         //跳过读序列号的操作
93      Write_OneChar(0x44);         //启动温度转换
94      delay(80);//延时等待 DS18B20 温度转换
95      Init_DS18B20();
96      Write_OneChar(0xcc);         //跳过读序列号的操作
97      Write_OneChar(0xbe);         //读取温度寄存器等(共可读 9 个寄存器) 前两个就是温度
98      TemperatureL＝Read_OneChar();   //低位
99      TemperatureH＝Read_OneChar();   //高位
100     t＝(TemperatureH* 256＋TemperatureL);   //两字节合成一个整型变量
101     tt＝t*0.0625;                 //得到真实十进制温度值,因为 DS18B20 可以精确到 0.0625 ℃
102     t＝tt*10＋0.5;     //放大十倍,这样做的目的是将小数点后第一位也转换为可显示数字
103                                  //同时进行四舍五入操作
104     return(t);
105  }
106  void display_negative_number()   //显示负值子函数
107  {
108     int temp1;
109     temp1＝－(temp-1);
110     buf[2]＝temp1/100;           //显示十位
111     buf[3]＝temp1％100/10;       //显示个位
112     buf[0]＝temp1％10;           //小数位
113     //动态显示
114     for(j＝0;j＜3;j＋＋)
115     {
116        P1＝0xff;                 // 初始灯为灭的
117        P0＝0x00;
118        P1＝0xdf;                 //显示小数点
119        P0＝0x80;                 //显示小数点
120        delay(300);
121        P1＝0xff;                 // 初始灯为灭的
122        P0＝0x00;
123        P1＝0x7f;                 //第 1 位显示
124        P0＝table[10];;           //显示负号"－"
125        delay(300);
126        P1＝0xff;
127        P0＝0x00;
128        P1＝0xbf;                 //第 2 位显示
129        P0＝table[buf[2]];
130        delay(300);
131        P1＝0xff;
132        P0＝0x00;
133        P1＝0xdf;                 //第 3 位显示
134        P0＝table[buf[3]];
135        delay(300);
136        P1＝0xff;
137        P0＝0x00;
```

```
138        P1＝0xef;                //第 4 位显示
139        P0＝table[buf[0]];
140        delay(300);
141        P1＝0xff;
142    }
143 }
144 //显示正值子函数
145 void display()
146 {
147    buf[1]＝temp/1000;          //显示百位
148    buf[2]＝temp/100%10;        //显示十位
149    buf[3]＝temp%100/10;        //显示个位
150    buf[0]＝temp%10;            //小数位
151    for(j＝0;j＜3;j＋＋)
152    {
153        P1＝0xff;                // 初始灯为灭的
154        P0＝0x00;
155        P1＝0xdf;                //显示小数点
156        P0＝0x80;                //显示小数点
157        delay(300);
158        P1＝0xff;                //初始灯为灭的
159        P0＝0x00;
160        P1＝0x7f;                //第 1 位显示
161        P0＝table[buf[1]];
162        delay(300);
163        P1＝0xff;
164        P0＝0x00;
165        P1＝0xbf;                //第 2 位显示
166        P0＝table[buf[2]];
167        delay(300);
168        P1＝0xff;
169        P0＝0x00;
170        P1＝0xdf;                //第 3 位显示
171        P0＝table[buf[3]];
172        delay(300);
173        P1＝0xff;
174        P0＝0x00;
175        P1＝0xef;                //第 4 位显示
176        P0＝table[buf[0]];
177        delay(300);
178        P1＝0xff;
179    }
180 }
181 void key_scan()                 //按键扫描子程序
182 {
183    if(k1＝＝0)
184    {
```

```
185          delay(20);
186          if(k1==0)
187          {
188              while(k1==0)
189              {
190                  TR0=0;        //关定时器
191                  temp+=10;    //加 1
192                  key_set();    //温度报警值设置
193                  for(n=0;n<8;n++)
194                  Show();
195              }
196          }
197      }
198      if(k2==0)
199      {
200          delay(20);
201          if(k2==0)
202          {
203              while(k2==0)
204              {
205                  temp-=10;    //减 1
206                  key_set();    //温度报警值设置
207                  for(n=0;n<8;n++)
208                  Show();
209              }
210          }
211      }
212      if(k3==0)
213      {
214          TR0=1;                //复位,开定时器
215          temp=ReadTemperature();
216      }
217      if(k0==0)
218      {
219          delay(20);
220          if(k0==0)
221          {
222              while(k0==0);
223              replace_set=!replace_set;
224              if(replace_set==0)
225                  { Red=1;Green=0;}
226              else { Green=1;Red=0;}
227          }
228      }
229  }
230  void key_set()
231  {
```

```
232         TR0＝0;                      //关定时器
233         if(temp＜＝－550)
234             {temp＝1100;}
235         if(temp＞＝1100)
236             {temp＝－550;}
237         if(replace_set＝＝0)
238             {alarmH＝temp;}           //设温度上限
239         else
240             {alarmL＝temp;}           //设温度下限
241     }
242     void alarm(void)
243     {
244         if(temp＞alarmH||temp＜alarmL)
245             {Flag＝1;}
246         else
247             {Flag＝0;}
248     }
249     void logo()                      //开机的 Logo
250     {
251         P0＝0x40;
252         P1＝0x7f;
253         delay(50);
254         P1＝0xbf;
255         delay(50);
256         P1＝0xdf;
257         delay(50);
258         P1＝0xef;
259         delay(50);
260         P1＝0xff;                     //关闭显示
261     }
262     void Show()                      //显示函数,分别表示温度正负值
263     {
264         if(temp＞＝0)
265             {HLight＝1;LLight＝0;display();}
266         if(temp＜0)
267             {HLight＝0;LLight＝1;display_negative_number();}
268     }
269     void main()
270     {
271         TCON＝0x01;                   //定时器 T0 工作在 01 模式下
272         TMOD＝0x01;
273         TH0＝0xd8;                     //装入初值
274         TL0＝0xf0;
275         EA＝1;                         //开总中断
276         ET0＝1;                        //开 T0 中断
277         TR0＝1;                        //T0 开始运行计数
278         EX0＝1;                        //开外部中断 0
279         for(n＝0;n＜500;n＋＋)          //显示启动 LOGo"----"
280         {
281             bell＝1;warn＝1;logo();}
```

```
282              Red＝0;
283              while(1)
284              {
285                  key_scan();
286                  m＝ReadTemperature();
287                  Show();
288                  alarm();                //报警函数
289                  if(Flag＝＝1)
290                  {
291                      bell=!bell;
292                      warn=!warn;}    //蜂鸣器滴滴响
293                  else
294                  {
295                      bell=1;
296                      warn=1;}
297              }
298  }
299  void time0(void) interrupt 1 using 1      //每隔 10 ms 执行一次此子程序
300  {
301      TH0＝0xd8;
302      TL0＝0xf0;
303      temp＝m;
304  }
```

9.1.4　软硬件联调

系统调试是检测所设计系统的正确性与可靠性的必要过程。单片机应用系统设计是一个相当复杂的过程,在设计、制作中,难免存在一些局部性问题或错误。系统调试可发现存在的问题和错误,以便及时地进行修改。调试与修改的过程可能要反复多次,最终使系统试运行成功,并达到设计要求。系统硬件、软件调试通过后,就可以把调试完毕的软件固化在 EPROM 中,然后脱机(脱离开发系统)运行。如果脱机运行正常,再在真实环境或模拟真实环境下运行,经反复运行正常,开发过程即告结束。这时的系统只能作为样机系统,给样机系统加上外壳、面板,再配上完整的文档资料,就可生成正式的系统(或产品)。

1. Proteus 仿真软件调试

(1) 通过 Keil C 编译温度计设计程序,生成温度计. hex 文件。

(2) 在 Proteus 软件中打开建好的数字温度计设计. dsn 文件,将 DS18B20 温度采集. hex 文件加载到 AT89C51 中。

(3) 在 Proteus ISIS 环境中点击运行键,调节 DS18B20 模块上的"＋"或"－"端子,将温度设定在 32.5 ℃,此时数码管的显示值为 32.5,如图 9-19 所示;温度上限设定为 30 ℃,当调节 DS18B20 温度为 32.5 ℃时,报警指示灯会闪烁,同时蜂鸣器报警。

(4) 在 Proteus ISIS 环境中点击暂停键,打开 Debug 菜单下 DS18 系列 temp sensor 中的 Scratch RAM,打开 Debug 菜单下 DS18 系列 8051 CPU 中的 Internal(IDATA)Memory,如图 9-20 所示。可以观察到此时温度传感器 DS18B20 中温度值的低位 08H 和高位 02H 已送至 8051 内部存储器中,DS18B20 里面低字节为 08H,高字节为 02H,合在一起是 0208H,高位为符号位,低四位为小数位,表示温度值为 32.5 ℃。

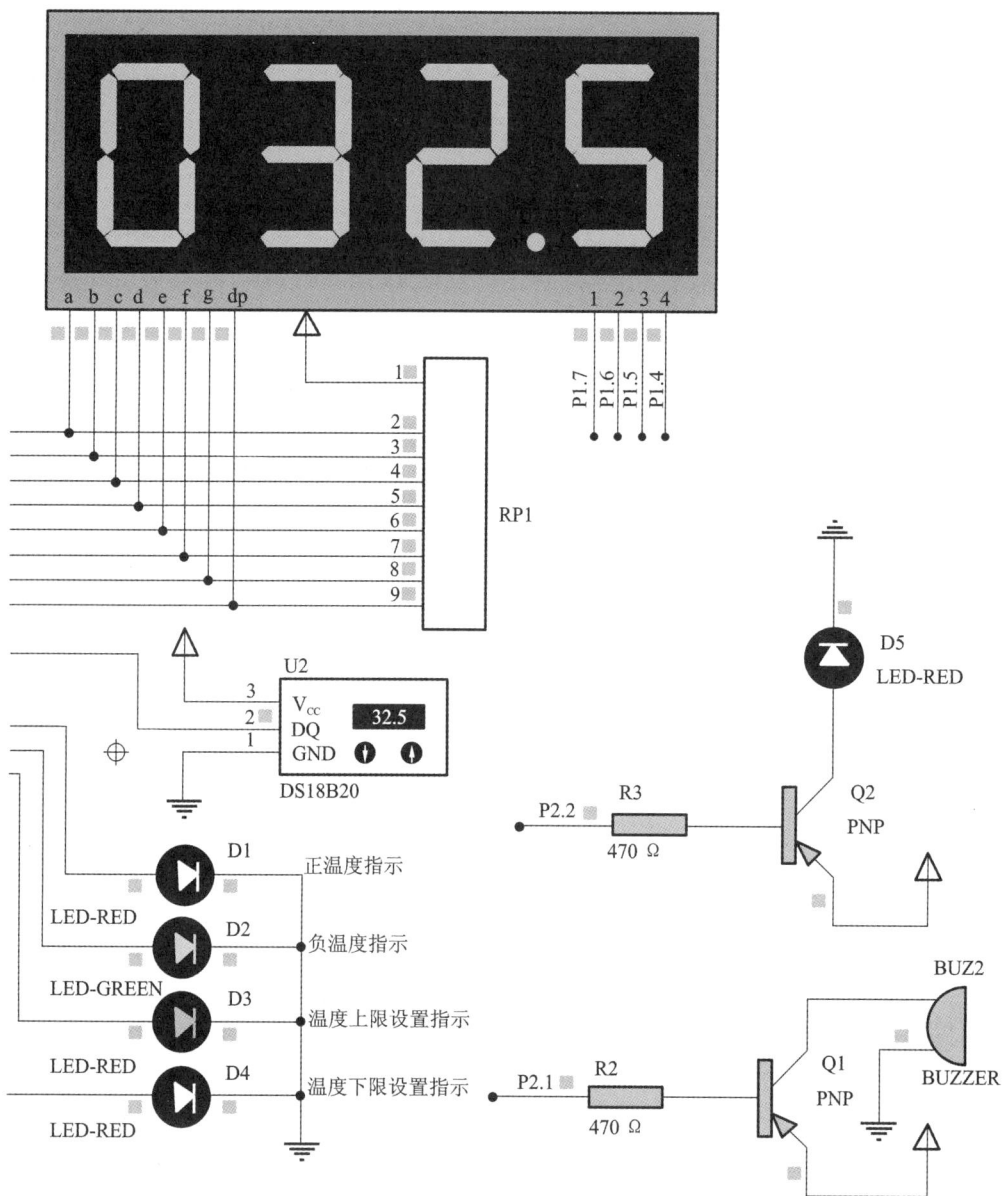

图 9-19　温度计仿真

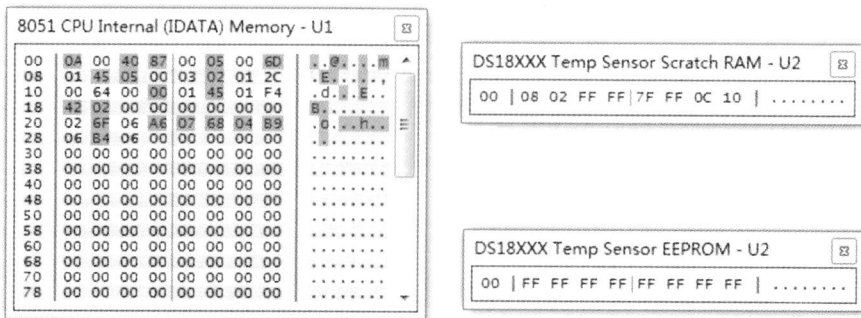

图 9-20　DS18B20 调试

2. 硬件调试

将程序通过 STC-ISP 下载到单片机里面,安装传感器 DS18B20,观察硬件执行结果。有条件的同学可以自主制作或者在开发板上调试。如果没有问题,说明程序设计及硬件电路都没有问题,就可以开始制作正式的产品。

小结

DS18B20 在测温系统中使用简单、方便。通过设计与制作温度计,同学们熟悉了单片机应用系统的设计开发流程、软硬件设计及仿真调试的方法。同学们可以在此基础上设计多点测温系统,进一步熟悉和掌握 DS18B20,设计与制作自己感兴趣的产品。

9.2　电子台历的设计与制作

目标与要求

通过完成电子台历的设计与制作,了解 DS1302 时钟芯片和 12864LCD 显示屏的工作原理,掌握控制 DS1302 和 12864LCD 的单片机 C 程序的编写方法。

设计要求:设计一个能显示年、月、日、星期和当前时间的电子台历,要求采用 DS1302 获取时间,12864LCD 进行显示,且时间、日期能够进行调整。

9.2.1　系统方案论证与选择

电子台历系统要完成两个任务,即计时和显示输出。计时任务中要将计时中的年、月、日、星期和当前时间的数据提取出来,数据通过处理后输出显示。

根据任务的要求,在硬件方面我们选择专门的时钟芯片 DS1302 来完成计时并得出年、月、日、星期和当前时间的数据,选择 12864LCD 来对这些数据进行显示,使用单片机来对 DS1302 和 12864LCD 进行控制。

9.2.1.1　时钟芯片 DS1302

1. DS1302 介绍

在很多计时系统中,特别是长时间无人值守的需要计时并同步检测的控制系统中,经常需要记录某些特殊的数据及其出现的时间。采用单片机定时/计数器来进行计时,其数据记录方式是隔时采样或定时采样,没有具体的时间记录,难以实现同时记录数据和其出现的时间的功能,而采用专门的时钟芯片能很好地解决这个问题。

使用时钟芯片来承担数据监测和相关控制的任务,可以使硬件和程序设计变得比较简单,在计时方面,时钟芯片本身自动计时,单片机只需在需要时对其内部进行读写即可得到时间数据。这种计时不仅时间记录准确,而且避免了单片机进行连续记录的大工作量和定时记录的盲目性,非常适宜用来完成长时间的计时任务。

现在专门的时钟芯片有很多,如 DS1302、DS1307、PCF8485 等。这些芯片的接口简单,价格低廉,计时能力强,应用十分广泛,其中 DS1302 是具有代表性的一种。

DS1302 是由美国 DALLAS 公司推出的一种时钟芯片,可以对秒、分、时、日、周、月、年等进行自动计数,计时时间可到 2100 年。DS1302 通过简单的串行方式和 MCU 进行 I/O 传输,其工作电压范围较宽,为 $2.0 \sim 5.5$ V,工作电流小于 320 nA(2.0 V),功耗很小。

DS1302 可以提供秒、分、时、日、周、月和年等信息,这些信息存放在相关的时钟寄存器中。对于小于 31 天的月和月末的日期 DS1302 会自动进行调整,也有闰年校正功能。DS1302 时钟的运行可以选择使用 24 小时制或带 AM(上午)/PM(下午)的 12 小时制。

2. DS1302 引脚分配及功能

DS1302 的封装形式一般有 8 脚 DIP 或 8 脚 SOIC 两种,如图 9-21 所示。

DS1302 的外部引脚分配如图 9-22 所示。

DIP封装

SOIC封装

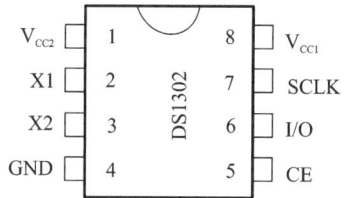

图 9-21　DS1302 的常用封装形式　　图 9-22　DS1302 的外部引脚分配

DS1302 的引脚名称及功能说明如表 9-8 所示。

表 9-8　DS1302 的引脚名称及功能

引脚号	名　　称	功　　能	说　　明
1	V_{CC2}	主电源	
2	X1	时钟输入端	外接 32.768 kHz 晶振
3	X2		
4	GND	接地	
5	CE	使能端	CE＝1 时允许数据通信;CE＝0 时禁止通信
6	I/O	数据输入/输出引脚	
7	SCLK	串行时钟输入	
8	V_{CC1}	后备电源	单电源供电时,可和 V_{CC2} 接在一起,也可以不接;双电源供电时,接后备电源

DS1302 有主电源/后备电源双电源,V_{CC1} 在单电源与电池供电的系统中提供后备电源,并提供低功率的电池备份;V_{CC2} 在双电源系统中提供主电源,在这种运用方式中,V_{CC1} 连接到后备电源,以便在没有主电源的情况下能保存时间信息以及数据。

接双电源时,DS1302 由 V_{CC1}、V_{CC2} 中较大者供电,当 V_{CC2} 比 V_{CC1} 大 0.2 V 以上时,V_{CC1} 供电;当 V_{CC2} 小于 V_{CC1} 时,V_{CC1} 供电。

后备电源可采用电池或者超级电容(0.1 F 以上),也可以是 3.6 V 的充电电池。如果断电时间较短(如为设备更换电池),就可以用漏电较小的普通电解电容器代替,100 μF 就可以保证其十几分钟的正常计时。

3. DS1302 的存储器

DS1302 的功能是通过对其内部存储空间进行操作来实现的。其内部存储空间地址从

80H 到 FDH,可以分为 2 个部分:80H~91H 为功能控制单元,C0H~FDH 为普通存储单元,功能控制单元用来存放 DS1302 中与时间相关的数据,普通存储单元是提供给用户的存储空间。

功能控制单元的寄存器中有 7 个寄存器与时间日历有关,其内部数据包含时间、日历和一些相关的控制信息,这几个寄存器称为时间/日历寄存器。时间/日历寄存器中与时间相关的数据是以 8421BCD 码的形式存放的。要注意的是,这 7 个寄存器在读和写时使用的是不同的地址,读操作时使用奇数地址,写操作使用偶数地址(读操作时地址:81H~8DH,写操作时地址:80H~8CH)。

时间/日历寄存器的地址及功能如表 9-9 所示。

表 9-9　时间/日历寄存器的地址及功能

寄存器名	字节地址		数值范围	位内容							
	读	写		D7	D6	D5	D4	D3	D2	D1	D0
秒	81H	80H	00~59	CH	秒的十位			秒的个位			
分	83H	82H	00~59	0	分的十位			分的个位			
时	85H	84H	01~12	12	0	AM/PM	0/1	时的个位			
			00~23	24		时的十位					
日	87H	86H	01~31	0	0	日的十位		日的个位			
月	89H	88H	01~12	0	0	0	0/1	月的个位			
星期	8BH	8AH	01~07	0	0	0	0	0	星期几		
年	8DH	8CH	00~99	年的十位				年的个位			

说明如下:

① 秒寄存器(81H、80H)的第 7 位为时钟暂停标志(CH)位。当该位为 1 时,时钟振荡器停止,DS1302 进入低功耗状态;当该位为 0 时,时钟振荡器运行。

② 小时寄存器(85H、84H)的第 7 位用于定义 DS1302 是运行于 12 小时模式还是 24 小时模式。该位为 1 时,为 12 小时模式;该位为 0 时,为 24 小时模式。

③ 在 12 小时模式下,小时寄存器的第 5 位是 AM/PM(上午/下午)选择位,该位为 1 时,表示为 PM;该位为 0 时,表示为 AM。

④ 在 24 小时模式时,小时寄存器的第 4 位和第 5 位是小时的十位。

其他内部存储空间的寄存器情况如表 9-10 所示。

表 9-10　DS1302 时间寄存器以外的寄存器情况

寄存器名	命令字节		数值范围	位内容							
	读	写		D7	D6	D5	D4	D3	D2	D1	D0
写保护	8FH	8EH	00H~80H	WP	0						
涓流充电	91H	90H	—	TCS				DS		RS	
时钟突发	BFH	BEH	—	—							
RAM 突发	FFH	FEH	—	—							

续表

| 寄存器名 | 命令字节 | | 数值范围 | 位内容 | | | | | | | |
	读	写		D7	D6	D5	D4	D3	D2	D1	D0
RAM0	C1H	C0H	00H～FFH								
……	……	……	00H～FFH				RAM 数据				
RAM30	FDH	FCH	00H～FFH								

说明如下：

① 写保护寄存器(8FH、8EH)的第 7 位是写保护位(WP)，其他 6 位均置为 0。WP 位为 0时，对时钟或 RAM 的写操作才有效；当 WP 位为 1 时，写操作无效。写保护可以防止对芯片的误写入操作。

② 充电寄存器中 TCS 部分为 1010 时选择慢充电；DS 部分为 01 时选 1 个二极管，为 10时选 2 个二极管，为 11 或 00 时，禁止充电。

③ 时钟突发模式寄存器和 RAM 突发模式寄存器允许以突发模式访问时间寄存器和RAM。在突发模式下，可以通过连续的脉冲一次性读写完 8 个字节的时钟/日历寄存器(8 个寄存器要全部读写完，包括时、分、秒、日、月、年、星期和写保护寄存器)。或者，通过连续的脉冲一次性读写完 31 个字节的 RAM 数据(也可按实际情况读写一定数量的字节，不必一次全部读写完)。

④ 充电寄存器在突发模式下不能操作。

4．DS1302 的读写操作

1) 读操作

DS1302 通过 SCLK 端输入的时钟信号控制字节的读操作，读操作分两步：先写入控制字节(包含要操作的单元地址)，然后读出数据字节。读操作时序如图 9-23 所示。

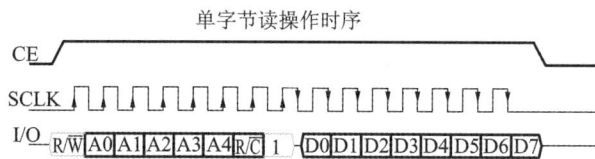

图 9-23 DS1302 的读操作时序

说明如下：

① SCLK 的前 8 个上升沿完成控制字节(包含要读出数据的地址)的输入，后 8 个下降沿完成数据字节的读出。

② 当最后一个控制字节的位在时钟脉冲的上升沿完成输入后，从该时钟脉冲的下降沿就能开始进行数据字节的读出。

③ 数据的输入和输出都是先低位，再高位。

④ 注意 CE 端要保持为高电平。

2）写操作

写操作也分两步，先写入要操作的地址，再写入数据字节。DS1302 的写操作时序如图 9-24 所示。

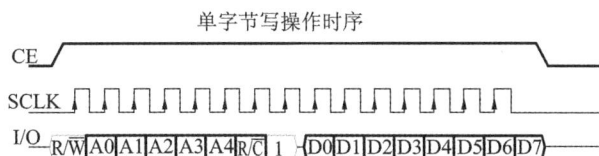

单字节写操作时序

CE

SCLK

I/O ─R/W A0 A1 A2 A3 A4 R/C̄ 1 ─ D0 D1 D2 D3 D4 D5 D6 D7

图 9-24 DS1302 的写操作时序

说明如下：

① 前 8 个时钟脉冲完成控制字节（包含要写入数据的地址）的输入，后 8 个时钟脉冲完成数据字节的写入，都是上升沿有效。

② 数据的输入和输出都是先低位，再高位。

③ 注意 CE 端要保持为高电平，写保护寄存器中的写保护位要关闭。

需要注意的是：因为单片机和 DS1302 的数据操作速度有一些差别，有的时候为了保证操作时序有效，在每次对 DS1302 进行数据操作后，需等待几微秒后再进行下一步的操作。如果需要的话，可在两步操作之间插入若干个空操作指令"_nop_();"来完成这几微秒的等待。

3）DS1302 的控制码

单片机是通过简单的同步串行通信与 DS1302 通信的，每次通信都必须由单片机发起，无论是读还是写操作，单片机都会先向 DS1302 写入一个字节的控制码（也称地址及命令字节），控制码中包含有要进行的操作及要操作的目的单元地址等内容。

DS1302 的控制码各位的作用如图 9-25 所示。

7	6	5	4	3	2	1	0
1	RAM / C̄K	A4	A3	A2	A1	A0	RD / W̄R

图 9-25 DS1302 的控制码

说明如下：

① 控制字的最高位（第 7 位）必须是逻辑 1，如果它为 0，则不能把数据写入到 DS1302 中。

② 第 6 位（R/C 位）如果为 0，表示存取日历时钟数据，为 1 表示存取 RAM 数据。

③ 第 1 位到第 5 位（A0～A4）用来指示操作单元的地址。

④ 第 0 位（R/W 位）如为 0，表示要进行写操作，为 1 表示进行读操作。

5．与单片机的连接

DS1302 与单片机连接时，直接将 SCLK、CE、I/O 口与单片机的 I/O 口相连接即可，操作时，通过单片机 I/O 口的输出来模拟 DS1302 的操作时序，即可实现对 DS1302 的控制。DS1302 与单片机的连接示意图如图 9-26 所示。

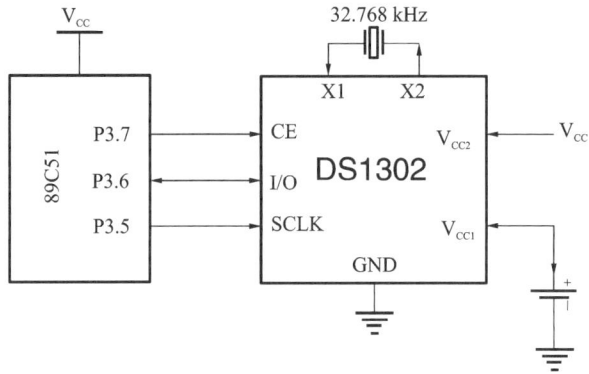

图 9-26 DS1302 与单片机连接示意图

9.2.1.2 12864LCD

1. 12864LCD 介绍

前面已经学习的 1602LCD 属于字符型液晶,能显示 ASCII 标准字符,但是无法良好地对汉字进行显示,其显示字符也较少。如果使用液晶来显示较多内容或需要显示汉字时,一般会选用点阵型 LCD。

目前常用的点阵型 LCD 按点阵的大小不同,有 122×32、128×64、240×320 等型号。其中 128×64 点阵液晶显示屏是应用较为普遍的一种。

128×64 点阵液晶显示屏中有 128×64 共 8192 个液晶显示点,选择显示其中的一些点,就可以表现出文字或图像。12864 型的 LCD 有三种常用控制器,分别是 KS0107(KS0108)、T6963C 和 ST7920。其中 KS0107(KS0108)不带任何字库,T6963C 带 ASCII 码字库,ST7920 带国标二级字库(8192 个 16×16 点阵汉字)。不带字库的 KS0107(KS0108)控制器使用时其所显示的内容要先进行取模,这一点比带字库的型号麻烦一些,但是 KS0107(KS0108)的控制指令比较简单,使用方便,本任务中选用的就是这种。

2. 12864LCD 引脚分配及功能

12864LCD 的实物如图 9-27 所示。

正面   背面

图 9-27 12864LCD 实物图

12864LCD 的引脚如图 9-28 所示。

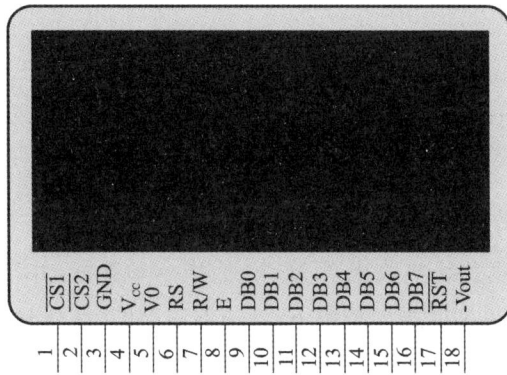

图 9-28 12864LCD 引脚图

各引脚名称及功能说明如表 9-11 所示。

表 9-11 12864LCD 引脚功能表

管脚号	管脚	电平	说　明
1	$\overline{CS1}$	H/L	左屏选择信号,低电平时选择前 64 列(左屏)
2	$\overline{CS2}$	H	右屏选择信号,低电平时选择后 64 列(右屏)
3	GND	0 V	电源地
4	V_{cc}	5 V	电源正极
5	V0		LCD 驱动电源输入端
6	D/I(RS)	H/L	数据/指令选择, 高电平:数据 DB0~DB7 将送入显示 RAM; 低电平:数据 DB0~DB7 将送入指令寄存器执行
7	R/W	H/L	读/写选择,高电平:读出数据到 DB0~DB7;低电平:将 DB0~DB7 上的数据写入指令或数据寄存器
8	E(SCLK)	H/L	读写使能,高电平有效,下降沿锁定数据
9	DB0	H/L	数据输入输出引脚
10	DB1	H/L	数据输入输出引脚
11	DB2	H/L	数据输入输出引脚
12	DB3	H/L	数据输入输出引脚
13	DB4	H/L	数据输入输出引脚
14	DB5	H/L	数据输入输出引脚
15	DB6	H/L	数据输入输出引脚
16	DB7	H/L	数据输入输出引脚
17	$\overline{RST}$	H/L	复位端,低电平有效(高电平正常工作,低电平复位)
18	Vout		LCD 驱动电压接地端

说明如下:

(1) V0 和 Vout 通常可以接在一个可调电阻的一端,用来调节 LCD 的对比度。

(2) 12864LCD 还有 19 和 20 号脚,用来接 LCD 的背光电源,一般的型号上,19 脚接电源,20 脚为接地端。

3. 常用寄存器和功能位

12864LCD 可以从数据总线接收来自 MCU 的指令和数据,并存入其内部的指令和数据寄存器中。在这些控制指令和数据的控制下,液晶屏内部的行、列驱动器对所带的 128×64 液晶进行控制,从而显示出对应信息。12864LCD 中常用的寄存器和功能位如下。

1) 指令寄存器(IR)

IR 用来寄存指令码。当 D/I=0 时,在 E 脚信号的下降沿来临时,指令码写入 IR。

2) 数据寄存器(DR)

DR 是用于寄存数据的,与指令寄存器寄存指令相对应。当 D/I=1 时,在下降沿作用下,图形显示数据写入 DR,或在 E 信号高电平作用下由 DR 读到 DB7~DB0 数据总线。

3) 忙标志位(BF)

BF 标志提供内部工作情况。BF=1 表示模块在内部操作,此时模块不接收外部指令和数据。BF=0 表示模块为准备状态,随时可接收外部指令和数据。

4) 显示控制位(DFF)

DFF 位是用于模块屏幕显示开和关的控制。DFF=1 为开显示,DDRAM 的内容就显示在屏幕上,DFF=0 为关显示。DFF 的状态是指令 DISPLAY ON/OFF 和 RST 信号控制的。

5) XY 地址计数器

XY 地址计数器是一个 9 位寄存器。高 3 位是 X 地址计数器,低 6 位为 Y 地址计数器。XY 地址计数器相当于 LCD 内部显示数据 RAM(DDRAM)的地址指针,X 地址计数器为 DDRAM 的页指针,Y 地址计数器为 DDRAM 的 Y 地址指针。

Y 地址计数器具有循环计数功能,各显示数据写入后,Y 地址自动加 1,Y 地址指针可以从 0 到 63 自动计数。X 地址计数器没有循环计数功能。

6) 显示数据 RAM(DDRAM)

液晶显示模块带有 1024 字节的显示数据 RAM(Display Date RAM),它储存着液晶显示器的显示数据,液晶屏会根据其中的内容进行显示。DDRAM 单元中的一位对应于显示屏上的一个点,如某位为"1",则与该位对应的 LCD 液晶屏上的那一点就会有显示。

KS0107(KS0108)控制器的 DDRAM 按字节寻址,因此为了使 LCD 显示屏的定位与 KS0107(KS0108)的寻址相统一,将整个显示屏划分为左右两个半屏,每半屏是 64×64 个像素点,由一个 KS0107(KS0108)控制器来控制。再把横向上的 64 个像素点编为 0~63 列,把纵向上的 64 个像素点分成 8 页,每页 8 行,这样每页的某一列的 8 行像素就对应了一个显示 RAM 单元,设置每个显示 RAM 单元的数据就可以控制整个显示屏的显示信息。

DDRAM 地址与显示位置的关系如表 9-12 和表 9-13 所示。

表 9-12　DDRAM 地址与显示位置映射表(半屏 64×64)

X 地址	Y 地址	Y1	Y2	Y3	Y4	……	Y62	Y63	Y64	
X=0 (第 0 页)	Line 0	1/0	1/0	1/0	1/0	……	1/0	1/0	1/0	DB0
	Line 1	1/0	1/0	1/0	1/0	……	1/0	1/0	1/0	DB1
	Line 2	1/0	1/0	1/0	1/0	……	1/0	1/0	1/0	DB2
	Line 3	1/0	1/0	1/0	1/0	……	1/0	1/0	1/0	DB3
	Line 4	1/0	1/0	1/0	1/0	……	1/0	1/0	1/0	DB4
	Line 5	1/0	1/0	1/0	1/0	……	1/0	1/0	1/0	DB5
	Line 6	1/0	1/0	1/0	1/0	……	1/0	1/0	1/0	DB6
	Line 7	1/0	1/0	1/0	1/0	……	1/0	1/0	1/0	DB7
X=1 ~ X=6		……							……	
X=7 (第 7 页)	Line56	1/0	1/0	1/0	1/0	……	1/0	1/0	1/0	DB0
	Line57	1/0	1/0	1/0	1/0	……	1/0	1/0	1/0	DB1
	Line58	1/0	1/0	1/0	1/0	……	1/0	1/0	1/0	DB2
	Line59	1/0	1/0	1/0	1/0	……	1/0	1/0	1/0	DB3
	Line60	1/0	1/0	1/0	1/0	……	1/0	1/0	1/0	DB4
	Line61	1/0	1/0	1/0	1/0	……	1/0	1/0	1/0	DB5
	Line62	1/0	1/0	1/0	1/0	……	1/0	1/0	1/0	DB6
	Line63	1/0	1/0	1/0	1/0	……	1/0	1/0	1/0	DB7

表 9-13　DDRAM 地址映射表(全屏 128×64)

CS1=1						CS1=1 X 地址	CS2=1						CS2=1 X 地址
Y 地址						X 地址	Y 地址						X 地址
0	1	2	……	62	63		0	1	2	……	62	63	
DB0 ~ DB7			PAGE0			X=0	DB0 ~ DB7			PAGE0			X=0
DB0 ~ DB7			PAGE1			X=1	DB0 ~ DB7			PAGE1			X=1
……						……	……						……
DB0 ~ DB7			PAGE6			X=6	DB0 ~ DB7			PAGE6			X=6
DB0 ~ DB7			PAGE7			X=7	DB0 ~ DB7			PAGE7			X=7

参考表 9-12 的内容,如果将 12864LCD 横向放置(即表 9-12 所示),对于左或右半屏,X 地址就将屏幕分成了上下排列的 8 个部分(8 页),每页纵向上有 64 列,每列 8 个显示点,这 8 个显示点由一个字节的数据进行控制。在一般的显示程序中,会将每页(8×64)中的一个 8 列即一个 8×8 点阵作为一个基本的显示单元,显示这一个单元的数据是 8 个字节。一个标准的 ASCII 码符号点阵是 8×16,要 2 个显示单元,一个标准的汉字点阵是 16×16,要 4 个显示单元。12864LCD 左右两屏由相同的两个控制器来分别控制,$\overline{CS1}$ 和 $\overline{CS2}$ 引脚对操作的半屏进行选择。

满屏显示的话,Y 地址(0~63)×2、X 地址 0~7,需要 128×8=1024 个字节的数据。

7) Z 地址计数器

Z 地址计数器是一个 6 位计数器,此计数器具备循环计数功能,用于显示行扫描同步。当一行扫描完成,此地址计数器自动加 1,指向下一行扫描数据,RST 复位后 Z 地址计数器为 0。

4. 控制指令

KS0107(KS0108)的控制指令较为简单,共有 7 条,如表 9-14 所示。

表 9-14　KS0107(KS0108)控制 12864LCD 指令表

指令名称	控制信号		控制代码							
	R/W	D/I	DB7	DB6	DB5	DB4	DB3	DB2	DB1	DB0
显示开关	0	0	0	0	1	1	1	1	1	1/0
设置显示起始行	0	0	1	1	×	×	×	×	×	×
页设置	0	0	1	0	1	1	1	×	×	×
列地址设置	0	0	0	1	×	×	×	×	×	×
读状态	1	0	BF	0	ON/OFF	RST	0	0	0	0
写数据	0	1	写数据							
读数据	1	1	读数据							

各控制指令具体功能如下。

1) 设置显示开/关指令

位	R/W	D/I	DB7	DB6	DB5	DB4	DB3	DB2	DB1	DB0
值	0	0	0	0	1	1	1	1	1	1/0

功能:设置屏幕显示开/关。DB0=1,开显示;DB0=0,关显示。不影响显示 RAM(DDRAM)中的内容。

开显示指令码:0x3f;

关显示指令码:0x3e。

2) 设置显示起始行指令

位	R/W	D/I	DB7	DB6	DB5	DB4	DB3	DB2	DB1	DB0
值	0	0	1	1	行地址(0~63)					

功能:执行该命令后,所设置的行将显示在屏幕的第 0 行。显示起始行是由 Z 地址计数器

控制的,该命令自动将 A0～A5 位地址送入 Z 地址计数器,起始地址可以是 0～63 范围内的任意一行。

起始行初始化指令码:0xc0(回第 0 行)。

3) 设置页地址指令

位	R/W	D/I	DB7	DB6	DB5	DB4	DB3	DB2	DB1	DB0
值	0	0	1	0	1	1	1	页地址(0～7)		

功能:执行本指令后,下面的读写操作将在指定页内,直到重新设置。页地址就是 DDRAM 的行地址,存储在 X 地址计数器中,A2～A0 可表示 8 页,读写数据对页地址没有影响。除本指令可改变页地址外,复位信号(RST)可把页地址计数器的内容清零。

页地址初始化指令码:0xb8(设置在第 0 页)。

如需设置在其他页,指令码可为:0xb8＋页地址数。例如设置在第 2 页,指令码为 0xba,在编程中,为了设置页地址的方便,可以直接写为 0xb8＋2。

4) 设置列地址指令

位	R/W	D/I	DB7	DB6	DB5	DB4	DB3	DB2	DB1	DB0
值	0	0	0	1	列地址(0～63)					

功能:DDRAM 的列地址存储在 Y 地址计数器中,读写数据对列地址有影响,在对 DDRAM 进行读写操作后,Y 地址自动加 1。

列地址初始化指令码:0x40(设置在第 0 列)。

5) 状态检测指令

位	R/W	D/I	DB7	DB6	DB5	DB4	DB3	DB2	DB1	DB0
值	1	0	BF	0	ON/OFF	RST	0	0	0	0

功能:读 LCD 数据输入/输出口,读忙信号标志位(BF)、复位标志位(RST)以及显示状态位(ON/OFF)的状态,各位表示状态说明如下。

BF＝1:LCD 内部正在执行操作;BF＝0:LCD 空闲,可对其操作。

RST＝1:LCD 处于复位初始化状态;RST＝0:LCD 处于正常状态。

ON/OFF＝1:LCD 处于关显示状态;ON/OFF＝0:LCD 处于开显示状态。

6) 写显示数据指令

位	R/W	D/I	DB7	DB6	DB5	DB4	DB3	DB2	DB1	DB0
值	0	1	D7	D6	D5	D4	D3	D2	D1	D0

功能:写数据到 DDRAM。DDRAM 是存储图形显示数据的,写指令执行后 Y 地址计数器自动加 1。D7～D0 位数据为 1 表示该点显示,数据为 0 表示不显示。写数据到 DDRAM 前,要先执行"设置页地址"及"设置列地址"命令来确定存储的位置。

7）读显示数据指令

位	R/W	D/I	DB7	DB6	DB5	DB4	DB3	DB2	DB1	DB0
值	1	1	D7	D6	D5	D4	D3	D2	D1	D0

功能：从 DDRAM 读数据，数据从 DB 口读出。从 DDRAM 读数据前要先执行"设置页地址"及"设置列地址"命令来确定读出数据的位置。读指令操作后 Y 地址会自动加 1。

5. 操作时序

写操作时序如图 9-29 所示。

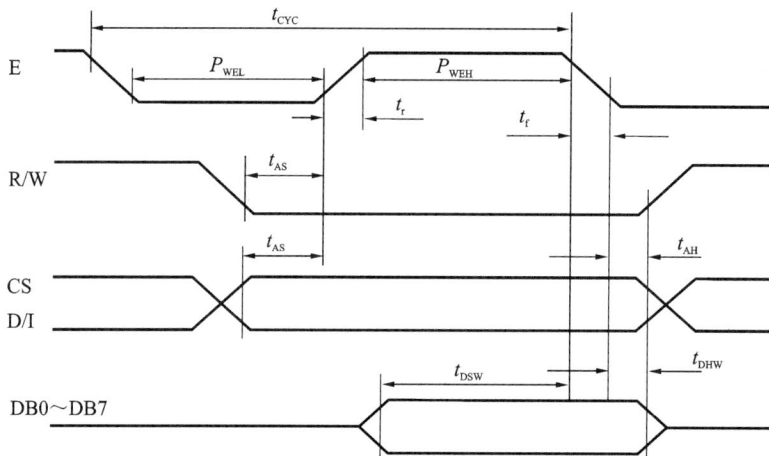

图 9-29　写操作时序

读操作时序如图 9-30 所示。

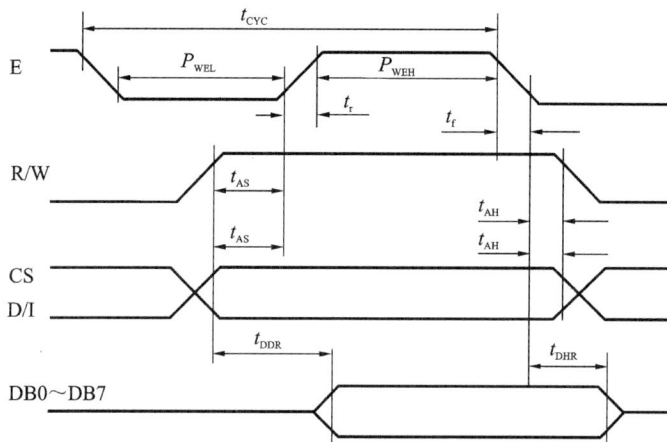

图 9-30　读操作时序

读写操作时序的参数如表 9-15 所示。

表 9-15　时序参数表

名称	符号	最小值	典型值	最大值	单位
E 周期时间	t_{CYC}	1000			ns

续表

名称	符号	最小值	典型值	最大值	单位
E 高电平宽度	P_{WEH}	450			ns
E 低电平宽度	P_{WEL}	450			ns
E 上升时间	t_r			25	ns
E 下降时间	t_f			25	ns
地址建立时间	t_{AS}	140			ns
地址保持时间	t_{AW}	10			ns
数据建立时间	t_{DSW}	200			ns
数据延迟时间	t_{DDR}			320	ns
写数据保持时间	t_{DHW}	10			ns
读数据保持时间	t_{DHR}	20			ns

6. 12864LCD 单片机的硬件连接

单片机可以采用总线方式或间接控制方式控制 12864LCD。

总线方式也称为直接控制方式,即将液晶显示模块的接口作为存储器挂在单片机的总线上,单片机以控制外部存储器的方式对 LCD 进行操作,写入指令和数据,以实现对 LCD 的控制。图 9-31 所示是一种总线连接 12864LCD 和单片机的典型电路形式。

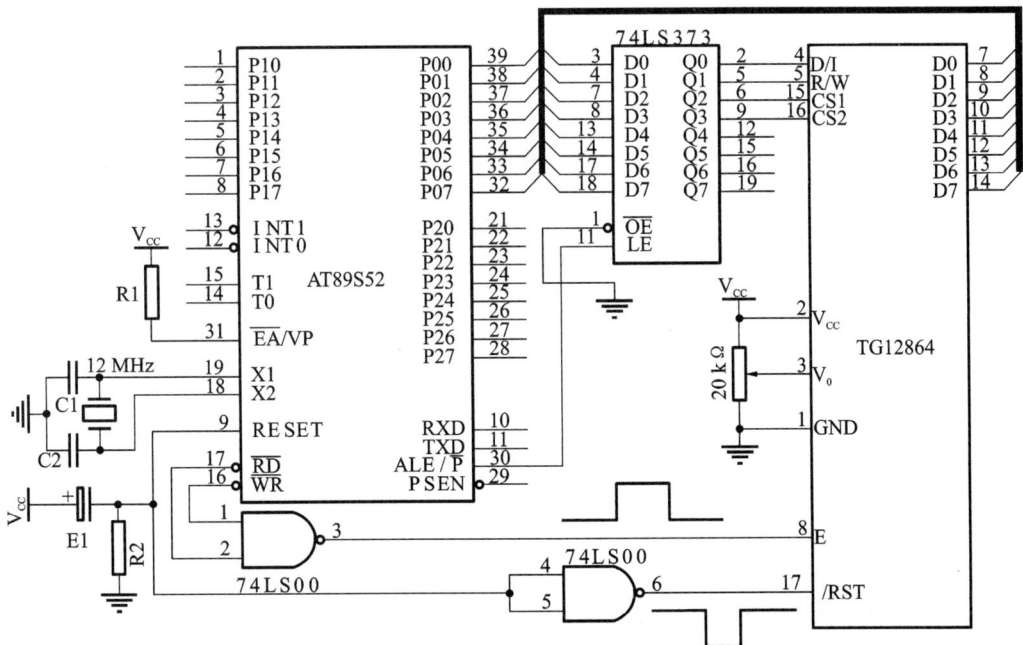

图 9-31 总线连接方式示例

间接控制方式也称并行连接,该方式下,直接采用单片机的并行 I/O 口来模拟 LCD 的读写时序,发送相应的控制指令和数据,以实现对 LCD 的控制。并行连接示意图如图 9-32 所示,这种连接方式的电路较为简单,本任务中使用该方式。

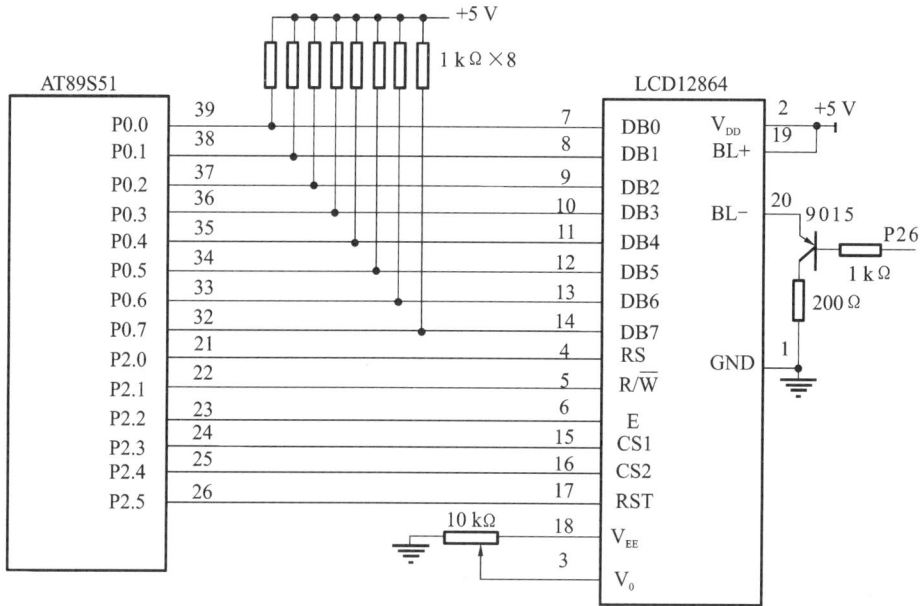

图 9-32　并行连接示意图

7．字符取模

LCD 屏幕上的点阵是按字节方式 8 个点一组来控制的，一个 ASCII 标准字符需要 16×8 点阵来显示，而汉字一般会需要 16×16 点阵来进行显示，如图 9-33 所示。

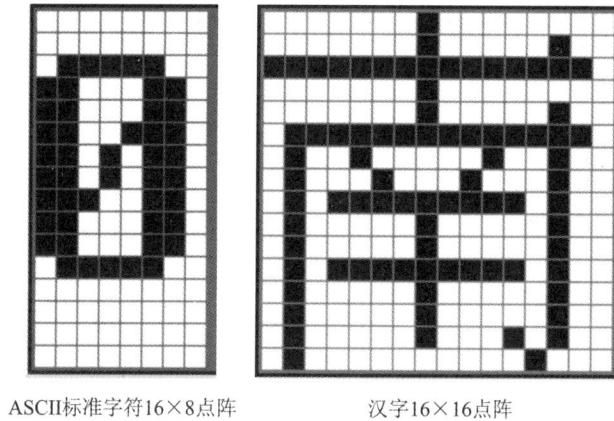

ASCII标准字符16×8点阵　　　　汉字16×16点阵

图 9-33　16×8 和 16×16 点阵

一个 16×16 点阵的汉字需要 32 个字节(256 位)的编码数据，这一组 32 字节的数据即汉字字模。一组字模数据中包含了一个 16×16 点阵进行显示的控制信息，LCD 按照字模数据进行输出，即可显示出对应的汉字图形。获得字模数据的过程称为取模，字符取模可以通过取模软件完成。

取模时，先确定图像字符在点阵中的哪些点有显示(有显示的话，该点为黑色)，然后按行(或按列)写出每行(或每列)的数字序列，若有显示，该位为 1，若无显示，该位为 0。再按照 8 位数据一个字节(按行取模时，左边为高位，右边为低位；按列取模时，下方为高位，上方为低位)得出该行(或列)的显示代码，将所有行(或列)的显示代码都得出，最后按照一定顺序(按行取模时，顺序是从左到右，从上到下；按列取模时，顺序是从上到下，从左到右）将这些显示代码放在一起即为对应字符的字模。如图 9-34 所示为汉字取模过程。

中文字模

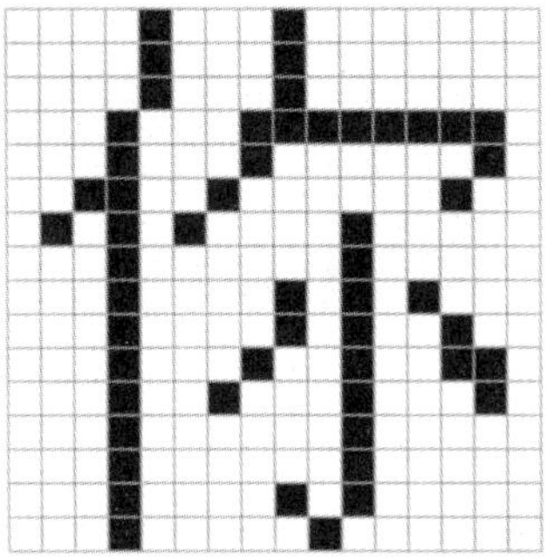

位代码	字模信息
0 0 0 0 1 0 0 0 1 0 0 0 0 0 0 0	0x08,0x80
0 0 0 0 1 0 0 0 1 0 0 0 0 0 0 0	0x08,0x80
0 0 0 0 1 0 0 0 1 0 0 0 0 0 0 0	0x08, 0x80
0 0 0 1 0 0 0 1 1 1 1 1 1 1 1 0	0x11, 0xfe
0 0 0 1 0 0 0 1 0 0 0 0 0 0 1 0	0x11,0x02
0 0 1 1 0 0 1 0 0 0 0 0 0 1 0 0	0x32,0x04
0 1 0 1 0 1 0 0 0 0 1 0 0 0 0 0	0x54,0x20
0 0 0 1 0 0 0 0 0 0 1 0 0 0 0 0	0x10, 0x20
0 0 0 1 0 0 0 0 1 0 1 0 1 0 0 0	0x10, 0xa8
0 0 0 1 0 0 0 0 1 0 1 0 0 1 0 0	0x10, 0xa4
0 0 0 1 0 0 0 1 0 0 1 0 0 1 1 0	0x11,0x26
0 0 0 1 0 0 1 0 0 0 1 0 0 0 1 0	0x12,0x22
0 0 0 1 0 0 0 0 0 0 1 0 0 0 0 0	0x10,0x20
0 0 0 1 0 0 0 0 0 0 1 0 0 0 0 0	0x10,0x20
0 0 0 1 0 0 0 0 1 0 1 0 0 0 0 0	0x10, 0xa0
0 0 0 1 0 0 0 0 0 1 0 0 0 0 0 0	0x10,0x40

图 9-34　汉字取模过程

根据 LCD 的显示情况，可以横向取模（按行取模）或竖向取模（按列取模）。为了便于数据和字模进行对照，图 9-34 中使用的是横向取模，左边为高位，按照从左到右、从上到下的顺序组合字模数据字节。

要注意，对于横向放置的 12864LCD（最常用的方式）而言，点阵是按列顺序输入显示的，所以会采用竖向取模。本任务中即使用这种取模方式。

相应的，显示 ASCII 字符需要 16 个字节的数据，取模过程与汉字类似。

8. 程序编写注意事项

1）查忙

无论是写数据还是读数据之前都需要先查忙，查忙即读 BF 忙标志位。只有在 BF＝0 时才能对 LCD 进行操作。

2）初始化

12864LCD 的初始化包括：开显示（0x3f），定义起始行（0xc0），设置起始页地址（0xb8）和 Y 地址（0x40），即分别向 LCD 的左右半屏写命令。括号内的数据是较为常用的数据，具体要参考数据手册和实际电路，LCD 工作时必须进行初始化。

3）清屏

清屏，就是向 DDRAM 所有地址内写入 0，将显示图像消除。在输出显示一幅新图形前必须先进行清屏，否则前面的图形可能依然有部分显示在图像上。

4）显示标准 ASCII 字符（16×8 点阵）

首先设置好起始 X 地址（页地址）和起始 Y 地址，向 DDRAM 中写入 ASCII 码的上半部分（8 个字节数据），然后重新设置起始页地址和起始 Y 地址，写入 ASCII 码的下半部分（另 8 个字节数据）。在这里要注意对 DDRAM 操作后，Y 地址会自动加 1。

5）显示汉字

显示汉字和显示 ASCII 字符类似，不过其上下部分分别有 16 个字节数据需要写入 DDRAM。

6）显示图片

对于整屏的图片，其数据输入从第 0 页第 0 列开始，根据设置的起始页地址和 Y 地址的不同，可以整屏一起显示，也可以先显示左屏后显示右屏。

9.2.2 系统硬件电路设计

系统硬件电路设计如图9-35所示。

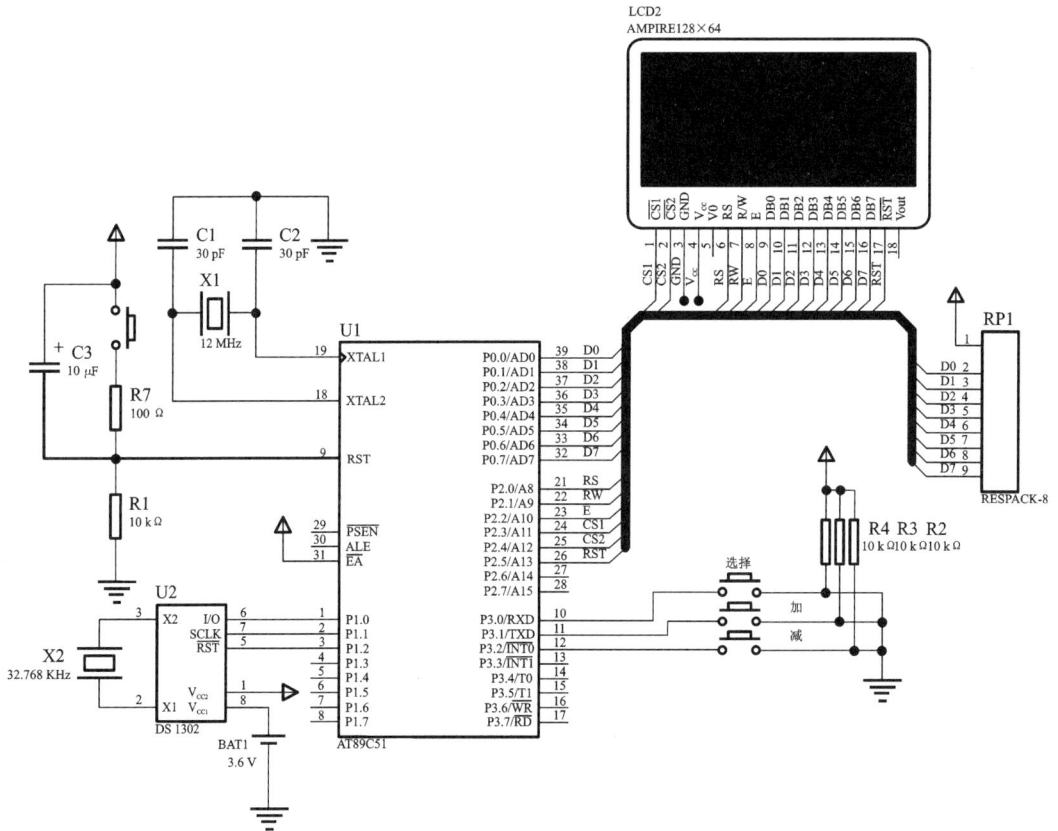

图 9-35 电子台历系统电路设计图

电路相关说明如下。

(1)在实际装配电路时,LCD的V0端通过可调电阻接电源,而Vout接地。或者将V0和Vout通过一个可调电阻连接,高电位端接V0,低电位端接Vout。通过调节电阻可以调整LCD的对比度。

(2)DS1302的元件符号中的$\overline{RST}$脚即元件手册中的CE脚。

(3)使用的单片机型号为AT89C51。

(4)单片机和LCD间采用并行连接控制方式,使用P0口接LCD的8位数据输入/输出口。使用P2.0~P2.5接其他LCD控制端。

(5)P1.0~P1.2接DS1302的I/O、SCLK和RST(CE)端。

(6)按键用来进行手动调节显示数据,具体功能如下:

① 不断按设置键来循环设置时间数据,设置项按年、月、日、时、分、星期的顺序来跳转。秒时间不进行设置。

② 每轮设置完成(星期设置完成)后,再按一次设置键,即关闭时间设置。

③ 加、减按键对当前选中的时间设置项进行加1或减1操作。

④ 设置键没有按下时(初始状态)或设置关闭时,加、减按键无效。

9.2.3　系统软件设计

该任务硬件电路不是很复杂,但是使用了两个外部器件,程序内容较多。为使程序易读,按不同的功能模块来编写。程序中的子函数较多,阅读程序的时候要注意函数的相互调用关系。下面按程序输入的顺序对程序和各函数进行介绍。

1. 预处理命令、全局定义及函数声明

全局变量是多个函数都要用到的变量,可以用来在不同函数间传递一些数据和标志,要在程序最开始先进行定义。单片机的一些引脚会在多个函数中用到,将这些位变量作为全局变量先进行定义,可以方便后面程序的编写和理解,也方便对端口进行修改。符号常量的宏定义主要是为了方便程序的书写和以后的修改。因为任务中采用的 LCD 没有字库,所以所有要用到的字符或者图形都需要给出字模数据,这里用一个 1 维数组表示一组字模数据。因为有多个函数都要用到这些字模,所以这些字模数据应作为全局变量放在程序的最开始。在程序中用到的子函数要先进行声明,这些声明一般要放在程序开始前。要了解的是,对于返回值是无符号整型或字符型的函数,也可以不进行声明。

本任务程序的预处理命令、全局定义及函数声明如下。

```
1   //程序:calendar.c
2   //功能:电子台历设计
3   #include<reg51.h>
4   #include<intrins.h>
5   #define uchar unsigned char
6   #define uint unsigned int
7   #define dataport P3
8   sbit io= P1^0;              //用 io 表示单片机的 P1.0 脚(与 DS1302 的 I/O 口相连)
9   sbit sclk= P1^1;
10  sbit rst= P1^2;
11  sbit rs= P2^0;
12  sbit rw= P2^1;
13  sbit en= P2^2;
14  sbit cs1= P2^3;
15  sbit cs2= P2^4;
16  sbit set= P3^0;
17  sbit add= P3^1;
18  sbit sub= P3^2;
19  unsigned char hour,minute,second,year,month,date,day;
20  unsigned char cs,page,row,addr,setflag= 0,sum= 0;
21  /* 定义输出显示时要用到的所有字符的字模*/
22  /* 8×16点阵字符的字模:0,1,2,3,4,5,6,7,8,9*/
23  uchar code shu0[]= {0x00,0xe0,0x10,0x08,0x08,0x10,0xe0,0x00,
24  0x00,0x0f,0x10,0x20,0x20,0x10,0x0f,0x00};/* 数字"0"的字模* /
```

```
25  uchar code shu1[]={0x00,0x10,0x10,0xf8,0x00,0x00,0x00,0x00,
26  0x00,0x20,0x20,0x3f,0x20,0x20,0x00,0x00};/*  数字"1"的字模*/
27  uchar code shu2[]={0x00,0x70,0x08,0x08,0x08,0x88,0x70,0x00,
28  0x00,0x30,0x28,0x24,0x22,0x21,0x30,0x00};/*  数字"2"的字模*/
29  uchar code shu3[]={0x00,0x30,0x08,0x88,0x88,0x48,0x30,0x00,
30  0x00,0x18,0x20,0x20,0x20,0x11,0x0e,0x00};/*  数字"3"的字模*/
31  uchar code shu4[]={0x00,0x00,0xc0,0x20,0x10,0xf8,0x00,0x00,
32  0x00,0x07,0x04,0x24,0x24,0x3f,0x24,0x00};/*  数字"4"的字模*/
33  uchar code shu5[]={0x00,0xf8,0x08,0x88,0x88,0x08,0x08,0x00,
34  0x00,0x19,0x21,0x20,0x20,0x11,0x0e,0x00};/*  数字"5"的字模*/
35  uchar code shu6[]={0x00,0xe0,0x10,0x88,0x88,0x18,0x00,0x00,
36  0x00,0x0f,0x11,0x20,0x20,0x11,0x0e,0x00};/*  数字"6"的字模*/
37  uchar code shu7[]={0x00,0x38,0x08,0x08,0xc8,0x38,0x08,0x00,
38  0x00,0x00,0x00,0x3f,0x00,0x00,0x00,0x00};/*  数字"7"的字模*/
39  uchar code shu8[]= {0x00,0x70,0x88,0x08,0x08,0x88,0x70,0x00,
40  0x00,0x1c,0x22,0x21,0x21,0x22,0x1c,0x00};/*  数字"8"的字模*/
41  uchar code shu9[]={0x00,0xe0,0x10,0x08,0x08,0x10,0xe0,0x00,
42  0x00,0x00,0x31,0x22,0x22,0x11,0x0f,0x00};/*  数字"9"的字模*/
43  /* 16×16点阵汉字字符的字模*/
44  uchar code nian[]={0x40,0x20,0x10,0x0c,0xe3,0x22,0x22,0x22,
45  0xfe,0x22,0x22,0x22,0x22,0x02,0x00,0x00,0x04,0x04,0x04,0x04,
46  0x07,0x04,0x04,0x04,0xff,0x04,0x04,0x04,0x04,0x04,0x04,0x00};
47  /*  汉字"年"的字模*/
48  uchar code yue[]={0x00,0x00,0x00,0x00,0x00,0xff,0x11,0x11,
49  0x11,0x11,0x11,0xff,0x00,0x00,0x00,0x00,0x00,0x40,0x20,0x10,
50  0x0c,0x03,0x01,0x01,0x01,0x21,0x41,0x3f,0x00,0x00,0x00,0x00};
51  /*  汉字"月"的字模*/
52  uchar code ri[]={0x00,0x00,0x00,0xfe,0x42,0x42,0x42,0x42,
53  0x42,0x42,0x42,0xfe,0x00,0x00,0x00,0x00,0x00,0x00,0x00,0x3f,
54  0x10,0x10,0x10,0x10,0x10,0x10,0x10,0x3f,0x00,0x00,0x00,0x00};
55  /*  汉字"日"的字模*/
56  uchar code shi[]={0x00,0xfc,0x44,0x44,0x44,0xfc,0x10,0x90,
57  0x10,0x10,0x10,0xff,0x10,0x10,0x10,0x00,0x00,0x07,0x04,0x04,
58  0x04,0x07,0x00,0x00,0x03,0x40,0x80,0x7f,0x00,0x00,0x00,0x00};
59  /*  汉字"时"的字模*/
60  uchar code fen[]={0x80,0x40,0x20,0x98,0x87,0x82,0x80,0x80,
61  0x83,0x84,0x98,0x30,0x60,0xc0,0x40,0x00,0x00,0x80,0x40,0x20,
62  0x10,0x0f,0x00,0x00,0x20,0x40,0x3f,0x00,0x00,0x00,0x00,0x00};
63  /*  汉字"分"的字模*/
64  uchar code miao[]={0x12,0x12,0xd2,0xfe,0x91,0x11,0xc0,0x38,
65  0x10,0x00,0xff,0x00,0x08,0x10,0x60,0x00,0x04,0x03,0x00,0xff,
66  0x00,0x83,0x80,0x40,0x40,0x20,0x23,0x10,0x08,0x04,0x03,0x00};
```

```
67   /*  汉字"秒"的字模*/
68   uchar code xing[]={0x00,0x00,0x00,0xbe,0x2a,0x2a,0x2a,0xea,
69   0x2a,0x2a,0x2a,0x2a,0x3e,0x00,0x00,0x00,0x00,0x48,0x46,0x41,
70   0x49,0x49,0x49,0x7f,0x49,0x49,0x49,0x49,0x49,0x41,0x40,0x00};
71   /*  汉字"星"的字模*/
72   uchar code qi[]={0x00,0x04,0xff,0x54,0x54,0x54,0xff,0x04,0x00,
73   0xfe,0x22,0x22,0x22,0xfe,0x00,0x00,0x42,0x22,0x1b,0x02,0x02,
74   0x0a,0x33,0x62,0x18,0x07,0x02,0x22,0x42,0x3f,0x00,0x00};
75   /*  汉字"期"的字模*/
76   uchar code yi[]={0x00,0x80,0x80,0x80,0x80,0x80,0x80,0x80,0x80,
77   0x80,0x80,0x80,0x80,0xC0,0x80,0x00,0x00,0x00,0x00,0x00,0x00,
78   0x00,0x00,0x00,0x00,0x00,0x00,0x00,0x00,0x00,0x00,0x00};
79   /*  汉字"一"的字模*/
80   uchar code er[]={0x00,0x00,0x04,0x04,0x04,0x04,0x04,0x04,0x04,
81   0x04,0x04,0x06,0x04,0x00,0x00,0x00,0x00,0x10,0x10,0x10,0x10,
82   0x10,0x10,0x10,0x10,0x10,0x10,0x10,0x10,0x18,0x10,0x00};
83   /*  汉字"二"的字模*/
84   uchar code san[]={0x00,0x04,0x84,0x84,0x84,0x84,0x84,0x84,0x84,
85   0x84,0x84,0x84,0x84,0x04,0x00,0x00,0x00,0x20,0x20,0x20,0x20,0x20,
86   0x20,0x20,0x20,0x20,0x20,0x20,0x20,0x20,0x00};
87   /*  汉字"三"的字模*/
88   uchar code si[]={0x00,0xfe,0x02,0x02,0x02,0xfe,0x02,0x02,0xfe,
89   0x02,0x02,0x02,0x02,0xfe,0x00,0x00,0x00,0x7f,0x28,0x24,0x23,
90   0x20,0x20,0x20,0x21,0x22,0x22,0x22,0x22,0x7f,0x00,0x00};
91   /*  汉字"四"的字模*/
92   uchar code wu[]={0x00,0x02,0x82,0x82,0x82,0x82,0xfe,0x82,0x82,
93   0x82,0xc2,0x82,0x02,0x00,0x00,0x00,0x20,0x20,0x20,0x20,0x20,
94   0x3f,0x20,0x20,0x20,0x20,0x3f,0x20,0x20,0x30,0x20,0x00};
95   /*  汉字"五"的字模*/
96   uchar code liu[]={0x10,0x10,0x10,0x10,0x10,0x91,0x12,0x1e,
97   0x94,0x10,0x10,0x10,0x10,0x10,0x10,0x00,0x00,0x40,0x20,0x10,
98   0x0c,0x03,0x01,0x00,0x00,0x01,0x02,0x0c,0x78,0x30,0x00,0x00};
99   /*  汉字"六"的字模*/
100  uchar code tian[]={0x00,0x40,0x42,0x42,0x42,0x42,0x42,0xfe,
101  0x42,0x42,0x42,0x42,0x42,0x42,0x40,0x00,0x00,0x80,0x40,0x20,
102  0x10,0x08,0x06,0x01,0x02,0x04,0x08,0x10,0x30,0x60,0x20,0x00};
103  /*  汉字"天"的字模*/
104  uchar code hen[]={0xf0,0xf0,0xf0,0xf0,0xf0,0xf0,0xf0,0xf0,
105  0xf0,0xf0,0xf0,0xf0,0xf0,0xf0,0xf0,0xf0,0x0f,0x0f,0x0f,0x0f,
106  0x0f,0x0f,0x0f,0x0f,0x0f,0x0f,0x0f,0x0f,0x0f,0x0f,0x0f,0x0f};
107  /*  "横杠"图形的字模*/
108  void DS_write_byte(unsigned char dat);
```

```
109   uchar DS_read_byte();
110   void DS_write_addr_data(unsigned char addr,unsigned char dat);
111   uchar DS_read_addr_data(uchar addr);
112   void DS_gettime();
113   void time_init();
114   void DS_init();
115   void DS_set_time(uchar addr,bit flag);
116   void LCD_choose(uchar cs);
117   void LCD_check_busy();
118   void LCD_write_cmd(uchar cmd);
119   void LCD_write_data(uchar dat);
120   void LCD_clear();
121   void LCD_display8(uchar cs,uchar page,uchar row,uchar * s);
122   void LCD_display16(uchar cs,uchar page,uchar row,uchar * s);
123   void LCD_init();
124   void LCD_display_time();
125   uchar keyscan();
126   void keymanage();
127   void delay(uint a);
```

2. 主函数

主函数完成开机后的初始化、固定图像文字的显示、键盘扫描等任务。这些都是通过调用功能函数来完成的,程序如下。

```
128   void main()
129   {
130       LCD_init();                    //LCD 初始化
131       LCD_clear();                   //LCD 清屏
132       DS_init();                     //DS1302 初始化
133       time_init();                   //初始化时间
134       /*  在第 0、1 页(第 1 行)固定位置显示:20 年月日 */
135       LCD_display8(0,0,1,shu2);      //在左屏第 0 页,第 1 字符位 固定显示数字 2
136       LCD_display8(0,0,2,shu0);      //在左屏第 0 页,第 2 字符位 固定显示数字 0
137       LCD_display16(0,0,5,nian);     //在右屏第 0 页,第 1 字符位 固定显示汉字"年"
138       LCD_display16(1,0,1,yue);      //在右屏第 0 页,第 1 字符位 固定显示汉字"月"
139       LCD_display16(1,0,5,ri);       //在右屏第 0 页,第 5 字符位 固定显示汉字"日"
140       /*  在第 4、5 页(第 3 行)固定位置显示:时分秒 */
141       LCD_display16(0,2,4,shi);
142       LCD_display16(1,2,0,fen);
143       LCD_display16(1,2,4,miao);
144       //在第 4 行固定位置显示:星期
145       LCD_display16(0,3,4,xing);
```

```
146        LCD_display16(0,3,6,qi);
147        while(1)                            //无限循环
148        {
149            keymanage();                    //按键查询
150            DS_gettime();                   //时间查询
151            LCD_display_time();             //输出显示
152        }
153    }
```

3. 对 DS1302 进行操作的函数

以下是对 DS1302 进行操作的函数。

1) DS1302 读写操作函数

（1）写操作函数。

```
154    void DS_write_byte(unsigned char dat)
155    {
156        unsigned char i;
157        rst＝1;                            //初始化,开使能(复位)端
158        for(i＝0;i＜8;i＋＋)
159        {
160            io＝dat&0x01;                   //数据 dat 的当前最低位送到 P1.0 口
161            dat＞＞＝1;                      //数据向右移动一位,等待下次操作
162            sclk＝0;
163            sclk＝1;//形成一个上升沿,P1.0 口的数据送入 DS1302 的 I/O 口
164        }
165    }
```

（2）读操作函数。

```
166    /*  DS1302 读操作通用函数 */
167    uchar DS_read_byte()
168    {
169        unsigned char i,dat;
170        rst＝1;                            //初始化,开使能(复位)端
171        sclk＝0;
172        for(i＝0;i＜8;i＋＋)                //逐位读取字节数据
173        {
174            dat＞＞＝1;
175            if(io＝＝1)
176            dat|＝0x80;
177            sclk＝1;
178            sclk＝0;                        //形成下降沿,读出 1 位数据
```

```
179         }
180      return dat;                      //返回读字节结果
181   }
```

2）DS1302 数据读写函数（有编码转换）

DS1302 中的时间数据是以 BCD 码的形式存放的，对于能使用 BCD 码进行直接输出的设备（比如带译码功能的数码管）可以直接把这些数据拿来使用，会比较方便。但是很多时候，显示设备使用的数据并不是 BCD 码，比如本次使用的显示屏。在这些时候，数据写入前和读出后，都要进行普通二进制数据格式和 BCD 码格式之间的转换。

（1）数据写入函数。

```
182   /* 向 DS1302 中写入数据 */
183   void DS_write_addr_data(unsigned char addr,uchar dat)
184   {
185      uchar i;
186      rst＝0;
187      sclk＝0;
188      rst＝1;                           //完成 DS1302 的初始化
189      DS_write_byte(addr);             //写入地址
190      i＝dat/10;                        //取数据的十位
191      dat＝dat%10;                      //取数据的个位
192      dat＝(i≪4)|(dat&0x0f);           //数据的十位放在高 4 位,个位放在低 4 位,得到 BCD 码
193      DS_write_byte(dat);              //将 BCD 码数据写入 DS1302
194      sclk＝1;
195      rst＝0;                           //DS1302 复位
196      }
```

（2）数据读出函数。

```
197   /* 读出 DS1302 的数据 */
198   uchar DS_read_addr_data(uchar addr)
199   {
200      uchar dat;
201      rst＝0;
202      sclk＝0;
203      rst＝1;                           //DS1302 初始化
204      DS_write_byte(addr);             // 写入操作地址
205      dat＝DS_read_byte();              //读出数据
206      sclk＝1;
207      rst＝0;
208      return ((dat≫4)* 10＋(dat&0x0f)); //将读出数据转为十进制并返回
209   }
```

3）DS1302 初始化函数

```
234    void DS_init()                        //DS1302 初始化
235    {
236        uchar dat;
237        dat＝DS_read_addr_data(0x01);
238        if(dat&0x80＝＝0x80)
239        DS_write_addr_data(0x00,0x00);
240    }
```

4）DS1302 时间读出函数

```
211    void DS_gettime()
212    {
213        second＝DS_read_addr_data(0x81);//从 DS1302 中读出秒数据(秒数据读出地址 81H)
214        minute＝DS_read_addr_data(0x83);//从 DS1302 中读出分数据 (地址 83H)
215        hour＝DS_read_addr_data(0x85);  //从 DS1302 中读出小时数据(地址 85H)
216        date＝DS_read_addr_data(0x87);  //从 DS1302 中读出日数据(地址 87H)
217        month＝DS_read_addr_data(0x89); //从 DS1302 中读出月数据(地址 89H)
218        year＝DS_read_addr_data(0x8d);  //从 DS1302 中读出年数据(地址 8DH)
219        day＝DS_read_addr_data(0x8b);   //从 DS1302 中读出星期数据(地址 8BH)
220    }
```

5）DS1302 初始时间设置函数

年初始数为 23，月初始数为 05，日初始数为 01，小时初始数为 00，分初始数为 00，秒初始数为 00，星期初始为星期一。相关程序如下。

```
221    /* 时间初始化,年初始数为 23,月初始数为 05 ,日初始数为 01 */
222    /* 小时初始数为 00,分初始数为 00 ,秒初始数为 00 */
223    void time_init()
224    {
225        DS_write_addr_data(0x80,0);     //写入秒数"0", 秒写入地址 80H
226        DS_write_addr_data(0x82,0);     //写入分钟数"0" 分写入地址 82H
227        DS_write_addr_data(0x84,0);     //写入小时数"0" 小时写入地址 84H
228        DS_write_addr_data(0x86,1);     //写入日数"1"
229        DS_write_addr_data(0x88,5);     //写入月数"5"
230        DS_write_addr_data(0x8a,1);     //写入星期数,星期一
231        DS_write_addr_data(0x8c,23);    //写入年数"23"
232    }
233    /* 初始化后,输出时间数据为 2023 年 05 月 01 日 00 时 00 分 00 秒 星期一 */
```

6）DS1302 时间调整函数

```
241    void DS_set_time(uchar addr,bit flag)
242    {
243        uchar dat;
244        dat＝DS_read_addr_data(addr|0x01);     // 读出 BCD 码
```

```
245    DS_write_addr_data(0x8e,0x00);        //向写保护寄存器写入 0,关闭写保护
246    if(flag)                              //flag 变量的值来自 keymanage 函数
247        DS_write_addr_data(addr,dat+1);   //如果 flag=1(加键按下),数据+1
248    else
249        DS_write_addr_data(addr,dat-1);   //如果另一按键按下,数据-1
250    DS_write_addr_data(0x8e,0x80);        //打开写保护,防止误写
251 }
```

4. 对 12864LCD 进行操作的函数

1)选屏函数

```
252  void LCD_choose(uchar cs)            //选屏函数
253  {
254      switch(cs)
255      {
256          case 0:cs1=0;cs2=1;break;    //选左屏
257          case 1:cs1=1;cs2=0;break;    //选右屏
258          case 2:cs1=0;cs2=0;break;    //选全屏
259          default: break;
260      }
261  }
```

2)查忙函数

```
262  void LCD_check_busy()         //查忙函数
263  {
264      uchar state;
265      rs=0;
266      rw=1;                     //读 LCD 数据
267      do
268      {
269          P0=0x00;
270          en=1;
271          state=P0&0x80;        //保留 LCD 数据输入输出口的最高位(忙标志位 BF)
272          en=0;
273      }
274      while(state==0x80);       //如果 BF 位等于 1,继续查忙 ,如果 BF 位等于 0,结束查忙
275  }
```

3)写命令函数

```
276  void LCD_write_cmd(uchar cmd)     //写命令函数
277  {
278      LCD_check_busy();             //先查忙
279      rs=0;
```

```
280        rw=0;                              //设置状态为输入设置指令
281        en=1;                              //开使能
282        P0=cmd;                            //输入指令
283        en=0;                              //复位
284    }
```

4)写数据函数

```
285    void LCD_write_data(uchar dat)        //写数据函数
286    {
287        LCD_check_busy();
288        rs=1;
289        rw=0;                              //将 LCD 设置为写数据状态
290        en=1;                              //开使能
291        P0=dat;                            //输入数据
292        en=0;                              //复位
293    }
```

5)清屏函数

```
294    void LCD_clear()                       //清屏函数(将 DDRAM 的全部地址写入 00H)
295    {
296        uchar i,j;
297        LCD_choose(2);                     //左右屏全选
298        LCD_write_cmd(0xb8);               //设置页开始地址为 0(参考页地址设置指令)
299        LCD_write_cmd(0x40);               //设置列开始地址为 0(参考列地址设置指令)
300        for(i=0;i<8;i++)                   //循环 8 页
301        {
302            LCD_write_cmd(i+0xb8);
303            for(j=0;j<64;j++)              //每页 64 列
304            {
305                LCD_write_cmd(0x40+j);
306                LCD_write_data(0x00);      //依次向每一列写入 00H
307            }
308        }
309    }
```

6)8×16 点阵显示函数

本任务中,LCD 显示的字符是 8×16 点阵或 16×16 点阵。为了方便,可以按字符将每页的 64 列分为 8 个单元。同样,因为一个最小 ASCII 字符要在上下两个页地址中显示,所以可以将每屏的 8 页分为 4 个单元。变量 row 表示横向上的单元数,从 0 到 7。变量 page 表示纵向上的单元数,从 0 到 3。

这样设置后,每屏就分了 4 行,每行 8 个阵列,每阵列含 8×8 个点,每上下 2 个阵列显示一个标准 ASCII 字符,每 4 个阵列(2×2)显示一个汉字字符。这样做可以方便字符的定位和对齐,当然不一定非得这样设置不可。

相关程序如下。

```
310    void LCD_display8(uchar cs,uchar page,uchar row,uchar * s)//8×16 点阵显示函数
311    {
312        uchar i;
313        LCD_choose(cs);                    //根据实参选屏
314        page*=2;
315        row*=8;
316        LCD_write_cmd(0xb8+page);           //确定显示的页地址和行地址
317        LCD_write_cmd(0x40+row);
318        for(i=0;i<8;i++)
319            LCD_write_data(s[i]);           //先写上半部分(8 字节)
320        LCD_write_cmd(0xb8+page+1);
321        LCD_write_cmd(0x40+row);
322        for(i=8;i<16;i++)
323            LCD_write_data(s[i]);           //写下半部分
324    }
```

7) 16×16 点阵显示函数

该显示函数与 8×16 点阵显示函数基本相同,只是纵向上要显示 2 个字符单元,即 16 列。

```
325    void LCD_display16(uchar cs,uchar page,uchar row,uchar * s)//16×16 点阵显示函数
326    {
327        uchar i;
328        LCD_choose(cs);
329        page*=2;
330        row*=8;
331        LCD_write_cmd(0xb8+page);
332        LCD_write_cmd(0x40+row);
333        for(i=0;i<16;i++)
334            LCD_write_data(s[i]);
335        LCD_write_cmd(0xb9+page);
336        LCD_write_cmd(0x40+row);
337        for(i=16;i<32;i++)
338            LCD_write_data(s[i]);
339    }
```

8) LCD 初始化函数

```
340    void LCD_init()                        //LCD 初始化函数
341    {
342        LCD_choose(2);
343        LCD_write_cmd(0x3e);
344        LCD_write_cmd(0xc0);
345        LCD_write_cmd(0xb8);
346        LCD_write_cmd(0x40);
347        LCD_write_cmd(0x3f);
348    }
```

9)时间输出显示函数

数组名 shu0 为"0"字模数组的首地址；(second/10)取秒的十位；实参(shu0 + 16 ∗ (second/10))即该秒十位数的字模所在的首地址。在这种显示方式中，要求数字字模必须按 0～9 的顺序排列。LCD_display8 函数中，实参 1、2、2 分别是选屏、选页和选列(按 8×8 显示单元)参数，其余类同。星期数是汉字，所以使用 16×16 显示函数。汉字字模有 32 个字节，星期数从 1 开始计数，所以用 yi + 32 ∗ (day−1)来得出显示汉字的字模地址。

```
350//******* 显示时间 ********************* //
351  void LCD_display_time()
352  {
353      LCD_display8(1,2,2,(shu0+16* (second/10)));
354      LCD_display8(1,2,3,(shu0+16* (second%10)));
355      LCD_display8(0,2,6,(shu0+16* (minute/10)));
356      LCD_display8(0,2,7,(shu0+16* (minute%10)));
357      LCD_display8(0,2,2,(shu0+16* (hour/10)));
358      LCD_display8(0,2,3,(shu0+16* (hour%10)));
359
360      LCD_display8(1,0,3,(shu0+16* (date/10)));
361      LCD_display8(1,0,4,(shu0+16* (date%10)));
362      LCD_display8(0,0,7,(shu0+16* (month/10)));
363      LCD_display8(1,0,0,(shu0+16* (month%10)));
364      LCD_display8(0,0,3,(shu0+16* (year/10)));
365      LCD_display8(0,0,4,(shu0+16* (year%10)));
366      LCD_display16(1,3,0,(yi+32* (day-1)));
367  }
```

5. 阵列键盘函数

1)键盘扫描函数

```
368  uchar keyscan()                        //扫描键盘
369  {
370      if(set==0)                         //如果 set 键按下
371      {
372          delay(100);                    //延时去抖
373          if(set==0)                     //如果 set 键确认按下
374          {
375              setflag=1;                 //set 键按下标志置 1(加减按键有效)
376              if(sum==5)                 //如果键盘计数到 5
377                  sum=7;                 //键盘计数跳到 7(即跳过 6)
378              else if(sum==7)            //如果键盘计数到 7
379                  {sum=0;setflag=0;}     //计数值回 0,设置标志置 0,关闭设置
380              else                       //再次按设置键时,重新开始时间设置
381                  sum+=1;                //键盘计数加 1
382          }
383          delay(1500);                   //延时后再进行下次判断 ,避免一次按键重复计数
384      }
385      return sum;
386  }
```

2)键盘输入处理函数

```
387    void keymanage()
388    {
389        uchar count= keyscan();              //获得按键计数值
390        if(setflag==1)                       //如果设置标志为1,即表示正在设置时间
391        {
392            switch(count)                    //根据set键计数值设定数据写入地址
393            {
394                case 1:addr= 0x8c;break;     //年数据写入地址
395                case 2:addr= 0x88;break;     //月数据写入地址
396                case 3:addr= 0x86;break;     //日数据写入地址
397                case 4:addr= 0x84;break;     //时数据写入地址
398                case 5:addr= 0x82;break;     //分数据写入地址
399                case 7:addr= 0x8a;break;     //星期数据写入地址(跳过秒,秒一般不用设置)
400                default: break;
401            }
/********* 判断加减按键,执行数据加减*********************/
402        if((add^sub)==1)                     //如果加键和减键中有按键按下
403        {
404            delay(100);                      //延时去抖
405            if((add^sub)==1)                 //确认按下
406            {
407                if(add==0)                   //如加键按下
408                DS_set_time(addr,1);         //数据加1
409                else
410                DS_set_time(addr,0);         //否则(即减键按下),数据减1
411            }
412            delay(1500);                     //延时
413        }                                    //按键按下不动时,可连续设置,延时以避免数据
                                                    跳动过快
414        }
415    }
```

6.延时程序

```
416    void delay(uint a)
417    {
418        unsigned int x,y;
419        for(y=a;y>0;y--)
420            for(x=20;x>0;x--);
421    }
```

9.2.4 软硬件联调

使用 KEIL C51 调试程序通过后,进行电路仿真即可观察到程序的运行情况,能够实现年月日、时间、星期的计时。程序电路仿真显示效果如图 9-36 所示。

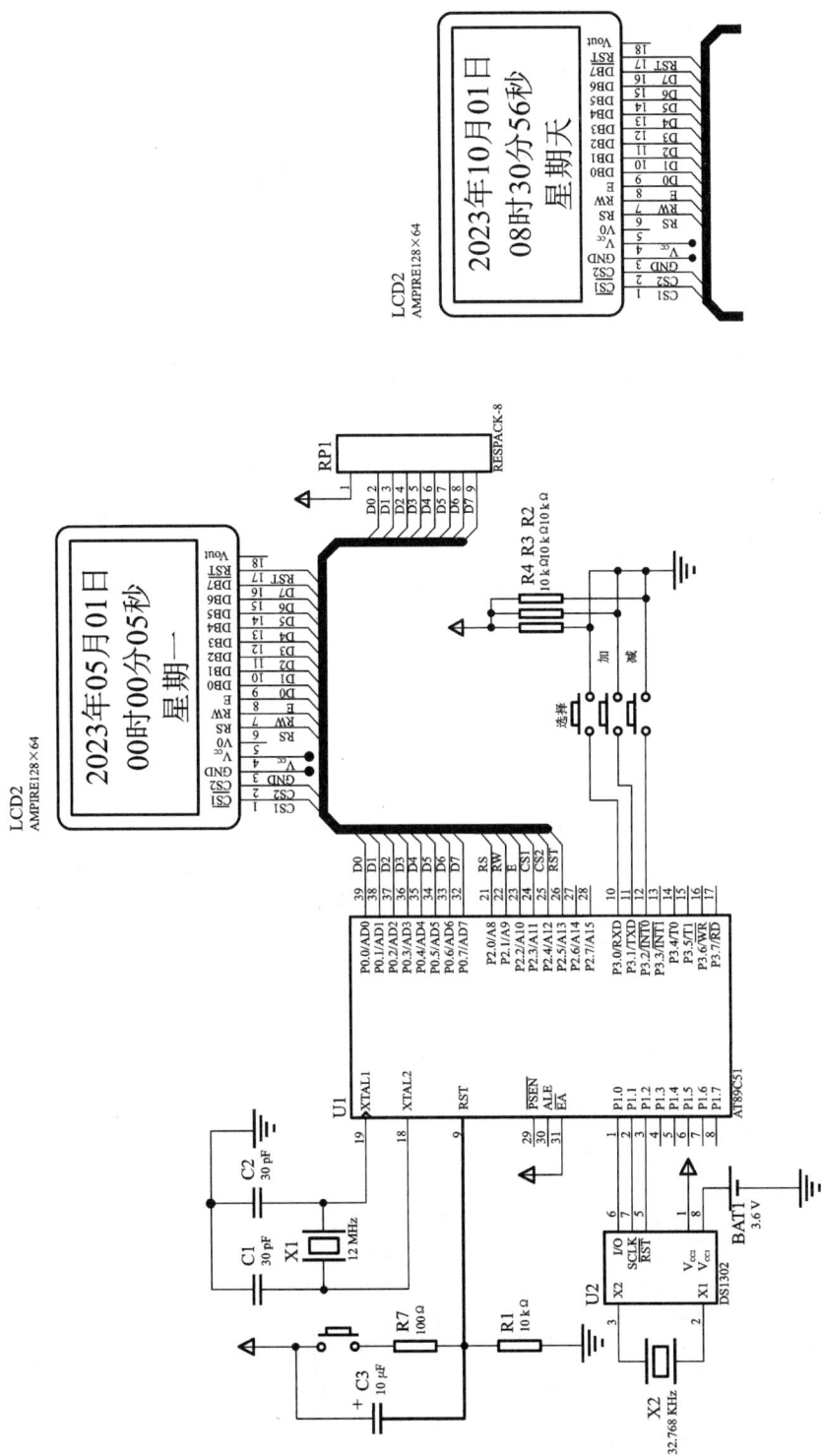

图 9-36　电子台历仿真显示效果

小结

本节主要使用了两种常用器件:时钟芯片 DS1302 和 12864LCD。在设计中,我们介绍了这两种常用器件的工作原理和操作方法,介绍了使用单片机控制这两种器件时的硬件连接方式和相关程序的编写方法,最后给出了程序并进行了仿真。

本节中使用的程序,有很多函数和语句与 DS1302 和 12864LCD 的指令控制码、控制方式、工作时序和端口功能情况等有直接关系,阅读程序时要注意和前面的器件介绍进行对照。本节程序内容较多,有很多全局变量,函数间相互调用频繁,阅读程序时应注意相互对照,充分理解全局变量的功能。

9.3 巡航小车的设计与制作

▶目标与要求

设计并制作一个四驱小车,该小车通过红外巡航。设计要求:小车通过红外信号检测障碍物,自主完成向前走、左转、右转及向后走等巡航动作。

9.3.1 系统方案论证与选择

设计四驱巡航小车的结构模型如图 9-37 所示。

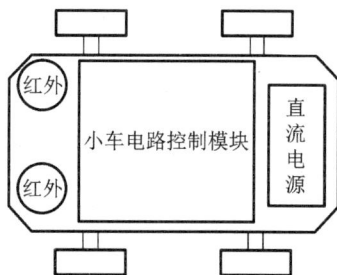

图 9-37 巡航小车结构模型

结合设计要求,小车电路控制模块主要分为时钟电路、复位电路、电源模块、红外传感器模块和直流电动机驱动模块,总体框图如图 9-38 所示。

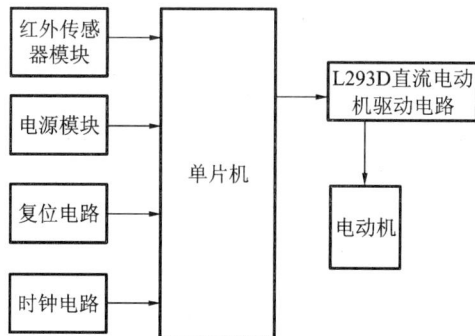

图 9-38 巡航小车电路控制总框图

　　针对小车的设计方法各种各样,小车控制部分的电路模块也各不相同,下面围绕设计要求及制作的难易度,对小车控制电路各部分元器件的选取和制作方法进行选择和论证。

1. 车体设计

　　方案1:自制小车底盘。制作需要准备车体,尽量保证车体光滑,如果对路面有要求,那么对车身的重量和平衡性要有精确的测量,还要控制好小车的行驶路线以及转弯的力矩及角度,这样在制作及操作和精确度方面较难控制。

　　方案2:利用已有小车底盘或者玩具车底盘。这样的小车具有完整的车架和车轮,利用左右转动车轮,增加符合要求的电动机即可构成需要的小车车体,这样的车体装配紧凑,安装其他所需电路也十分方便,看起来也比较美观。

　　因为要完成四驱小车巡航任务,购买的车体或者废旧玩具电动车是依靠电动机与相关齿轮一起驱动的,符合任务要求,而且性价比适中,故选择方案2。

2. 电动机模块

　　方案1:采用步进电动机作为该系统的驱动电动机。由于其转过的角度可以精确定位,可以实现小车前进路程和位置的精确定位,适合于精确定位场合。但步进电动机的输出力矩较低,随转速的升高而下降,且在较高转速时会急剧下降,不适合于有一定速度要求的系统。

　　方案2:采用直流电动机作为该系统的驱动电动机。该方案的控制方法比较简单,只需要给电动机的两根控制线加上适当的电压即可使电动机转动起来,电压越高则电动机转速越高。对于直流电动机的速度调节,可以采用改变电压的方法,也可以采用PWM调速方法。PWM调速就是使加在直流电动机两端的电压为方波形式,通过改变方波的占空比实现对电动机转速的调节。

　　基于上述分析,选择方案2,采用型号HC01-48双轴1∶48直流电动机作为小车的驱动电动机,安装66 mm车轮,空载的参数如表9-16所示。

表 9-16　HC01-48 直流电动机测试参数表

型号	规格	减速比	3 V空载 (r/min)	5 V空载 (r/min)	7 V空载 (r/min)	速度	扭力
HC01-48	双轴	1∶48	125	208	290	适中	0.4 kg·cm

3. 电动机驱动模块

　　方案1:采用专用电动机遥控驱动模块。该方案能够比较容易实现前进、后退、转向、加速等功能,但是这些专用电动机驱动模块一般都采用编码输入控制,而不是电平控制,编程难度会增加,而且这些专用电动机驱动模块的价格也比较贵。

　　方案2:采用电动机专用驱动集成电路。L293D是四倍高电流H桥驱动集成芯片,提供双向驱动电流高达600 mA,具有4.5~36 V的电压宽度。通过单片机的I/O口输入改变芯片控制端的电平,无须增加额外的功率放大器,即可以对直流电动机进行正转、反转和停止的操作。该芯片不仅专门驱动感性负载继电器、电磁阀、直流双极步进电动机和马达,还能给其他电源负载提供高电流/电压,性价比较高,市面上多见。

　　利用小型直流电动机专用驱动集成电路,体积小,控制方便,更适合于小车的电动机控制,故选择方案2。

4. 巡航传感器模块

方案1:采用触须巡航。通过布置恰当的电路,在小车前端安装一个利用铁丝制作的触须开关,通过监控该触须开关的状态来控制小车的运行状态。该方案的好处是电路设计简单,编程容易;缺点是发现障碍物的距离是由触须长度来控制的,在一定程度上,不仅运动受限,而且小车只有触到障碍物,触须才能感觉到,故小车的反应灵敏度也不可能高。

方案2:采用高亮的红外光电对管。采用5 mm红外线发射管(940 nm)UIR333C和5 mm红外线接收管UPT333B对管,此对管灵敏度高,接收距离优良,性能稳定,使用寿命长,硬件搭建简单,编程也不难。

方案3:采用CCD传感器。采用该传感器能够准确完备地反映路面状况,但是因为其提取的信息量大,所以处理信息的速度比较慢,实时性差,而且该传感器的成本高,对于任务要求,有点牛刀小用的感觉。

综合上述方案分析,最终选取方案2。

5. 控制器模块

方案1:选用一片CPLD作为系统的核心部件,实现控制与处理的功能。CPLD具有速度快、编程容易、资源丰富、开发周期短等优点,可利用VHDL语言进行编程开发,但是CPLD在控制上较单片机有较大的劣势。同时,CPLD的处理速度非常快,而小车的行进速度不可能太高,那么对系统处理信息的要求也就不会太高,在这点上,MCU就可以胜任了。若采用该方案,必将在控制上遇到许多不必要的难题。

方案2:采用STC52RC作为主控制芯片。该芯片有足够的存储空间,可以方便在线ISP下载程序,能够满足该系统软件的需要。该芯片提供了两个计数器中断,对于本任务已经足够。采用该芯片可以比较灵活地选择各个模块控制芯片,能够准确地计算出时间,有很好的实时性。

综上分析,选择方案2,采用STC52RC作为小车的主控制芯片。

6. 电源模块

本系统中,需要用到的电源有单片机的5 V,L293D芯片电源5 V和7.2 V,所以要求电源模块提供稳定的电压。

方案1:用7.2 V的蓄电池给前、后轮电动机供电,然后使用7805稳压管把高压稳成5 V分别给单片机和电动机驱动芯片供电。这种接法比较简单,驱动芯片L293D的V_{cc2}电源比V_{cc1}的接入电源高,从而避免了控制小车电动机的过程中出现混乱。

方案2:采用双电源。为了保证单片机控制部分和电动机驱动部分的电压不会互相影响,可以把单片机的供电和驱动电路的供电分开,但是这样占用的空间太大,比较麻烦。

基于以上分析,选择方案1。

9.3.2 系统硬件电路设计

1. 主控电路设计

主控电路的设计如图9-39所示。

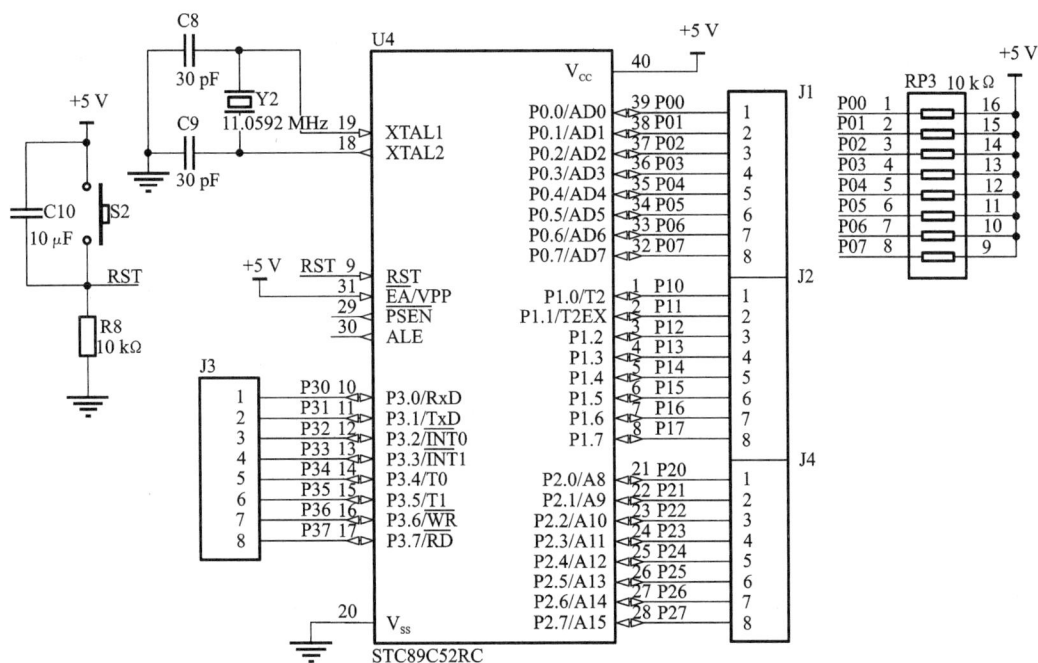

图 9-39　主控电路

2. 光电对管巡航模块的设计

图 9-40 所示为红外模块电路图。IR_LED1 与 IR1 构成红外线发射电路,IR1 电阻起限流的作用,防止红外线发射管的电流过大。UPT1 和 RPT1 构成红外线接收回路,当有光反射回来时,红外线接收管有光电流通过,电路导通,RPT1 上端变为高电平,经过 LM324 输出为低电平;当无反射光回来时,红外线接收管只有微弱的暗电流,电路开路,RPT1 上端变为低电平,经过 LM324 输出为高电平,调节电阻 RP1 可以调节比较器的门限电压,得到规则的波形,直接供单片机查询使用。

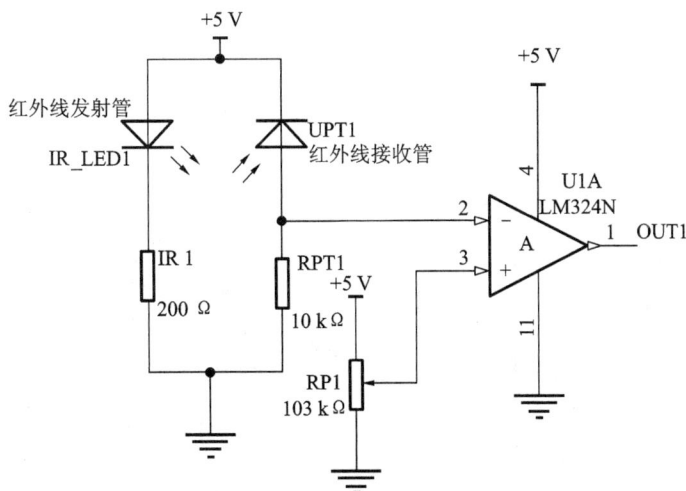

图 9-40　红外模块电路

3. 电动机驱动电路的设计

电动机驱动电路采用 L293D 作为驱动芯片。L293D 是 ST 公司生产的一种高电压、小电

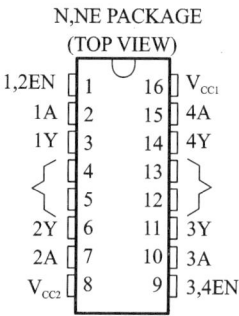

图 9-41　L293D 引脚图

流电动机驱动芯片,采用 16 脚封装,中间的第 4,5,12,13 引脚为了散热,是短路的,其引脚图如图 9-41 所示。L293D 的工作电压最高可以达到 36 V,输出电流大,瞬间峰值电流可达 2 A,持续工作电流为 1 A,内含两个 H 桥的高电压大电流全桥式驱动器,可以驱动直流电动机和继电器线圈等感性负载。当驱动小型直流电动机时,它可以直接控制两路电动机,并通过改变输入端的逻辑电平实现电动机的正转和反转。一片 L293D 芯片可以直接驱动两台直流电动机,使用两片 L293D 就可以驱动小车的四个轮子。L293D 的工作参数如表 9-17 所示,其引脚与输出引脚间的逻辑关系如表 9-18 所示。

表 9-17　L293D 芯片的工作参数

芯片工作条件		最小值	最大值	单位
电源电压	V_{CC1}	4.5	36	V
	V_{CC2}	V_{CC1}	36	
高电平输入电压	1 A/2 A/3 A/4 A	2.3	V_{CC1}	V
	1,2EN/3,4EN	2.3	7	V
低电平输入电压		−0.3	1.5	V
温度		0	70	℃

表 9-18　L293D 的引脚和输出引脚间的逻辑关系

EN1(EN2)	IN1(IN3)	IN2(IN4)	电动机运转情况
H	H	L	正转
H	L	H	反转
H	L	L	停止
L	×	×	停止

采用 L293D 芯片设计的驱动电路如图 9-42 所示。

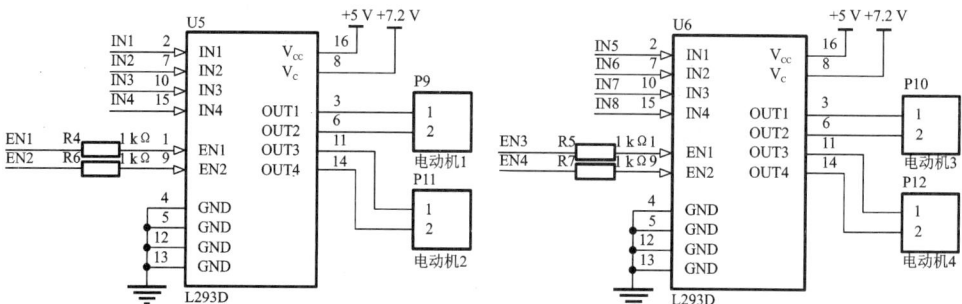

图 9-42　直流电动机驱动电路

4. 电源供电电路设计

由于直流电动机启动瞬间电流较大,会造成电源电压的波动,为了保证电源提供稳定的电压,并给 L293D 提供合适的电源,需要在电源输入端搭建一个稳压电路。因为单片机需要 5 V 的供电电压,故选择 7805 稳压芯片,外接 6~12 V 直流电源,典型值为 7.2 V,搭建电源供电电路如图 9-43 所示。

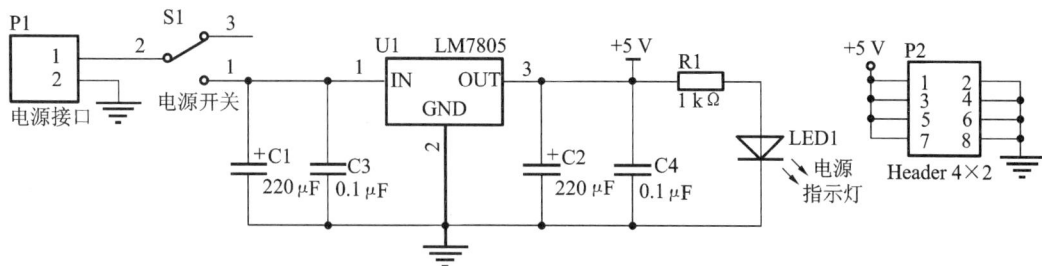

图 9-43　电源供电电路

9.3.3　系统软件设计

1. 系统软件设计思想

本系统设计中,小车是通过红外线检测到的信号来巡航的,为了让整个组装从调试到实现的过程有条不紊地进行,并为后续能够更好地扩展小车功能搭好平台,在软件设计上,我们采用模块化的程序设计方法。本系统设计由主程序、小车运动模块、红外巡航模块组成。

2. 总设计流程框图

本设计中,小车通过左右两个红外对管来检测有无障碍物以确定自己的运动状态,如果小车检测到前方无障碍物,那么小车向前运行;如果小车检测到左边有障碍物,那么小车后退后向右转;如果小车检测到右边有障碍物,那么小车后退后向左转;如果小车检测到左右两边都有障碍物,那么小车向后运动。主程序设计流程图如图 9-44 所示。

1) 直流电动机运动状态的控制

利用两块直流驱动器可以驱动四台直流电动机,分别为电动机 1、电动机 2、电动机 3、电动机 4,可以用 P0~P3 口中的任意一个,通过驱动芯片 L293D 来控制直流电动机的正、反转,表 9-19 所示为四台直流电动机的控制逻辑表。

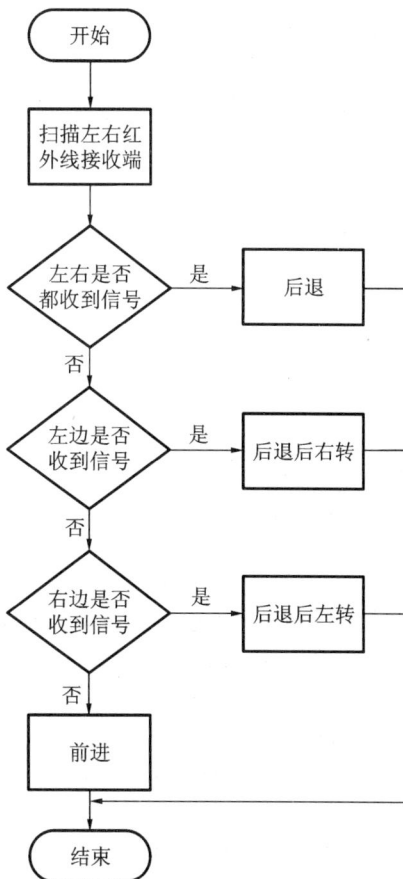

图 9-44　主程序设计流程图

表 9-19　直流电动机控制逻辑表

直流电动机	工作状态	控制端1	控制端2
电动机(1,2,3,4)	正转	1	0
	反转	0	1
	停止	0	0

2) 小车的运动状态控制

利用四台直流电动机的正、反转组合来控制小车的运动状态,车轮转向状态控制如表 9-20 所示。

表 9-20　车轮转向状态控制表

车轮的运动方向	左前轮	左后轮	右前轮	右后轮
前进	IN1＝1	IN3＝1	IN5＝1	IN7＝1
	IN2＝0	IN4＝0	IN6＝0	IN8＝0
后退	IN1＝0	IN3＝0	IN5＝0	IN7＝0
	IN2＝1	IN4＝1	IN6＝1	IN8＝1

结合各车轮的运动状态,确定小车的运动状态,本任务中利用差速转弯,当小车需要向左转时,小车左边两个车轮后退,右边两个车轮前进;当小车需要右转时,小车左边两个车轮前进,右边两个车轮后退。由此得到小车运动状态与车轮的关系如表 9-21 所示。

表 9-21　小车运动状态表

小车的运动状态	左前轮	左后轮	右前轮	右后轮
前进	前进	前进	前进	前进
左转	后退	后退	前进	前进
右转	前进	前进	后退	后退
后退	后退	后退	后退	后退

3. 主要程序代码

1) 测试车轮正反转

```
1  //程序:Testmotor.c
2  //功能:测试直流电动机,确定车轮转动方向
3  #include<AT89X52.H>
4  sbit IN1 = P1^0;                //设置直流电动机两个输入信号端
5  sbit IN2 = P1^1;
6  void delay(unsigned int k)      //延时函数
7  {
8      unsigned int x,y;
9      for(x=0;x<k;x++)
10         for(y=0;y<2000;y++);
11  }
```

```
12   void run(void)                          //前进运行函数
13   {
14       IN1 = 1;
15       IN2 = 0;
16   }
17   void backrun(void)                       //后退运行函数
18   {
19       IN1 = 0;
20       IN2 = 1;
21   }
22   void main(void)                          //主函数
23   {
24       run();
25       delay(200);
26       backrun();
27       delay(200);
28   }
```

2) 小车的基本巡航运动(前进、左转、右转、后退)

```
1    //程序:Navigation.c
2    //功能:小车的基本巡航运动,包括前进、左转、右转、后退
3    #include<reg51.h>
4    //定义小车驱动模块输入 I/O 口
5    sbit IN1=P1^0;
6    sbit IN2=P1^1;
7    sbit IN3=P1^2;
8    sbit IN4=P1^3;
9    sbit IN5=P1^4;
10   sbit IN6=P1^5;
11   sbit IN7=P1^6;
12   sbit IN8=P1^7;
13   //延时函数
14   void delay(unsigned int k)
15   {
16       unsigned int x,y;
17       for(x=0;x<k;x++)
18           for(y=0;y<2000;y++);
19   }
20   //前进函数
21   void run(void)
22   {
23       P1 = 0x55;                           //小车前进
24   }
```

```
25    //后退函数
26    void backrun(void)
27    {
28        P1 = 0xaa;                    //小车后退
29    }
30    //左转函数
31    void turnleft(void)
32    {
33        P1 = 0xa5;                    //小车左前、后轮后退,右前、后轮前进
34    }
35    //右转函数
36    void turnright(void)
37    {
38        P1 = 0x5a;                    //小车左前、后轮前进,右前、后轮后退
39    }
40    void main(void)
41    {
42        while(1)
43        {
44            run();                    //调用前进函数
45            delay(200);
46            backrun();                //调用后退函数
47            delay(200);
48            turnleft();               //调用左转函数
49            delay(200);
50            turnright();              //调用右转函数
51            delay(200);
52        }
53    }
```

3) 小车的红外避障巡航

```
1     //程序:RoamingWithIr.c
2     //功能:小车的红外避障巡航
3     #include〈AT89X51.H〉
4     #define Left_led P3_7            //P3_7 接红外模块避障模块接口 OUT1
5     #define Right_1_led P3_5         //P3_5 接红外模块避障模块接口 OUT2
6     //定义小车驱动模块输入 I/O 口
7     sbit IN1 = P1^0;
8     sbit IN2 = P1^1;
9     sbit IN3 = P1^2;
10    sbit IN4 = P1^3;
11    sbit IN5 = P1^4;
12    sbit IN6 = P1^5;
```

```
13   sbit IN7= P1^6;
14   sbit IN8= P1^7;
15   //延时函数
16   void delay(unsigned int k)
17   {
18       unsigned int x,y;
19       for(x=0;x<k;x++)
20           for(y=0;y<2000;y++);
21   }
22   //前进函数
23   void run(void)
24   {
25       P1 = 0x55;              //小车前进
26   }
27   //后退函数
28   void backrun(void)
29   {
30       P1 = 0xaa;              //小车后退
31   }
32   //左转函数
33   void turnleft(void)
34   {
35       P1 = 0xa5;             //小车左前、后轮后退,右前、后轮前进
36   }
37   //右转函数
38   void turnright(void)
39   {
40       P1 = 0x5a;             //小车左前、后轮前进,右前、后轮后退
41   }
42   //主函数
43   void main(void)
44   {
45       while(1)              //无限循环
46       {
47           if(Left_led==0&&Right_led==0)        //有信号为 0;没有信号为 1
48               backrun();
49           else if(Left_led==0)                 //只有左边接收到红外信号
50           {
51               backrun();                       //后退
52               turnright();                     //右转
53           }
54           else if(Right_led==0)                //只有右边接收到红外信号
55           {
56               backrun();
```

```
57              turnleft();
58          }
59          else                          //前方没有障碍物,左右红外均没有收到信号
60          {
61              run();                    //前进
62          }
63      }
64  }
```

9.3.4 软硬件联调

系统软硬件联调步骤如下:

(1)搭建硬件电路,包括小车框架和硬件电路,将测试车轮正、反转程序下载到单片机中,调试确定小车各个轮子的运动方向。

(2)将小车基本巡航程序下载到单片机中,调试时通过更改程序中的输入控制引脚,或者更改硬件中单片机驱动直流电动机的引脚,来调试小车的前进、后退、左转、右转。

(3)先在小车上加装红外发射接收对管模块,检测有无接收信号。将小车的红外避障巡航程序下载到小车中,用物体挡在红外发射头的前面,观察红外检测电路的灯是否亮起,若亮起则说明有接收信号,否则就没有接收信号。在有接收信号的情况下,再调试下载有红外避障巡航程序的小车是否按照红外控制进行巡航。

◼ 小结

通过本节的学习,同学们可以掌握基本的项目开发过程,强化单片机软硬件的应用,提升单片机实践能力。本节的设计与制作也为后续开发智能小车搭建了基础平台。

项 目 总 结

本项目以三个设计与制作任务为例介绍了单片机应用系统的综合开发过程:通过对系统的目标和要求等的分析,确定功能技术指标的软硬件分工方案;根据方案分别进行软硬件设计、制作、编程;将软件与硬件相结合对系统进行仿真调试、修改和完善。除了掌握以上过程以外,同学们还要进行相关设计文档的整理,学会科技论文的一般写作方法,为以后的毕业设计论文的撰写打下基础。

附录 A C语言程序设计方法

一、状态机

不知道大家有没有体会，随着编写程序的经验越来越多，实现的功能越来越复杂，代码中 if-else if-else 用得越来越多。这些逻辑判断是必不可少的，因为在实际开发中要区分的条件和场景真的非常多。

那么如何消减过多的 if-else if-else 判断，增加代码的可维护性和代码性能，以实现复杂的功能呢？这里介绍一种开发方法，即状态机编程。

随着程序设计的复杂度越来越高，难免会不小心漏掉或者写错一些触发条件，从而导致功能出现异常。代码中大量的各类符号使人眼花缭乱，即使是自己写的程序，做代码检视时，也时常会触发异常。引入状态机的编程思想可尽可能地避免这种困扰。

引入状态机可解决的问题：

- 规范程序的切换状态，简化判断逻辑；
- 规范程序在各个状态下的代码实现；
- 可以横向扩展功能，加入新状态就可以完善逻辑；
- 逻辑完备，更加有条理地梳理编程逻辑，提高软件开发的效率。

什么是状态机？状态机的诞生其实是早于计算机的，与其说它是一种编程方法，倒不如说它是人类做逻辑判断的基础，毫不夸张地说，状态机模型就是很多常见动态发展事物的运行基础，比如火星车的运行、人类大脑的决策推演，而在下象棋时，这个过程体现得尤为鲜明，下象棋就是比对弈双方在大脑中推演的状态机模型谁更完备和精确。最有名的就是计算机科学的基石——图灵机，可以说没有图灵机，就没有计算机和现在的信息世界。关于图灵机的具体描述，可以参考相关资料，本书不做详述。

状态机是有限状态自动机（finite state machine，FSM）的简称，它是对真实世界各种运行规律的一种在方法论层面的总结和抽象。

FSM 即有限状态集中各状态间的转移和动作的数理推导模型，有限的状态必定有始有终，于是必定是 1 个初始状态（start），0 个或多个结束状态（final）。

FSM 中，在任一时间点只有 1 个活动状态，如图 A-1 所示的实例，其中状态集为｛"睡觉"，"吃饭"，"玩耍"，"躲藏"，"尿砂"｝，而"提供食物"或者"移动玩具"等则代表了转移或者转移条件。该 FSM 便对仓鼠活动做了一个描述（这里省略了 start 状态和 final 状态）。按照正常生活逻辑，仓鼠不能同时处于"玩耍"和"睡觉"的状态，从"睡觉"到"玩耍"只有一个条件来触发。

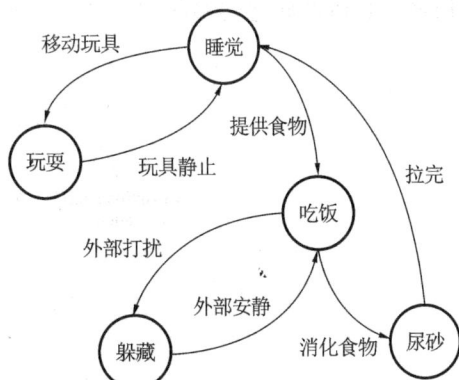

图 A-1　FSM：仓鼠的一天

通过图中的描述,FSM 接收以下的输入:

- 安静
- 消化食物
- 拉完
- 提供食物
- 有大声音

按图索骥,我们就可以知道,会有这样的状态链的变化:躲藏→吃饭→尿砂→睡觉→吃饭→躲藏。

上面是我们生活中的一个典型实例。那么将其总结为一种开发方法,应用到单片机开发中,则有:

不同的状态,如 LED 灯＝{"亮","灭"},若复杂一点,有 LED 灯＝{"亮","灭","损坏"},增加了"损坏"状态。状态的描述及定义如表 A-1 所示。

表 A-1 状态的描述及定义

状态机	描述	实例(LED 灯)
现态	当前状态,至少要包含两个状态,任一时刻只在一种状态上	"亮"和"灭"两种状态
条件	又称事件,执行某个操作的触发条件或者口令	开关控制,操作开关就是一个事件
动作	事件发生以后要执行动作	按下开关,灯亮,松开则灯灭
次态	条件满足后要迁往的新状态	从当前"灭"→"亮"的状态

状态机动作的常见类型如下:

- 进入动作
- 退出动作
- 输入动作,依赖于当前状态和输入条件进行
- 转移动作,在进行特定转移时进行

单片机的 FSM 应用最经典的实例就是实时操作系统(RTOS),在任务的管理和调度中,任一任务必定会有这几种状态:就绪态、运行态、阻塞态、挂起态,不会同时有两种及两种以上的状态存在。RTOS 会根据当前的状态、任务优先级、时钟、主动睡眠等条件进行任务的状态切换。具体的状态转移图如图 A-2 所示。

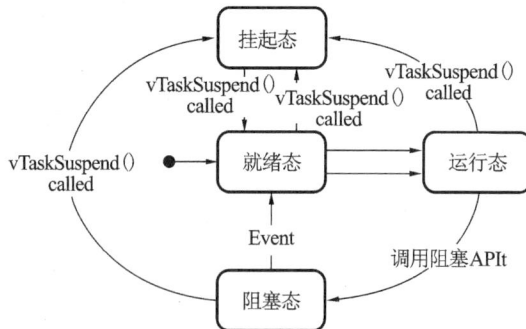

图 A-2 RTOS 状态转移图

1. 状态机的实现

这里以实现电机控制为例,对比状态机模式和非状态机模式的差异,具体要实现的功能:设备开机启动三次电机,开关按下一次启动一次,关机启动三次电机。

非状态机模式	状态机模式
通过各种标志位去判断设备是否需要控制电机,什么条件下退出等	首先考虑有三种状态{"开机","关机","工作"},理清三种状态之间转换的条件和当前状态需要执行的相关功能,在实现过程中还需要增加一种过渡状态:关机准备中(关机过程中需要执行的一系列操作)

```
1   /*  控制电机函数 */
2   void MotorCtrlTask(void)
3   {
4       if (ctrlCnt)
5       {
6           MotorCtrl(ON);
7           delay(1);
8           MotorCtrl(OFF);
9       }
10      else
11      {
12          MotorCtrl(OFF);
13      }
14  }
15
16  int isPowerOn = true;
17  int isPowerOff = false;
18  int ctrlCnt = 0;
19
20  void main(void)
21  {
22      while (1)
23      {
24          if (isPowerOn)
25          {
26              isPowerOn = false;
27              ctrlCnt = 3;
28          }
29
30          if (keyPress)
31          {
32              keyPress = false;
33              ctrlCnt = 1;
34          }
35
36          if (...)       // 关机条件
37          {
38              if (ctrlCnt == 0 && !isPowerOff && !isPowerOn)
39              {
40                  isPowerOff = true;
41                  ctrlCnt = 3;
42              }
43          }
44
45          MotorCtrlTask();
46
47          if (ctrlCnt > 0)
48              ctrlCnt--;
49          else
50          {
51              if (ctrlCnt == 0 && isPowerOff && !isPowerOn)
52              {
53                  return;
54              }
55          }
56      }
57  }
```

```
1   int g_SysState = POWER_OFF; // 默认关机状态
2   int g_CtrlCnt = 0;
3   /*  控制电机函数 */
4   void motorCtrlTask(int * iPtr_CtrlCnt){
5       if (* iPtr_CtrlCnt){
6           MotorCtrl(ON);
7           delay(1);
8           MotorCtrl(OFF);
9       }
10      else{
11          MotorCtrl(OFF);
12      }
13  }
14
15  void main(void){
16      while (1){
17          switch (g_SysState){
18              case POWER_OFF: // 关机状态
19                  g_SysState = POWER_ON;//自动切换成开机状态
20                  g_CtrlCnt = 3;
21                  break;
22              case POWER_ON:// 开机过程状态
23                  ... // 开机过程中的其他功能
24
25                  if (g_CtrlCnt == 0){//控制结束自动切换状态
26                      g_SysState = WORKING;
27                      break;
28                  }
29                  break;
30              case WORKING:// 工作状态
31                  if (...){ // 关机条件
32                      g_SysState = POWER_OFF_READY;
33                      g_CtrlCnt = 3;
34                      break;
35                  }
36
37                  if (keyPress){
38                      keyPress = false;
39                      g_CtrlCnt = 1;
40                  }
41                  break;
42
43              case POWER_OFF_READY://关机准备中
44                  ... // 关机准备中的其他功能
45
46                  if (g_CtrlCnt == 0){//控制结束自动退出
47                      g_SysState = POWER_OFF;
48                      return; // 退出程序
49                  }
50                  break;
51
52              default:
53                  break;
54          }
55          motorCtrlTask(&g_CtrlCnt);
56          if (g_CtrlCnt > 0)
57              g_CtrlCnt--;
58      }
```

两种方式对比下来,哪一种逻辑更清晰呢?非状态机模式显然要复杂得多,而且这还是在没有考虑一些异常的情况下的实现,比如开机时,启动三次调节电机,若按下开关会怎样呢?若考虑这些,肯定需要加入更多的 if 条件判断。

2.适用场景

状态机是编程的基本思想,一种方法论,不局限于某种语言,基本所有的语言都有状态机的应用,尤其是描述业务功能,状态机的优势明显,思路清晰,可有效减少逻辑遗漏。如按键的按下和松开,又包括按下瞬间、多次按下、持续按下、松开瞬间和持续松开等。

当然,这里所描述的状态机编程只是一个简单导引,在正规开发中,灵活使用状态机还需要结合表驱动编程方法,将状态机的现态、条件、动作和次态作为数据,以执行这些状态切换为逻辑等。

由于表驱动编程需要用到很多 C 语言的高级特性,学有余力的同学可以参考相关书籍与资料进行更深入的了解。

二、任务调度的开发方法

随着单片机软件开发的深入,大家会发现程序的任务调度架构的搭建是非常重要的内容,它直接关系到整个代码可以支持的功能的多少(随着软件代码规模扩大,功能越堆越多,系统的响应能力变得越来越弱,好的框架能够在保持相同的系统响应能力的基础上,扩展越来越多的功能)。所谓框架,即设定一些规则去约束代码编写,并给予一些基础的支架以提高开发效率。常用的程序任务调度框架设计方法有以下三种:

- 前后台顺序法
- 时间片轮转法
- 操作系统

1.前后台顺序法

前后台顺序法的优缺点如表 A-2 所示。一般在刚开始学习编程的时候,最直接和常用的就是前后台顺序框架,该框架下的编程基本算是无约束的,其适用于无须考虑太多东西,代码简单,或者对系统的整体实时性和并发性要求不高的情况。

前后台顺序法的典型特点就是在初始化后采用超级循环 while(1){ } 或 for(;;){ },在循环中不断调用自己编写的函数,基本不考虑每个函数执行所需要的时间。大部分情况下函数中或多或少都存在至少是毫秒级别的延时等待,整个系统的性能较差,一些实时性要求高的系统基本不能用这种方式。

表 A-2 前后台顺序法的优缺点

优点	缺点
对于初学者来说,这是最容易也是最直观的程序架构,逻辑简单明了,适用于逻辑简单,复杂度比较低的软件开发	实时性差,由于每个函数或多或少存在至少是毫秒级别的延时,即使是 1 ms,也会影响平级的函数的执行时间。虽然可以通过定时器中断的方式来部分达到要求,但前提是中断执行函数的时间很短。该架构容易导致后来维护人员的大脑混乱,很难理清程序的运行状态

例如,有如下学生宿舍防盗系统的 main 函数代码:

```
1   int main(void)
2   {
3       u8 temperature;
4       u8 humidity;
5       int a;
6       delay_init();
7       uart2_Init(9600);
8       TIM3_Int_Init(4999,7199);
9       ds1302_init();
10      while(DHT11_Init());                      //DHT11 初始化
11      a1602_init();
12      lcd12864_INIT();
13      LcdInit();
14
15      while(1)
16      {
17          for(a=0;a<11;a++)
18          {
19              num[a+3]=At24c02Read(a+2)-208;
20              delay_us(10);
21          }
22          for(a=0;a<6;a++)
23          {
24              shuru[a]=At24c02Read(a+13)-208;
25              delay_us(10);
26          }
27          delay_ms(10);
28          RED_Scan();
29          Ds1302ReadTime();                     //读取 ds1302 的日期时间
30          shi=At24c02Read(0);                   //读取闹钟保存的数据
31          delay_ms(10);
32          fen=At24c02Read(1);                   //读取闹钟保存的数据
33          usart2_scan();                        //蓝牙数据扫描
34          usart2_bian();                        //蓝牙处理数据
35          nao_scan();
36          k++;
37          if(k<20)
38          {
39              if(k==1)
40                  LcdWriteCom(0x01);            //清屏
41              LcdDisplay();                     //显示日期时间
42          }
```

```
43          if(RED==0)
44              RED_Scan();
45
46          if(k>=20&&k<30)
47          {
48              if(k==20)
49                  LcdWriteCom(0x01);                    //清屏
50              Lcddisplay();                             //显示温湿度
51              LcdWriteCom(0x80+6);
52              DHT11_Read_Data(&temperature,&humidity);  //读取温湿度值
53              Temp=temperature;Humi=humidity;
54              LcdWriteData('0'+temperature/10);
55              LcdWriteData('0'+temperature%10);
56              LcdWriteCom(0x80+0X40+6);
57              LcdWriteData('0'+humidity/10);
58              LcdWriteData('0'+humidity%10);
59          }
60          if(k==30)
61              k=0;
62          lcd12864();                                   //显示防盗闹钟状态
63
64      }
65  }
66
67
68  //定时器 3 中断服务程序
69  void TIM3_IRQHandler(void)                            //TIM3 中断
70  {
71      int i;
72      if(TIM_GetITStatus(TIM3, TIM_IT_Update) != RESET)  //检查 TIM3 更新中断发生与否
73      {
74          TIM_ClearITPendingBit(TIM3, TIM_IT_Update);    //清除 TIMx 更新中断标志
75          if(key1==1&&FEN-fen==0&&SHI-shi==0) //时间一到闹钟响起
76          {
77              f=1;
78          }
79          else
80          {
81              f=0;
82          }
83  if(USART_RX_BUF[0]=='R'&&USART_RX_BUF[1]=='I'&&USART_RX_BUF[2]=='N'&&USART_RX_BUF[3]=='G')
84          {
85              key0=1;
```

```
86          for(i=0;i<17;i++)
87          {
88              USART_SendData(USART1, num[i]);         //向串口 1 发送数据
89              while(USART_GetFlagStatus(USART1,USART_FLAG_TC)!=SET);//等待发
                送结束
90              USART_RX_STA=0;
91          }
92          delay_ms(3000);
93          for(i=0;i<3;i++)
94          {
95              USART_SendData(USART1, num1[i]);        //向串口 1 发送数据
96              while(USART_GetFlagStatus(USART1,USART_FLAG_TC)!=SET);//等待发
                送结束
97              USART_RX_STA=0;
98          }
99      }
100    }
```

这段代码其实问题是非常多的,且比较严重,比如中断服务函数竟可以达到 3 s 延时,还有串口发送等,基本算是无法正常工作的;当然如果实时性要求不够严格,秒级别的延时可能对最终功能不会造成很大影响,但这段代码若要后期去维护,还不如推翻重写。

2. 时间片轮转法

基于上述不足,这里重点介绍一下时间片轮转法的编程方案,该设计方案应该有助于单片机软件开发者编程思路更清晰。若满足以下几点,该方案理论上是最好的选择:

(1)设计需求没有必要使用操作系统。

(2)任务函数无须时刻执行,存在间隔时间(比如按键,需要软件防抖,初学者的做法通常是延时 10 ms 左右再去判断,但 10 ms 对 CPU 来说已经是非常大的浪费了)。

(3)实时性有要求。

具体到时间片轮转法的设计,其要点主要有:

(1)牺牲一个 Timer,如定时 1 ms(可以根据需要来定)。

(2)估算函数任务的运行时间(若能通过程序优化缩短执行时间则最好优化,一般不要超过 Timer 的定时时长,如 1 ms)。

(3)主循环或函数任务中不能有超过 Timer 的定时时长(如 1 ms)的延时。

(4)消灭掉 delay()、delay_ms(),函数任务的延时可以通过 Timer 的定时来计算的。

这里最重要的是确定任务周期,这需要根据任务的耗时和效果决定。比如有以下需求:按键扫描任务周期为 10 ms(为了提高响应);LED 灯控制任务周期为 100 ms(通常情况下最高 100 ms 的闪烁频率正好,特殊需求除外);LCD/OLED 显示周期为 100 ms(通常 SPI/I²C 等接口的耗时为 1~10 ms,甚至更长,所以任务周期必须远大于耗时,同时为了满足人眼所能接受的刷屏效果,也不能太长,100 ms 的任务周期比较合适)。

为实现上述需求,介绍两种不同的实现方案,分别是无函数指针和有函数指针的方案。

1) 无函数指针的设计方案

首先定义计时标志变量,以 1 ms 为时间片(中断触发为 1 ms),定时器中断函数累计计时,同时将对应时间标志置位:

```
1   void TIM3_IRQHandler(void)
2   {
3       if (TIM_GetITStatus(TIM3,TIM_IT_Update) == SET)
4       {
5           sg_1msTic++;
6
7           sg_1msTic % 1 == 0 ? TIM_1msFlag = 1 : 0;
8           sg_1msTic % 10 == 0 ? TIM_10msFlag = 1 : 0;
9           sg_1msTic % 20 == 0 ? TIM_20msFlag = 1 : 0;
10          sg_1msTic % 100 == 0 ? TIM_100msFlag = 1 : 0;
11          sg_1msTic % 500 == 0 ? TIM_500msFlag = 1 : 0;
12          sg_1msTic % 1000 == 0 ? (TIM_1secFlag= 1, sg_1msTic = 0) : 0;
13      }
14
15      TIM_ClearITPendingBit(TIM3,TIM_IT_Update);
16  }
```

然后在主函数循环中判断定时标志,标志被置位则代表时间已到,可以执行相应的函数,全部执行完毕后将标志置 0,等待下次触发:

```
1   int main(void)
2   {
3       System_Init();
4
5       while (1)
6       {
7
8           if(TIM_1msFlag)
9           {
10              CAN_CommTask();        // CAN 通信任务
11
12              TIM_1msFlag = 0;
13          }
14
15          if(TIM_10msFlag)
16          {
17              KEY_ScanTask();        // 按键扫描任务
18              Hmi_Task();            // 人机交互任务
19
20              TIM_10msFlag = 0;
```

```
21          }
22
23          if(TIM_100msFlag)
24          {
25              LED_CtrlTask();          // 指示灯任务
26
27              TIM_100msFlag = 0;
28          }
29
30          if(TIM_1secFlag)
31          {
32              WDog_Task();              // 喂狗任务
33
34              TIM_1secFlag = 0;
35          }
36      }
```

2) 有函数指针的设计方案

首先定义函数指针结构体,用来指向需要周期执行的函数:

```
1   typedef struct{
2       uint8 m_runFlag;                /* !< 程序运行标记:0 不运行,1 运行 */
3       uint16 m_timer;                 /* !< 计时器 */
4       uint16 m_interval;              /* !< 任务运行间隔时间 */
5       void (* m_pTaskHook)(void);     /* !< 要运行的任务函数 */
6   } TASK_InfoType;
```

然后添加需要执行的任务函数到函数指针数组中:

```
1   #define TASKS_MAX      5                    // 定义最大任务数目
2
3   /*  任务函数相关信息 */
4   static TASK_InfoType sg_tTaskInfo[TASKS_MAX] = {
5       {0, 10, 10, KEY_ScanTask},          // 按键扫描任务
6       {0, 10, 10, LOGIC_HandleTask},      // 逻辑处理任务
7       {0, 100, 100, LED_CtrlTask},        // 指示灯控制任务
8       {0, 1000, 1000, WDog_Task},         // 喂狗任务
9   };
```

接着在主函数中调用任务调度执行,在中断函数中管理任务调度的标志:

```
1   int main(void)
2   {
3       System_Init();
4
```

```
5      while (1)
6      {
7          TASK_Process();
8      }
9  }
10
11 /* *
12  *  @ brief      定时器 3 中断服务函数
13  * /
14 void TIM3_IRQHandler(void)
15 {
16     if (TIM_GetITStatus(TIM3,TIM_IT_Update) == SET)
17     {
18         TASK_Remarks();
19     }
20
21     TIM_ClearITPendingBit(TIM3,TIM_IT_Update);         //中断标志更新
22 }
```

最后实现基本调度功能,任务调度管理和任务调度执行如下:

```
1  /* *
2   *  @ brief       任务函数管理调度标志位
3   * /
4  void TASK_Remarks(void)
5  {
6      uint8 i;
7
8      for (i = 0; i < TASKS_MAX; i++)
9      {
10         if (sg_tTaskInfo[i].m_timer)
11         {
12             sg_tTaskInfo[i].m_timer--;
13
14             if (0 == sg_tTaskInfo[i].m_timer)
15             {
16                 sg_tTaskInfo[i].m_timer = sg_tTaskInfo[i].m_interval;
17                 sg_tTaskInfo[i].m_runFlag = 1;
18             }
19         }
20     }
21 }
22
23 /* *
```

```
24      *  @ brief        任务函数调度执行
25      *  /
26   void TASK_Process(void)
27   {
28        uint8 i;
29
30        for(i = 0; i < TASKS_MAX; i++)
31        {
32             if(sg_tTaskInfo[i].m_runFlag)
33             {
34                  sg_tTaskInfo[i].m_pTaskHook();        // 运行任务
35                  sg_tTaskInfo[i].m_runFlag = 0;        // 标志清零
36             }
37        }
```

上述框架不修改就可以放在自己的程序中,实际只需要编写函数任务 KEY_ScanTask、LOGIC_HandleTask、LED_CtrlTask、WDog_Task 等即可,新增加的任务也只需要添加在 sg_tTaskInfo[TASKS_MAX]这个函数指针数组中即可。

实际上,这种时间片轮转法和现阶段比较流行的协程(目前较活跃的开发语言,如 Python 均支持进程、线程以及协程)在理论上是极为相似的,都是一种高效、精确可控的程序运行模式。

3. 操作系统

操作系统 OS(operating system)是一种用途广泛的系统软件,如 Windows、Linux 等,过去主要应用于工业控制和国防领域,适用于单片机的比较常用的操作系统有 μCOS、FreeRTOS、RT-Thread 和 RTX 等。

相对于时间片轮转法,由于操作系统通过设置每个任务的优先级,来达到当高优先级的任务就绪就抢占低优先级任务的效果,因此操作系统在任务的执行上对每个任务的耗时没有过多的要求。虽然使用操作系统并不复杂,但操作系统理论相对比较多,本书不予讨论。

对几种实时操作系统说明如下。

μCOS:资料丰富,学习免费,但产品应用需要收费;

FreeRTOS:全免费,因此很多产品都在使用;

RT-Thread:国产物联网操作系统,有着十分丰富的组件,也免费;

RTX:为 ARM 和 Cortex-M 设备设计的免版税、确定性的实时操作系统。

相比较而言,对大多数使用单片机来开发的产品,使用时间片轮转法是相对经济的选择,既有前后台顺序法的优点,也有操作系统的优点,结构清晰、简单,容易理解,所以时间片轮转法是比较常用的单片机程序框架设计方法。

附录 B　单片机的选型原则与 STC 单片机

一、单片机的选型原则

单片机种类繁多,所以在做项目时选择一款合适的单片机并不太容易,要考虑的方面很多。只能说某个特定的场合比较适合采用某个 MCU,某个牌子的 MCU 不太可能适合所有的设计。

读者在学习完 51 系列单片机后,要多学习不同类型的单片机的内部资源与特点。在做项目时,优先选用内部集成相关功能的单片机,这样既可以减小线路板面积,又可以节约成本,缩短开发周期,提高系统的抗干扰性能。在选择单片机时,并不是功能越强、速度越快的单片机越好,还要考虑成本、开发手段、有无现货等因素,一般应综合考虑以下几个方面。

1) 考虑单片机的速度

单片机的速度决定了其处理能力,如高速数据采集、全波形逆变等场合就需要单片机高速处理。如果传统 51 系列单片机速度不够,可以考虑增强型 51 系列单片机。目前增强型 51 系列单片机支持单时钟,而且支持 35 MHz 的振荡输入,如 STC 或 CYGNAL 单时钟单片机。如果是对语音或图像进行处理,可能就需要考虑使用 ARM 或 DSP 处理器了。

2) 存储器容量

在项目进行前,很难确定程序量的大小,而且不同软件开发人员的风格不同,程序冗余量也不同,最终需要的存储器容量很难确定。一般需要凭借经验根据项目的需求估算代码量,然后在试验阶段选择存储器容量略大的单片机。

对于存储器,原则是尽量不外扩,因为外扩存储器会增大线路板面积、增加成本(外扩存储器甚至比内置大容量 Flash 的单片机价格高)、浪费 I/O 口资源、降低系统的抗干扰能力等。而且,目前市场上有多种 51 系列单片机的内部程序存储器都做到了 60 KB 以上,如 STC12C5A62xx、C8051F020 等,而 AVR 系列的 ATMEGA128 单片机内部程序存储器做到了 128 KB。因此,在选择单片机时尽量选择内置大容量存储器的单片机。

3) 考虑 I/O 口数量

传统 51 系列单片机有 32 个 I/O 口,在一般应用中能够满足需求,但在项目比较庞大、外部信号较多时往往无法满足需求,这时就需要选用 I/O 口较多的单片机,如 STC12C5A 系列 QFP 封装单片机带有 44 个 I/O 口,C8051F020 单片机带有 64 个 I/O 口。一般 I/O 口较多的单片机价格较高,所以可以采用外扩方式扩展 I/O 口数量,如利用串并转换元件 74LS164、74LS595 等进行扩展,或者采用新型串行总线器件来减少 I/O 口数量需求,如 FC 总线器件、SPI 总线器件。

当然还有很多较小的项目,仅需要几个 I/O 口,这时就可以选用 I/O 口较少的单片机,以便降低系统成本,如 STC11F01E 单片机,带有 12~16 个 I/O 口,价格也极低。

4) 考虑单片机的增强功能

看门狗。在干扰较严重的应用中,应考虑单片机内带看门狗,STC 系列单片机内部基本都带有看门狗,可在系统程序出现死锁时复位单片机。

双串口。有些项目要求单片机有两个串行通信接口,这时就可考虑带有双串口的单片机,例如 STC12C5AXXS、C8051F02x 系列单片机。

实时时钟。有些系统需要实时时钟,可以考虑 PHILIPS 公司 LP900 型内置 RTC(实时时钟)的单片机,也可选用 DS1302 或 PCF8563 等 RTC 芯片进行连接。

EEPROM。在需要使用 EEPROM 保存长期数据时,可选用内置 EEPROM 的单片机,如绝大部分 STC 增强型单片机都带有内部 EEPROM。

扩展 RAM。很多项目中数据量较大,传统 51 单片机的 RAM 只有 256B,无法满足需求,这时可考虑选用带有扩展 RAM 的单片机。STC 系列单片机有很多型号带有 1280B 的 RAM,如 C8051F1xx 系列带有 8448B 的 RAM,一般可满足项目需要,如果还不够用,就只能考虑 RAM 的扩展了。

CAN 接口。若项目中要进行 CAN 总线通信,可考虑带有 CAN 总线接口的单片机,如 C8051F020 单片机带有 CAN 接口。

A/D 转换器。在多数单片机系统中都要用到 A/D 转换器,对 A/D 转换器的位数要求不高(16 位以下)的场合,可考虑带有 A/D 转换器的单片机。如 STCXXAD 系列单片机内带有 10 位 A/D 转换器,C8051 系列中有很多单片机带有 10 位、12 位、16 位 A/D 转换器,AVR 单片机的 ATMEGA 系列大都带有 10 位 A/D 转换器,可满足绝大部分工程需要。

PWM 定时器。在电动机控制等领域的应用中需要 PWM(脉宽调制)功能,此时可选用带有 PWM 定时器的单片机,如 STC12C5A 系列单片机、CYGNAL 单片机、AVR 单片机的 ATMEGA 系列等。

D/A 转换器。若需要 D/A 转换功能,可考虑 C8051F 系列单片机,其中多款带有 12 位 D/A 转换器。

除以上功能外,还可根据需求考虑是否带有 I²C 总线接口、SPI 接口等。

5) 价格

若批量生产,在成本上考虑较多时,可以在满足需求的情况下考虑义隆或华邦的 OTP(一次性可编程)单片机。

6) 封装

封装形式有 DIP(双列直插)、PLCC(有对应插座)和 QFP,DIP 封装在做实验时要方便一点。

7) 工作温度范围

芯片的工作温度范围分为工业级和商业级,如果设计户外产品,必须选用工业级。

8) 功耗

比如设计并口加密狗,信号线取电只能提供几毫安,使用 PIC 就是因为其功耗低,后来出了 MSP430 也不错。

9) 工作电压范围

例如设计电视机遥控器,利用 2 节干电池供电,则该芯片至少应该能在 1.8~3.6 V 的电压范围内工作。

10) 单片机编程环境

单片机编程环境最好是自己熟悉的、好用的,并且能够支持 C 语言。

11) 网站速度快,资料丰富

芯片资料包括芯片手册、应用指南、设计方案、范例程序以及网站上的资料,这些都应能快速且准确地获得。

12）保密性能好

保密性能好,最好无法破解,这点 STC 单片机做得比较好。

13）抗干扰性能好

二、STC 单片机发展概述

1. STC 单片机发展历史

STC 单片机发展历史如表 B-1 所示。

表 B-1　STC 单片机发展历史

2004 年	STC 公司推出 STC89C52RC/STC89C58RD＋系列 8051 单片机
2006 年	STC 公司推出 STC12C5410AD 和 STC12C2052AD 系列 8051 单片机
2007 年	STC 公司相继推出 STC89C52/STC89C58、STC90C52RC/STC90C58RD＋、STC12C5608AD/STC12C5628AD,STC11F02E,STC10F08XE,STC11F60XE,STC12C5201AD、STC12C5A60S2 系列 8051 单片机
2009 年	STC 公司推出 STC90C58AD 系列 8051 单片机
2010 年	STC 公司推出 STC15F100W/STC15F104W 系列 8051 单片机
2011 年	STC 公司推出 STC15F2K60S2/IAP15F2K61S2 系列 8051 单片机
2014 年	STC 公司相继推出 STC15W401AS/IAP15W413AS、STC15W1K16S/IAP15W1K29S、STC15W404S/IAP15W413S、STC15W100/IAP15W105、STC15W4K32S4/IAP15W4K58S4 系列 8051 单片机

2. STC 单片机 IAP 和 ISP

当设计者在单片机上完成单片机上的程序开发后,就需要将程序固化到单片机内部的程序存储器中。将本地固化程序的方式称为在系统编程(in system programming,ISP),另一种固化程序的方式称为在应用编程(in application programming,IAP)。ISP 是通过单片机专用的串行编程接口和 STC 提供的串口固化程序软件,对单片机内部的 Flash 存储器进行编程。一般来说,实现 ISP 只需要很少的外部电路。IAP 技术是从结构上将 Flash 存储器映射为两个存储空间。当运行一个存储空间的用户程序时,可对另一个存储空间重新编程。然后,将控制从一个存储空间转向另一个存储空间。IAP 的实现更加灵活。注意:支持 ISP 方式的单片机,不一定支持 IAP 方式;但是,支持 IAP 方式的单片机,一定支持 ISP 方式。

3. STC 单片机命名规则

xxx　15　x　x　x　x--　xx　x　-xxx　x
①　②　③　④　⑤　⑥　⑦　⑧　⑨　⑩

① 表示 STC、IAP 或者 IRC。STC:设计者不可以将用户程序区的程序 FLASH 作为 EEPROM 使用,但有专门的 EEPROM。IAP:设计者可以将用户程序区的程序 FLASH 作为 EEPROM 使用。IRC:设计者可以将用户程序区的程序 FLASH 作为 EEPROM 使用,且固定使用内部的 24 MHz 时钟。

②　表示是 STC 公司的 15 系列单片机。当工作在同样的工作频率时,其速度是普通 8051 单片机的 8～12 倍。

③　表示单片机工作电压,用 F、L 和 W 表示。F 表示 FLASH,工作电压范围在 3.8～5.5 V 之间。L 表示低电压,工作电压范围在 2.4～3.6 V 之间。W 表示宽电压,工作电压范围在 2.5～5.5 V 之间(最低电压和工作频率有关。当单片机的工作频率较高时,建议将最低电压控制在 2.7 V 以上)。

④　用于标识单片机内 SRAM 存储空间容量。当为一位数字时,容量计算以 128 字节为单位,乘以该数字。比如:当该位为数字 4 时,表示 SRAM 存储空间的容量为 128×4＝512 字节。当容量超过 1 KB(1024 字节)时,用 1 K、4 K 表示,其单位为字节。

⑤　表示单片机内程序空间的大小。如:01 表示 1 K 字节;02 表示 2 K 字节;03 表示 3 K 字节;04 表示 4 K 字节;16 表示 16 K 字节;24 表示 24 K 字节;29 表示 29 K 字节等。

⑥　表示单片机的一些特殊功能,用 W、S、AS、PWM、AD、S4 表示。

W:表示有掉电唤醒专用定时器。

S:表示有串口。

AS/PWM/AD:表示有 1 组高速异步串行通信接口;SPI 功能;内部 EEPROM 功能;A/D 转换功能(PWM 还能当作 D/A 使用)、CCP/PWM/PCA 功能。

S4:表示有 4 组高速异步串行通信接口;SPI 功能;内部 EEPROM 功能;A/D 转换功能(PWM 还能当作 D/A 使用)、CCP/PWM/PCA 功能。

⑦　表示单片机工作频率。比如:28 表示该款单片机的工作频率最高为 28 MHz。

⑧　表示单片机工作温度范围,用 C、I 表示。C 表示商业级,其工作温度范围为 0～70 ℃。I 表示工业级,其工作温度范围为－40～85 ℃。

⑨　表示单片机封装类型。典型的有 LQFP、PDIP、SOP、SKDIP、QFN。

⑩　表示单片机引脚个数。典型的有 64、48、44、40、32、28 等。

IAP15W4K58S4 实物如图 B-1 所示。IAP 表示该单片机支持在应用编程模式;15 表示它是 15 系列的单片机;W 表示宽范围供电电压,范围为 2.7～5.5 V;4 K 表示单片机内 SRAM 的容量为 4 KB,即 4096 字节;58 表示程序空间的容量为 58 KB,即 58×1024 字节;S4 表示该单片机提供 4 组高速异步串行通信口(可同时并行使用)、SPI 功能、内部 EEPROM 功能、A/D 转换功能(PWM 还可作为 D/A 使用)、CCP/PWM/PCA 功能;30 表示该单片机的最高工作频率为 30 MHz;I 表示该单片机为工业级器件,工作温度范围为－40～85 ℃;PDIP 表示该单片机为传统的双列直插式封装结构;40 表示该单片机一共有 40 个引脚;1444 表示年份和周数,即 2014 年第 44 周;HGF462.C 表示晶圆批号,这个标识与芯片制造厂商相关;A 表示 STC 单片机当前的版本号。

图 B-1　IAP15W4K58S4 单片机实物图

三、IAP15W4K58S4 单片机的内部结构和功能特点

IAP15W4K58S4 单片机属于 STC15W4K32S4 系列,该单片机提供了在系统可仿真、在系统可编程、无需专用仿真器以及可远程升级的功能。IAP15W4K58S4 单片机本身就是仿真芯片,其内部结构如图 B-2 所示。

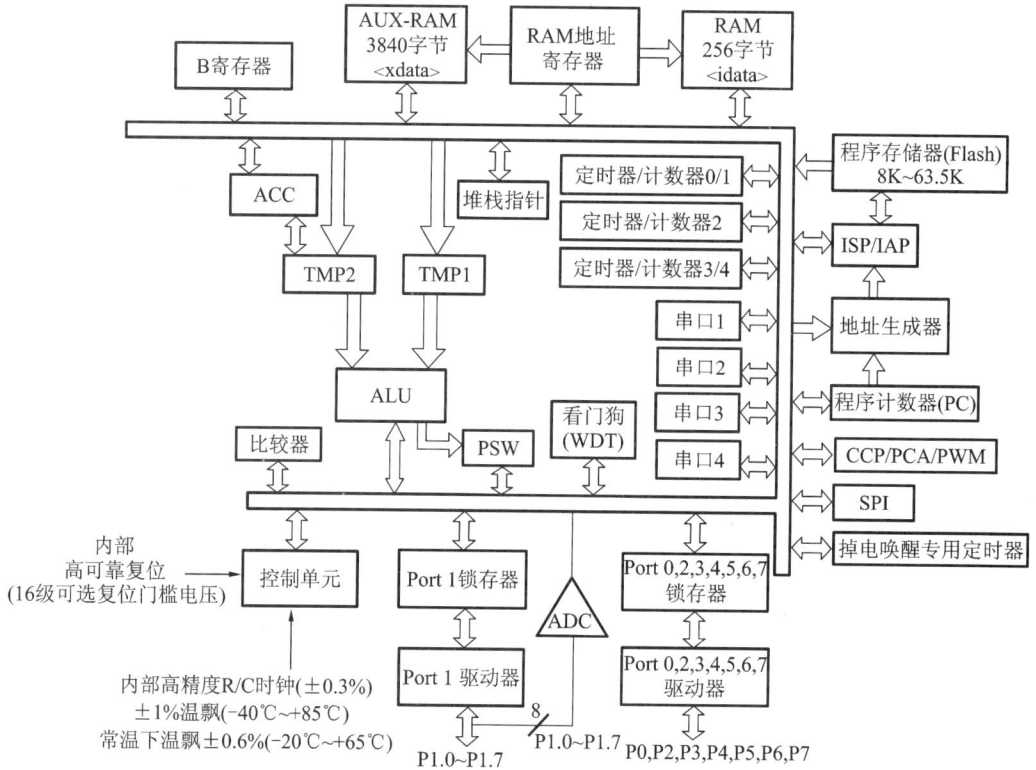

图 B-2 IAP15W4K58S4 内部结构图

STC15W4K32S4 系列单片机的主要特点如下。

- 片内带有高达 4K 字节的 RAM 数据存储空间。
- 采用了增强型 8051 CPU 内核,达到 1 个时钟/1 个机器周期的性能,比传统的 8051 单片机速度快 7～12 倍。
- 采用宽电压供电技术,其工作电压范围为 2.5～5.5 V。
- 采用低功耗设计技术,该系列单片机可以工作在低速模式、空闲模式和掉电模式。
- 内置高可靠复位电路,不需要外部复位。
- 内置 R/C 时钟电路,不需要使用外部晶体振荡器。
- 提供了大量的掉电唤醒资源,包括:
  - □ INT0/INT1(上升沿/下降沿中断均可),INT2/INT3/INT4(下降沿中断);
  - □ CCP0/CCP1/RxD/RxD2/RxD3/RxD4/T0/T1/T2/T3/T4 管脚;
  - □ 内部掉电唤醒专用定时器。
- 该系列单片机提供了 16 KB、32 KB、40 KB、48 KB、56 KB、61 KB、63.5 KB 容量的片内 Flash 程序存储器,擦写次数 10 万次以上(B 表示字节)。

- 大容量片内 EEPROM 功能,擦写次数 10 万次以上。
- 芯片内置 8 通道 10 位的高速 A/D 转换器,采样速度可达 30 万次/秒。
- 芯片内置比较器模块。可以实现:
  - □ 可当 1 路 A/D 转换器使用,并可做掉电检测;
  - □ 支持外部引脚 CMP＋与外部引脚 CMP－进行比较,可产生中断,并可在引脚 CMPO 上产生输出(可设置极性);
  - □ 也支持外部管脚 CMP＋与内部参考电压进行比较。
- 片内 6 通道 15 位带死区控制的专用高精度脉冲宽度调制(pulse width modulation, PWM)模块。
- 片内提供多达 7 个定时器/计数器模块,其中:
  - □ 5 个 16 位可重装载定时器/计数器,包括 T0/T1/T2/T3/T4(T0 和 T1 和普通 8051 单片机的定时器/计数器模块兼容),均可实现时钟输出。
  - □ 此外,引脚 MCLKO 可将内部主时钟进行分频(分频因子为 1、2、4、16),输出分频时钟。
  - □ 2 路 CCP 可再实现 2 个定时器。
- 片内提供可编程时钟输出功能,实现对内部系统时钟或外部管脚的时钟输入进行时钟分频输出。
- 片内提供四个完全独立的超高速串口/UART。片内提供硬件看门狗定时器(watchdog timer,WDT)模块。
- 该系列单片机采用了先进的指令集结构,兼容普通 8051 指令集。此外,提供了硬件乘法/除法指令。
- 该系列单片机提供了 GPIO(general purpose input/output,GPIO)资源。
  - □ 根据具体器件的不同,可提供 26、30、42、38、46、62 个 GPIO 端口。
  - □ 当对单片机复位后:准双向口/弱上拉,这和传统 8051 单片机是一样的。
  - □ 在复位后,可设置四种模式:准双向口/弱上拉,强推挽/强上拉,仅为输入/高阻以及开漏。
  - □ 每个 I/O 口的驱动能力最大可达到 20 mA,但应注意整个芯片的最大电流不要超过 120 mA。

四、IAP15W4K58S4 单片机的信号引脚

IAP15W4K58S4 单片机的 DIP 封装和 LQFP 封装的各个引脚的含义如表 B-2 所示。

表 B-2　IAP15W4K58S4 单片机的信号引脚

引脚编号		引 脚 名 字	引 脚 说 明
DIP40	LQFP44		
1	40	P0.0/AD0/RxD3	(1)P0.0:标准 I/O 口 (2)AD0:地址/数据总线(复用,第 0 位) (3)RxD3:串口 3 数据接收端口
2	41	P0.1/AD1/TxD3	(1)P0.1:标准 I/O 口 (2)AD1:地址/数据总线(复用,第 1 位) (3)TxD3:串口 3 数据发送端口

引脚编号		引 脚 名 字	引 脚 说 明
DIP40	LQFP44		
3	42	P0.2/AD2/RxD4	(1)P0.2:标准 I/O 口 (2)AD2:地址/数据总线(复用,第 2 位) (3)RxD4:串口 4 数据接收端口
4	43	P0.3/AD3/TxD4	(1)P0.3:标准 I/O 口 (2)AD3:地址/数据总线(复用,第 3 位) (3)TxD4:串口 4 数据发送端口
5	44	P0.4/AD4/T3CLKO	(1)P0.4:标准 I/O 口 (2)AD4:地址/数据总线(复用,第 4 位) (3)T3CLKO:定时器/计数器 3 的时钟输出
6	1	P0.5/AD5/T3/PWMFLT_2	(1)P0.5:标准 I/O 口 (2)AD5:地址/数据总线(复用,第 5 位) (3)T3:定时器/计数器 3 的外部输入 (4)PWMFLT_2:PWM 异常停机控制(可选的第 2 个引脚位置)
7	2	P0.6/AD6/T4CLKO/PWM7_2	(1)P0.6:标准 I/O 口 (2)AD6:地址/数据总线(复用,第 6 位) (3)T4CLKO:定时器/计数器 4 的时钟输出 (4)PWM7_2:脉冲宽度调制输出通道 7(可选的第 2 个引脚位置)
8	3	P0.7/AD7/T4/PWM6_2	(1)P0.7:标准 I/O 口 (2)AD7:地址/数据总线(复用,第 7 位) (3)T4:定时器/计数器 4 的外部输入 (4)PWM6_2:脉冲宽度调制输出通道 6(可选的第 2 个引脚位置)
9	4	P1.0/ADC0/CCP1/RXD2	(1)P1.0:标准 I/O 口 (2)ADC0:ADC 输入通道 0 (3)CCP1:外部信号捕获、高速脉冲输出及脉冲宽度调制输出通道 1 (4)RXD2:串口 2 数据接收端
10	5	P1.1/ADC1/CCP0/TXD2	(1)P1.1:标准 I/O 口 (2)ADC1:ADC 输入通道 1 (3)CCP0:外部信号捕获、高速脉冲输出及脉冲宽度调制输出通道 0 (4)TXD2:串口 2 数据发送端
11	7	P1.2/ADC2/SS/ECI/CMPO	(1)P1.2:标准 I/O 口 (2)ADC2:ADC 输入通道 2 (3)SS:SPI 同步串行接口的从机选择信号 (4)ECI:CCP/PCA 计数器的外部脉冲输入引脚 (5)CMPO:比较器比较结果输出引脚
12	8	P1.3/ADC3/MOSI	(1)P1.3:标准 I/O 口 (2)ADC3:ADC 输入通道 3 (3)MOSI:SPI 同步串行接口的主设备输出/从设备输入引脚

续表

引脚编号		引脚名字	引脚说明
DIP40	LQFP44		
13	9	P1.4/ADC4/MISO	(1)P1.4:标准 I/O 口 (2)ADC4:ADC 输入通道 4 (3)MISO:SPI 同步串行接口的主设备输入/从设备输出引脚
14	10	P1.5/ADC5/SCLK	(1)P1.5:标准 I/O 口 (2)ADC5:ADC 输入通道 5 (3)SCLK:SPI 同步串行接口的时钟信号
15	11	P1.6/ADC6/RxD_3/XTAL2/MCLKO_2/PWM6	(1)P1.6:标准 I/O 口 (2)ADC6:ADC 输入通道 6 (3)RxD_3:串口 1 数据接收端(可选的第 3 个引脚位置) (4)XTAL2:外接无源晶体振荡器的一端。当外接有源晶体振荡器时,该引脚将输入到 XTAL1 的时钟进行输出 (5)MCLKO_2:主时钟输出(可选的第 2 个引脚位置)。输出频率为 SYSCLK/1、SYSCLK/2、SYSCLK/4、SYSCLK/6。注:SYSCLK 为系统时钟频率 (6)PWM6:脉冲宽度调制通道 6
16	12	P1.7/ADC7/TxD_3/XTAL1/PWM7	(1)P1.7:标准 I/O 口 (2)ADC7:ADC 输入通道 7 (3)TxD_3:串口 1 数据发送端(可选的第 3 个引脚位置) (4)XTAL1:内部时钟电路反相放大器输入端,接外部晶振的一端。当直接使用外部时钟源时,该引脚是外部时钟源的输入端 (5)PWM7:脉冲宽度调制通道 7
32	30	P2.0/A8/RSTOUT_LOW	(1)P2.0:标准 I/O 口 (2)A8:地址总线(第 8 位) (3)RSTOUT_LOW:上电后,输出低电平,在复位期间也是输出低电平,用户可以用软件将其设置为高电平或低电平,如果要读取外部状态,可将该端口先置高后再读
33	31	P2.1/A9/SCLK_2/PWM3	(1)P2.1:标准 I/O 口 (2)A9:地址总线(第 9 位) (3)SCLK_2:SPI 同步串行接口时钟信号(可选的第 2 个引脚位置) (4)PWM3:脉冲宽度调制通道 3
34	32	P2.2/A10/MISO_2/PWM4	(1)P2.2:标准 I/O 口 (2)A10:地址总线(第 10 位) (3)MISO_2:SPI 同步串行接口的主设备输入/从设备输出(可选的第 2 个引脚位置) (4)PWM4:脉冲宽度调制通道 4

续表

引脚编号		引脚名字	引脚说明
DIP40	LQFP44		
35	33	P2.3/A11/MOSI_2/PWM5	(1)P2.3:标准 I/O 口 (2)A11:地址总线(第 11 位) (3)MOSI_2:SPI 同步串行接口的主设备输出/从设备输入(可选的第 2 个引脚位置) (4)PWM5:脉冲宽度调制通道 5
36	34	P2.4/A12/ECI_3/ SS_2/PWMFLT	(1)P2.4:标准 I/O 口 (2)A12:地址总线(第 12 位) (3)ECI_3:CCP/PCA 计数器的外部脉冲输入(可选的第 3 个引脚位置) (3)SS_2:SPI 同步串行接口的从设备选择信号(可选的第 2 个引脚位置) (4)PWMFLT:PWM 异常停机控制引脚
37	35	P2.5/A13/CCP0_3	(1)P2.5:标准 I/O 口 (2)A13:地址总线(第 13 位) (3)CCP0_3:外部信号捕获、高速脉冲输出及脉冲宽度调制输出通道 0(可选的第 3 个引脚位置)
38	36	P2.6/A14/CCP1_3	(1)P2.6:标准 I/O 口 (2)A14:地址总线(第 14 位) (3)CCP1_3:外部信号捕获、高速脉冲输出及脉冲宽度调制输出通道 1(可选的第 3 个引脚位置)
39	37	P2.7/A15/PWM2_2	(1)P2.7:标准 I/O 口 (2)A15:地址总线(第 15 位) (3)PWM2_2:脉冲宽度调制输出通道 2(可选的第 2 个引脚位置)
21	18	P3.0/RxD/INT4/T2CLKO	(1)P3.0:标准 I/O 口 (2)RxD:串口 1 数据接收端 (3)INT4:外部中断 4,只能下降沿触发中断,该引脚支持掉电唤醒 (4)T2CLKO:T2 的时钟输出
22	19	P3.1/TxD/T2	(1)P3.1:标准 I/O 口 (2)TxD:串口 1 数据发送端 (3)T2:定时器/计数器外部输入
23	20	P3.2/INT0	(1)P3.2:标准 I/O 口 (2)INT0:外部中断 0,既可上升沿,也可以下降沿触发中断,该引脚支持掉电唤醒
24	21	P3.3/INT1	(1)P3.3:标准 I/O 口 (2)INT1:外部中断 1,既可上升沿,也可以下降沿触发中断,该引脚支持掉电唤醒

引脚编号		引脚名字	引脚说明
DIP40	LQFP44		
25	22	P3.4/T0/T1CLKO/ECI_2	(1)P3.4:标准 I/O 口 (2)T0:定时器/计数器 0 的外部输入 (3)T1CLKO:定时器/计数器 1 的时钟输出 (4)ECI_2:CCP/PCA 计数器的外部脉冲输入(可选的第 2 个引脚位置)
26	23	P3.5/T1/T0CLKO/CCP0_2	(1)P3.5:标准 I/O 口 (2)T1:定时器/计数器 1 的外部输入 (3)T0CLKO:定时器/计数器 0 的时钟输出 (4)CCP0_2:外部信号捕获、高速脉冲输出及脉冲宽度调制输出通道 0(可选的第 2 个引脚位置)
27	24	P3.6/INT2/RxD_2/CCP1_2	(1)P3.6:标准 I/O 口 (2)INT2:外部中断 2,只能下降沿触发中断,该引脚支持掉电唤醒 (3)RxD_2:串口 1 数据接收端(可选的第 2 个引脚位置) (4)CCP1_2:外部信号捕获、高速脉冲输出及脉冲宽度调制输出通道 1(可选的第 2 个引脚位置)
28	25	P3.7/INT3/TxD_2/PWM2	(1)P3.7:标准 I/O 口 (2)INT3:外部中断 3,只能下降沿触发中断,该引脚支持掉电唤醒 (3)TxD_2:串口 1 数据发送端(可选的第 2 个引脚位置) (4)PWM2:脉冲宽度调制输出通道 2
	17	P4.0/MOSI_3	(1)P4.0:标准 I/O 口 (2)MOSI_3:SPI 同步串行接口主设备输出/从设备输入(可选的第 3 个引脚位置)
29	26	P4.1/MISO_3	(1)P4.1:标准 I/O 口 (2)MISO_3:SPI 同步串行接口的主设备输入/从设备输出(可选的第 3 个引脚位置)
30	27	P4.2/WR/PWM5_2	(1)P4.2:标准 I/O 口 (2)WR:外部数据存储器写脉冲 (3)PWM5_2:脉冲宽度调制输出通道 5(可选的第 2 个引脚位置)
	28	P4.3/SCLK_3	(1)P4.3:标准 I/O 口 (2)SCLK_3:SPI 同步串行接口时钟信号(可选的第 3 个引脚位置)

续表

引脚编号		引脚名字	引脚说明
DIP40	LQFP44		
31	29	P4.4/RD/PWM4_2	(1)P4.4:标准 I/O 口 (2)RD:外部数据存储器读脉冲 (3)PWM4_2:脉冲宽度调制输出通道 4(可选的第 2 个引脚位置)
40	38	P4.5/ALE/PWM3_2	(1)P4.5:标准 I/O 口 (2)ALE:外部数据存储器地址锁存 (3)PWM3_2:脉冲宽度调制输出通道 3(可选的第 2 个引脚位置)
17	13	P5.4/RST/MCLKO/SS_3/CMP−	(1)P5.4:标准 I/O 口 (2)RST:复位引脚,高电平复位 (3)MCLKO:主时钟输出。输出频率为 SYSCLK/1、SYSCLK/2、SYSCLK/4、SYSCLK/6。注:SYSCLK 为系统时钟频率 (4)SS_3:SPI 同步串行接口从设备选择信号(可选的第 3 个引脚位置) (5)CMP−:比较器反相端输入
19	15	P5.5/CMP+	(1)P5.5:标准 I/O 口 (2)CMP+:比较器同相端输入
18	14	V_{cc}	单片机供电电源正极
20	16	GND	单片机供电电源负极

五、STC 单片机时钟、复位与电源模式

1. STC 单片机时钟

STC 单片机时钟允许 CPU 运行在不同的速度。

用户通过配置用户 SFR 空间地址为 0x97 的 CLK_DIV(PCON2)寄存器来控制 CPU 的时钟速度。CLK_DIV 寄存器的比特位及功能如表 B-3 所示。B6 和 B7 比特位用于控制 STC 单片机引脚 MCLKO(P5.4 口)或者 MCLKO_2(P1.6 口)输出时钟的频率,如表 B-4 所示。CLKS2~CLKS0 比特位用于对主时钟进行分频,如表 B-5 所示。例如,设置 CLK_DIV 为 0xc5=11000101B,则主时钟为对外输出时钟,时钟被 4 分频,输出时钟频率=SYSCLK/4。CLK_DIV 寄存器的 B2~B0="101",表示对单片机内的主时钟进行 32 分频,该 32 分频后的时钟作为单片机的系统主时钟 SYSCLK。输出时钟的频率为

$$f_{输出}=f_{主时钟}/(32×4)$$

表 B-3　CLK_DIV(PCON2)寄存器中的比特位说明及功能

比特	B7	B6	B5	B4	B3	B2	B1	B0
名字	MCLKO_S1	MCLKO_S0	ADRJ	Tx_Rx	MCLKO_2	CLKS2	CLKS1	CLKS0
0xc5	1	1	0	0	0	1	0	1

表 B-4　主时钟输出频率设置

MCLKO_S1	MCLKO_S0	含义
0	0	主时钟不对外输出时钟
0	1	输出时钟,输出时钟频率＝SYSCLK 的时钟频率
1	0	输出时钟,输出时钟频率＝SYSCLK 的时钟频率/2
1	1	输出时钟,输出时钟频率＝SYSCLK 的时钟频率/4

表 B-5　主时钟分频设置

CLKS2	CLKS1	CLKS0	含义
0	0	0	主时钟频率/1
0	0	1	主时钟频率/2
0	1	0	主时钟频率/4
0	1	1	主时钟频率/8
1	0	0	主时钟频率/16
1	0	1	主时钟频率/32
1	1	0	主时钟频率/64
1	1	1	主时钟频率/128

主时钟频率由 STC-ISP 软件在烧写程序代码时确定。如图 B-3 所示,在"硬件选项"标签中,在"输入用户程序运行时的 IRC 频率"右侧通过下拉框设置 STC 单片机内部主时钟频率,也可以手动输入任意频率。

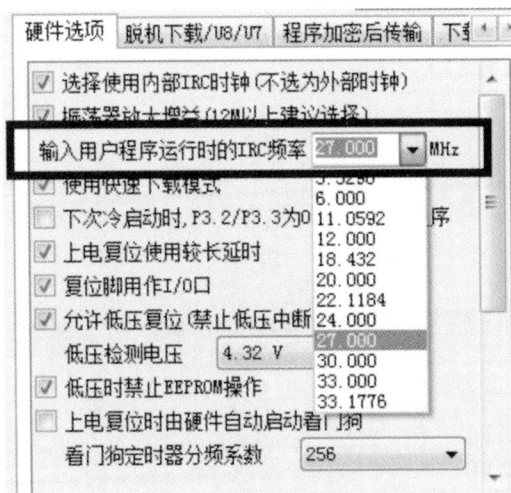

图 B-3　STC-ISP 软件硬件选项设置

2. STC 单片机复位

STC15 系列单片机提供了 7 种复位方式,包括:外部 RST 引脚复位、软件复位、掉电/上电复位、内部低压检测复位、MAX810 专用复位电路复位、看门狗复位和程序地址非法复位。对于掉电/上电复位来说,可选择增加额外的复位延迟 18 ms,也称为 MAX810 复位电路。实质就是在上电复位后增加 18 ms 的额外复位延时。

在 STC15 系列单片机中,复位引脚设置在 P5.4 引脚上(在 STC15F100W 系列单片机中,复位引脚设置在 P3.4 上)。如果将 P5.4 引脚设置为复位输入引脚,在外部复位时,需要将 RST 复位引脚拉高并至少维持 24 个时钟周期外加 20 μs 后,单片机才会稳定进入复位状态。

3. STC 单片机电源模式

STC15 系列单片机提供了三种电源模式,以降低系统功耗,即正常模式、空闲模式和掉电模式。在正常模式下,耗电电流为 2.7~7 mA;在空闲模式下,耗电电流为 1.8 mA;在掉电模式下,耗电电流为 0.1 μA。

参 考 文 献

[1]　王静霞.单片机应用技术(C语言版)[M].3版.北京:电子工业出版社,2015.

[2]　宋雪松,李冬明.手把手教你学 51 单片机(C语言版)[M].北京:清华大学出版社,2014.

[3]　张克明.MCS-51 单片机实用教程[M].北京:科学出版社,2010.

[4]　程利民,朱晓玲.单片机 C 语言编程与实践[M].北京:电子工业出版社,2011.

[5]　孔维功.C51 单片机编程与应用[M].北京:电子工业出版社,2011.

[6]　郭天祥.新概念 51 单片机 C 语言教程[M].北京:电子工业出版社,2009.

[7]　迟忠君.单片机应用技术[M].北京:北京邮电大学出版社,2014.

[8]　倪志莲.单片机应用技术[M].北京:北京理工大学出版社,2014.

[9]　周坚.单片机项目教程——C 语言版[M].北京:北京航空航天大学出版社,2013.

[10]　田亚娟.单片机应用技术(C语言版)[M].大连:大连理工大学出版社,2014.

[11]　杨居义.单片机课程设计指导[M].北京:清华大学出版社,2009.

[12]　宋戈.51 单片机应用开发范例大全[M].北京:人民邮电出版社,2010.